行銷策劃實務

孫在國 ○ 著

財經錢線

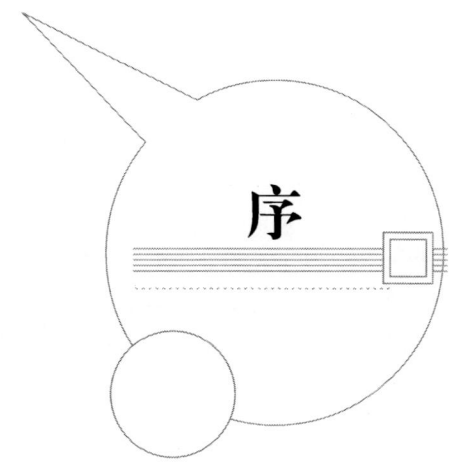

序

21世紀，世界經濟發展的一個顯著特徵是日新月異的更新。因此，在全球商戰中，競爭更為激烈，優勝劣汰更為迅速。在當今市場行情瞬息萬變的情況下，暫時的繁榮只是一種表面現象。我們要認識到，變化是常數，創新是主宰企業興衰的砝碼。生命需要創新，生存需要創新，發展更需要創新。市場上的商品總是不斷翻新的，功能新、式樣新、材料新，只有「新」才能不斷拓展市場，拓寬企業生存與發展的空間。美國著名經濟學家托馬斯·彼得曾指出，在多變的市場環境中，不要只想著分享市場，而要考慮創造市場；不是要取得一塊較大的餡餅，而是要設法烙出一塊較大的餡餅，最好是烙出一塊與眾不同的餡餅。要創造市場，「烙出一塊與眾不同的餡餅」，只有靠新的行銷理念、靠科技進步、靠知識的轉化、靠獨到的行銷策劃。中國有句古語：「凡事預則立，不預則廢」，這裡所說的「預」就是策劃。中國一些企業在市場競爭中，由於缺乏自主的創新能力和自己的經營思路，所以當他們面臨競爭的風暴時，就只有採取被動的促銷手段，競爭力的強弱就可想而知了。

世界品牌排行榜，蘋果穩居第一。蘋果為什麼如此強悍？關鍵在於奉行「追求卓越、不斷創新」的理念與企業文化，「做跟別人一樣的產品是一種恥

辱」，這是蘋果公司的一句名言。許多企業都希望能成為蘋果公司那樣的明星企業，但為什麼很難呢？試想有多少企業能夠象蘋果那樣具有別具一格的創新理念呢？

　　行銷策劃的核心在於創意與創新，而創意和創新的關鍵在於思路的轉變和思維的創新。如市場理念創新，從滿足需要到引導和創造顧客的需要；市場定位觀念方面，從傳統的尋找商品用戶轉向追尋企業免受競爭的「知識經營」領域；市場佔有觀念，從注重市場份額轉向追尋提高客戶價值份額和企業主導市場的能力；競爭觀念，從你死我活到共生共贏與競合；人才觀念，從注重培養專業人才轉向培養有創造性的複合型人才；行銷資源觀念，從以內部資源創造行銷效益轉向利用內部和外部資源創造行銷效益。在本書中，這些新的行銷理念在行銷策劃實踐中如何體現和運用，作者結合國際國內近年來企業行銷中的經典案例進行了詳細的研討。

　　本書在寫作風格上，以國際國內近年來企業行銷中的經典案例為引導，通過對成功與失敗典型案例的解讀，使讀者在輕鬆閱讀中真正掌握行銷策劃的概念、基本原理及從事策劃實務的操作技巧與思路。

　　應當承認，隨著市場競爭的日趨激烈，行銷策劃正在朝區域化、專業化方向發展，策劃人也相應地面臨著轉型與重新定位，而且隨著客戶整體素質與實力的提升，門檻會越來越高，要真正提升客戶的價值，策劃人應先行提高自身的策劃能力與水準。策劃是一種行為、一種模式、一種智慧，策劃不是萬能的，但沒有先行的策劃是萬萬不能的。新銳獨到的策略、活躍實務的運作、創新的行銷模式、創新的行銷推廣手段，都是行銷策劃所能體現的。我們深信，隨著越來越多的優秀策劃人才的出現，我們的企業會因策劃而更精彩。

孫在國

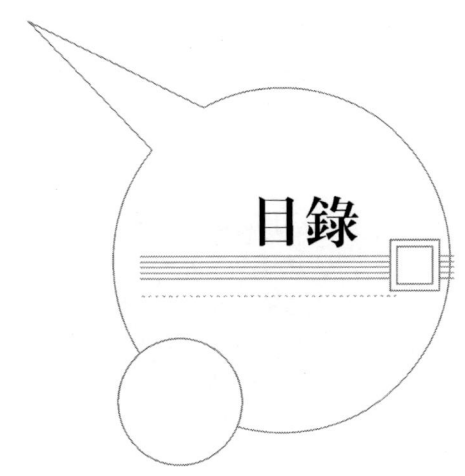

目錄

第一章 以智取勝：行銷策劃概論　1

第一節 行銷本質：提供和創造顧客價值　2
一、顧客：企業市場制勝的法寶　2
二、行銷：企業活動的中心　8
三、價值行銷攻略　11

第二節 商戰無情　策劃是金　15
一、策劃的重要性：智力就是財富　15
二、行銷策劃的演變情況　16
三、行銷策劃的核心內涵　18

第三節 行銷策劃的作用　22
一、行銷策劃與計劃、決策、點子的區別　22
二、行銷策劃的作用　23

第二章 心智歷程：行銷策劃的程序　25

第一節　行銷策劃的步驟　28
一、市場分析　28
二、行銷目標與問題設定　29
三、行銷戰略與策略構想　30
四、行銷預算　30
五、方案溝通與調整　30
六、制訂策劃方案的執行計劃　31

第二節　行銷策劃書的寫作　32
一、行銷策劃書的基本結構與內容　32
二、行銷策劃書的框架模式　33

第三節　企業年度行銷計劃書的編製　39
一、年度行銷計劃書編製的重要性　39
二、企業年度行銷計劃書範本　40

第三章　攻心至上：行銷策劃之軸心　46

第一節　經營必勝：觸動消費者內心　47
一、消費心理及其當代趨勢　47
二、攻心策略探析　49

第二節　感動消費：體驗策劃應運而生　56
一、體驗的特徵　56
二、體驗經濟與傳統經濟形態的區別　57
三、體驗行銷策劃的基本思路　59

第三節　市場調研：借您一雙慧眼　62
一、市場調研的重要性　62

　　　　二、市場調研的基本內容　　63
　　　　三、市場調研的主要策略　　65

第四章　產品策劃：企業長青的基石　　67

　　第一節　整體產品策劃　　68
　　　　一、整體產品認知　　68
　　　　二、整體產品與顧客利益的關係　　70

　　第二節　產品質量及產品組合策劃　　73
　　　　一、技術質量＋認知質量＝消費者滿意的質量　　73
　　　　二、差異化產品策劃思路　　78

　　第三節　產品包裝策劃　　82
　　　　一、靚麗包裝點亮市場　　82
　　　　二、包裝設計的基本要求　　83
　　　　三、產品包裝策略　　84

　　第四節　品牌設計　　87
　　　　一、好名字、好生意：品牌名稱設計　　87
　　　　二、凝練思想精華：品牌標誌設計　　90

第五章　贏在個性：品牌定位策劃　　94

　　第一節　定位成就品牌　　96
　　　　一、品牌從成功定位開始　　96
　　　　二、定位的作用　　98
　　　　三、定位的本質：勾勒品牌核心價值　　100

　　第二節　品牌定位策略　　103
　　　　一、品牌定位的主要方法　　103

二、精心策劃品牌延伸　111

　第三節　品牌核心價值的塑造　115
　　一、運用整合行銷傳播演繹品牌核心價值　115
　　二、以顧客忠誠為目標全面推進品牌核心價值建設　118
　　三、品牌塑造應避免的主要誤區　119

第六章　點石成金：廣告運作策劃　123

　第一節　廣告定位（主題）策劃　125
　　一、廣告主題確立的原則　125
　　二、產品定位、廣告定位與品牌形象　128
　　三、廣告訴求策略　129
　　四、廣告語的創作策略　131

　第二節　廣告創意策劃　134
　　一、廣告創意的特徵　135
　　二、廣告創意的過程　136
　　三、成功廣告創意的戰略要點　139

　第三節　廣告媒體策劃　145
　　一、廣告媒體特性比較　145
　　二、廣告媒體優劣的價值評估　146
　　三、廣告媒體選擇的方法　147
　　四、媒體組合策略思路　149
　　五、微博：現代傳媒的新生力量　150

第七章　無網不勝：行銷渠道策劃　154

　第一節　渠道模式的選擇　156
　　一、銷售通路中常見的矛盾　156
　　二、渠道模式的主要類型　158

三、如何選擇渠道模式　163

第二節　渠道管理與維護　166

一、渠道價格政策的制定　166
二、經銷商管理的主要指標　167
三、經銷商的激勵措施　169
四、竄貨的成因、危害及治理措施　172

第八章　轉動魔方：價格策劃面面觀　175

第一節　價格策劃的步驟　176

一、定價的重要性　176
二、價格策劃的步驟　177

第二節　定價的技巧　181

一、價值定價　181
二、差異化定價　182
三、目標客戶定價　184
四、心理定價策略　184
五、折扣定價策略　186
六、高開低走定價　188

第三節　降價與漲價策劃　189

一、降價策劃　189
二、漲價策劃　194

第四節　提升品牌溢價能力的策略　198

一、塑造獨特的品牌價值　198
二、加強品質管理，適時產品創新　199
三、塑造大品牌與業內領先地位的形象　200
四、賦予品牌稀缺性、高價值感　200
五、保持合理的高價格　201

第九章　精彩共享：行銷活動策劃　203

第一節　行銷活動策劃的優勢及要求　204

一、行銷活動策劃的優勢　204
二、行銷活動策劃的要求　205

第二節　公關策劃　208

一、公關活動策劃的程序　208
二、行銷公關的策略　209
三、危機公關策略　212

第三節　贈送活動策劃　216

一、贈品促銷的優勢及不足　217
二、如何選擇設計有吸引力的贈品　218
三、把握贈品促銷的分寸　219

第四節　抽獎活動策劃　221

一、抽獎活動的好處及不足　221
二、抽獎活動的規劃　223

第五節　品牌聯合行銷推廣策劃　225

一、品牌聯合行銷推廣：現代行銷新潮流　225
二、品牌聯合行銷推廣的好處　226
三、品牌匹配度：品牌聯合行銷成功的關鍵　228

第十章　智慧人生：如何成為優秀的策劃人　231

第一節　行銷策劃者素質　232

一、行銷策劃的職能　232
二、行銷策劃人的素質　233

第二節　行銷策劃人的知識結構　238

　　一、專業知識層面　238
　　二、文學藝術知識　239
　　三、現代傳媒、IT網絡知識　240
　　四、有關商品知識　240

第三節　行銷策劃人的智能結構　242

　　一、記憶能力　242
　　二、洞察能力　243
　　三、想像能力　243
　　四、創新能力　244
　　五、機會把握能力　245
　　六、文字表達能力　246
　　七、組織協調能力　247
　　八、執行能力　247

第四節　行銷策劃人企劃能力的培育　248

　　一、廣泛閱讀、累積豐富的知識　248
　　二、培養豐富的想像力　249
　　三、學習策劃的技術　250
　　四、多與同事以外的人交往　251
　　五、參與社會實踐　251

第一章

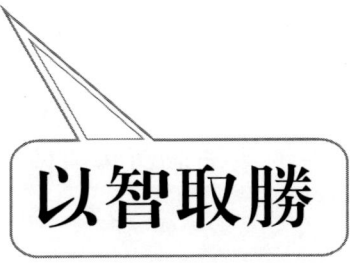

※ **行銷策劃概論** ※

　　21世紀是知識經濟時代，知識經濟已逐步替代工業經濟成為國際經濟中占主導地位的經濟。作為一種創新型經濟，知識經濟強調創新應成為經濟增長的發動機。在知識經濟條件下，企業競爭力大小取決於創新力的強弱。被譽為當代最具啟發性思想家的彼得‧德魯克，早在30年前就明確指出：「一個企業只有兩個基本職能：創新和行銷。」創新和發展作為企業生存、發展的核心戰略的重要性在今天顯得尤為突出。這是因為當產品和行銷手段趨於同質化，越來越多的產品和品牌進入消費者的視野，消費面對越來越多的選擇時，如何在激烈的市場競爭中讓品牌真正走進消費者的心裡？以創意為核心的行銷策劃便是出奇制勝的利器。

第一節　行銷本質：

提供和創造顧客價值

一、顧客：企業市場制勝的法寶

何謂市場？從行銷角度看，市場是指具有特定需要和慾望，而且願意並能夠通過交換來滿足這種需要和慾望的現實的、潛在的顧客。對企業而言，市場意味著顧客，誰擁有顧客，誰就擁有市場。因此，顧客為王應成為企業競爭制勝的法寶。

(一) 引例及啟示

1. 5天收入1.6億元：《失戀33天》「逆襲」好萊塢大片

為現代青年男女量身定制的治愈系電影《失戀33天》自2011年11月8日在全國上映以來，猶如坐上小火箭，首週五天票房突破1.6億元，登上周票房冠軍，完勝三部好萊塢電影《猩球崛起》、《鐵甲鋼拳》和《驚天戰神》，上演了一場國產小片「逆襲」好萊塢大片的好戲。

投資890萬元，首日票房近2,000萬元，文章、白百何主演的《失戀33天》上映第一天就讓業內人士跌破眼鏡，排片從6,000場一路暴漲，至11月13日已經高達17,000場。據影片發行方不完全統計，該片首周票房高達1.6億元，僅11月11日當天，就有4,000多萬元進帳，占到當日總票房的四成以上。

在百度電影排行榜上，《失戀33天》以122萬元的當日搜索量高居第一，其百度指數也超過百萬，成為有史以來首部指數破百萬的電影作品。另一個有些誇張的數據來自新浪微博的搜索量，以「失戀33天」為關鍵詞的微博高達560萬，其電影官方微博的粉絲也突破十萬，

這也悉數刷新紀錄。

低成本製作的影片《失戀33天》真的火了，從一匹驚豔亮相的黑馬，變成了全國熱話的現象：公交車站隨處可見大紅背景的電影海報，售票廳內排滿了為之等待的長龍，茶餐廳裡不時聽到男男女女關於劇情和臺詞的閒聊，微博上俯拾即是熱心觀眾看完影片後的即時交流。更有網友調侃，建議「明年國慶節上映《國慶33天》，清明節上映《見鬼33天》，五一節上映《勞動33天》，2012年11月18日全球同步上映《還剩33天》！」網友詼諧趣味的調侃引得人們的關注。

總之，無論是線上線下，這部影片牢牢占據著各方的關注與眼球，以至於有網友忍不住擔心：「我還沒有看過，會不會OUT？」因此，這樣的影片想不暢銷都難。《失戀33天》為何如此火爆？從現代行銷的角度看，其秘訣主要有以下幾個方面：

（1）根據熱門網絡小說改編，有一定市場基礎。

《失戀33天》改編自同名暢銷網絡小說，作者鮑鯨鯨的語言風格自成一體，文風辛辣尖銳，通篇京式幽默略帶調侃和自嘲，該書一經上市便被80後讀者奉為「戀愛必讀指南」。據不完全統計，原小說有近200萬讀者，多數讀者都走進影城欣賞了該片，如此算來，單這一項就為本片帶來了數千萬票房。

（2）題材新穎，瞄準了市場空隙。

應當承認，戀愛是人生的必修課。就人們所熟悉的影視劇來看，關於戀愛、愛情的題材多如牛毛，然而專門以失戀為題材的影視劇卻十分罕見。所以，《失戀33天》的出拍，可以說瞄準了市場的空隙，搶占了市場先機。就該影片的主演來看，並非消費者廣為熟知的大牌明星，但卻能引起廣泛的關注，這不能不佩服導演敏銳的市場洞察力，該選題挖掘了還未被滿足的潛在需求。

（3）情感共鳴，在引導顧客情感需求上做足文章。

電影的拍攝和製作，實質上就是電影產品的開發與生產，一部電影能否成功，除了有好的選題外，還在於能不能打動消費者。要打動消費者，重點就在於影片故事情節和臺詞的功力。在這兩個方面，《失戀33天》不能說做到最好，但也算做到了極致。

「失戀」這事情幾乎所有的人都有可能遇到，而片中主人公走出失敗感情的艱難經歷，顯然會引發大批正在失戀或有失戀經歷影迷的共鳴。此外，影片的上映檔期正好安排在2011年11月11日這個「世紀光棍節」前，影片主題與上映檔期的宣傳完美契合。

辛辣臺詞一波接一波，觀影過癮。《失戀33天》臺詞功力強大，耍貧和愛情哲理穿插其中，讓很多年輕觀眾「中招」。很多影迷在看完了電影之後，都在網上瘋傳這部影片的經典臺詞，如「二百五的腦

子加林黛玉的心就是你」、「你都沒生過孩子，跟我談什麼人生」、「買臺電冰箱保修期三年，你嫁了個人，還能保證他一輩子不出問題呀？出了問題就修嘛」、「失戀並不可怕，也許是下一個幸福的開始」……看似辛辣甚至重口味，但回想起來卻頗有道理。這些充滿吐槽精神的語句，讓人聽著如醍醐灌頂，大有成為流行語的潛力。對有失戀經歷和正在失戀的人來說，無疑成了走出失戀陰影，陽光面對生活的精神良方。

（4）不走尋常路，宣傳很新穎。

行銷上，宣傳團隊將重點放在了微博這一新興媒體。《失戀33天》前期宣傳官方微博粉絲達到10萬人，微博搜索量上升至300萬，「失戀物語」視頻轉發量過萬，最終將影片衍變成了一個社會熱門話題，成為2011年「光棍節」的代名詞。單從影片質量上看，本片顯然不值過億票房，但它把一部電影從創作到行銷的每一環都做到了80分以上，沒有一門「偏科」，加起來分數就不得了了。

《失戀33天》雖然是電影產品，但它的成功與其他行業的成功並不存在本質的差異。《失戀33天》的成功至少給了我們企業兩點重要的啟示。

其一，要善於洞悉顧客要求，尤其是潛在要求。儘管我們還達不到喬布斯的境界，做不到「活著就要改變世界」，但是至少我們要認同企業存在的意義，那就是：要麼幫助目標客戶解決現有的問題，要麼給目標客戶提供與眾不同的體驗，要麼激發潛在顧客的隱性需求，要麼給顧客提供獨到的價值。如果僅僅提供一個市場上已經存在的產品，而且你還不能比競爭對手做得更好，那就是毫無意義的多餘產品。要想滿足顧客多樣化需求，企業絕不能停留在抄襲模仿上，在產品供不應求，市場競爭不激烈的情況下，抄襲模仿還行得通。然而在激烈的市場競爭中，差異化顧客價值就成了重中之重。

其二，摒棄大眾思維，聚焦細分市場。要想在競爭激烈的市場中站穩腳跟，企業首先要明確自己的目標市場，知道自己是為哪部分人服務，這樣才能集中有限的資源去打殲滅戰，占領一個細分市場。當然，要做到這一點：首先，必須有小眾化的思維，而不是停留在大眾化的思維層面，以為單一產品服務的範圍越廣越好，那樣的產品是不可能成就針對性競爭優勢的。其次，根據所聚焦的細分人群的需求提供相應的產品和服務。就《失戀33天》來看，所涉及的目標群十分明確，說得廣一點是現代青年男女，說得窄一點就是有過失戀經歷的人群。

2. 成熟市場也能黑馬頻出：來自「格林格」的報導

近年來，家電市場競爭白熱化，空調、冰箱、電視、熱水器、抽

油菸機以及種類繁多的小家電早已進入了成熟期。然而2010年，一匹黑馬橫空出世，它就是四川成都格林格電器公司，它生產的側斜式旋流抽油菸機受到了顧客的青睞，引起了業界的廣泛關注。

格林格的秘訣何在？其秘訣在於他們對用戶不滿意的研究。一般而言，抽油菸機都是懸吊式的，並分為歐式和中式。經過實地市場調研，格林格發現抽油菸機吸口離鍋越近，其抽油菸的效果越好，而現有的懸吊式抽油菸機離鍋的距離一般在50厘米左右，如果要離得更近，勢必要整體往下調，就會使炒菜者的頭碰到罩殼。同時，歐式抽油菸機的排菸原理是根據歐洲人的飲食習慣設計的，他們善煎、攤，油菸很少，而中國人喜歡旺火爆炒，產生濃菸，所以歐式抽油菸機相對於中國家庭的飲食習慣缺陷非常明顯，而中式抽油菸機結構簡單，排菸效果更不理想。從消費者對抽油菸機的日常維護來看，有三大不滿意，分別是：抽油菸機罩殼碰頭；油菸出鍋後快速彌漫，吸不乾淨；抽油菸機的內壁難以清洗。經過調研發現現有產品存在的消費者不滿意之後，格林格的研發人員召開創意會。經過幾輪討論，他們提出了一個大膽的設想，把抽油菸機從吊著用變成掛著用，同時在消費者最為關注的油菸吸淨率和便於清洗方面提高滿意度。經過和成都飛機設計研究所共同技術攻關，不久，一款側斜式旋流油菸機誕生了。這款廚電行業革命性的產品，優點有：一是側斜式掛在牆離竈更近，且更美觀，也節省廚房空間；二是使用旋流裝置，使吸口離爐竈近卻不吸滅竈火；三是能通過獨特的旋流裝置使油和菸徹底分離，從而達到完全的空氣淨化。國家有關部門技術檢測顯示，格林格旋流抽油菸機的吸淨率達到99%，而普通抽油菸機最多只能達到70%。新產品問世後，它把其核心技術「旋流」直接設計成一個圓形圖案標示（Logo）粘貼在產品表面，「採用旋流技術，廚房更健康」。為了讓現有消費者真切體驗到該產品獨特之處，他們在成都試點，開展了「爆炒辣椒無嗆味」的大型推廣活動，引起了極大轟動。他們到全市160個居民入住兩年以上的社區開展了轟轟烈烈的「廚房禁菸，以舊換新」運動。活動方式非常簡單，在社區門口做演示，請社區居民爆炒辣椒。消費者往鍋裡加足油，開旺火，反覆爆炒，絲毫聞不到一點嗆味。「爆炒辣椒無嗆味」作為檢驗抽油菸機效果的「金標準」在消費者當中悄然傳開。更值得一提的是，這一標準的產生讓各大賣場裡的現場體驗都以「爆炒辣椒」為題材，消費者也將此作為評判和選購抽油菸機的全新標準和要求。作為這一標準的引領者，格林格自然成為消費者矚目的焦點。

儘管家電市場競爭早已進入了成熟期，但格林格卻成功了。格林格的成功向我們企業昭示：任何企業和品牌都必須有一顆為顧客解決

特定問題的心，帶著這顆心去思考，去做事，千方百計地為顧客著想，才能從迎合消費上升到引導消費。其實這個世界很公平，你為顧客著想得越多，顧客給你帶來的回報就越高。

顧客購買產品的關鍵驅動力，不是產品是否滿足了他的需求，而是你的產品給他帶去了多少有比較優勢的利益，這就是製造顧客對產品的價值偏好。

產品滿不滿足顧客需求不是決定產品命運的因素。客觀地講，現在市場上銷售的產品應該都能滿足消費者的需求，但為什麼有的產品受顧客青睞，有的產品卻乏人問津呢？問題的關鍵在於，在這個同類產品多得令人眼花繚亂的時代裡，顧客要的不是企業的產品是否滿足需求，而是產品是否比同類產品更加有效地滿足了需求。你的產品與競爭對手相比具有利益上的比較優勢，使消費者真正感到物有所值，物超所值，消費者才能對你的產品形成價值偏好。格林格成功的關鍵正在於此。

(二) 市場變化的新趨勢

1.「網絡經濟」將成為市場的新特徵

信息技術的飛速發展將引發傳統市場經濟的革命。消費者可以通過網絡將自己的意見加入生產過程，使自己成為部分生產者，使生產者與消費者融為一體。與此同時，消費者與生產者可以通過網絡直接接觸使得市場範圍和生存空間不再是通過中間商、貿易商而被別人控制，使銷售渠道縮小接近，使產品有特定的顧客。

今天，需要引起我們企業高度重視的是，使用網絡行銷可以大大提高信息搜集的速度，企業進行戰略決策的準確性以及行銷的針對性，能極大降低費用，提高效益。在這方面，西方發達國家的一些企業在實踐中體會到網絡行銷的效力和魅力。如美國尿布生產廠家金百利公司，他們花費了1億美元建立了一個包括75%的美國孕婦的資料庫，根據資料，這些準媽媽在懷孕期間，就會收到公司寄來的雜誌和信件，介紹養育嬰兒的有關知識。新生兒落地以後，公司帶電腦條碼的折價券更會馬上送到產婦手中，公司憑藉這些折價券，可以追蹤哪一位母親買了公司的產品，通過零售的信息系統，還可繼續追蹤顧客持續使用該產品的變化情況，也可利用這些資料銷售其他相關產品。在美國，每個嬰兒使用紙尿布的金額，每年約1,400美元。公司將花費在每一個對象身上的費用，與其總銷售金額加以比較，不但可以掌握銷售與投資的比例，還可規劃、預測下期的策略與效果。金百利公司的成功是當代網絡行銷成功的典範。網絡行銷的核心仍是以顧客需求為導向，貫穿於企業經營全過程的涉及市場調查、戰略規劃、產品決策等要素

在內的行銷管理活動，它使企業行銷管理活動更加科學化、現代化，能起到降低成本、縮短時間、提高效率、增強企業行銷活動的針對性等多重效果。

信息技術在中國一些企業中得到運用，但離網絡行銷的要求還差很遠，目前中國企業在利用信息技術的過程中，大多局限於電子記帳或通過網上銷售商品（即僅把網絡當做銷售商品的工具），這便是中國與西方發達國家差距所在。中國要縮短與發達國家的差距，就應當正確理解網絡行銷的實質，運用網絡行銷這一嶄新的行銷模式。

2. 市場需求向個性化和多樣化發展

今天市場的需求變化呈現出「規模需求→差異需求→個性化需求」的轉變。這種模式使得大批量重複生產變得不適應，要求企業在短期內完成大量的個性化服務，這是大型企業競爭力高低的最重要表現。生產高附加值的產品和提供高附加值的服務是增加經濟實力和國際競爭力的實質，同時顧客對提供服務的方式、渠道、質量及時間等提出了更高的要求。

日本電通公司調查發現，在20世紀五六十年代，10位顧客只有一種聲音；到七八十年代，10位顧客有幾種聲音；到九十年代，一位顧客有十種聲音。面對個性化和多樣化的消費傾向，美國通用電氣前任總裁韋爾奇說：當質量、品種、價值等與消費者「正式關係」和競爭對手不相上下時，行銷活動的重點就在於建立與客戶之間的「非正式」關係，即以十倍於追求情人的熱情，精確瞭解客戶希望的商品和個性，找準顧客，精確地介入他購買和更新產品的願望。要達到這一點，企業經營者必須有良好的創意，這樣才能把產品概念通過某種個性的表達方式訴之於目標消費群，由這些目標消費群來檢驗這些創意中的個性表達方式與訴求，是否真正代表他們的內心感受，假設果真如此，那就是「擋不住的感覺」了。今後，個性就是顧客概念，成功的個性演出，成為產品概念與消費者內心需求的交集，在未來的行銷趨勢演變下成為生活形態的一部分。

在21世紀，過去那種單一的大批量生產已遠遠不能滿足需要，為了達到產品的差異化、多樣化及個性化，現代企業必須以消費者的心理特徵、生活方式、生活態度和模式為基礎去從事生產經營、產品設計、製造及銷售，緊扣人們的精神需求，使產品和服務能引起消費者的遐想和共鳴，才能創造市場業績。比如，組合型文具、調色板化妝品、故意磨破的牛仔褲、新出現的表現自然風光的環境碟片與磁帶，這些商品的暢銷，就在於製造商提供的不僅僅是商品，而是更好地滿足了消費者內心的情感體驗。組合文具放在辦公桌上不僅是作為文具用，還增添了辦公的趣味性；調色板式化妝品符合了人們千變萬化的

心情表現等。

3. 創造市場成為企業追求的最高境界

智高一籌的企業家們認識到，在今天這個競爭激烈的環境裡，企業如果總是適應市場，你就可能永遠落在市場後面，想要走在市場的前面，起導向作用，就應該堅持創造市場，創造用戶。企業既要重視在現有市場爭奪份額，更要運用前瞻性的眼光去另外創造一個市場，那麼這個市場便是你自己獨有的了。當全國的乳品業都處在日常百姓生活用奶白熱化的競爭中的時候，2005年和2006年，蒙牛集團率先推出了「特侖蘇」和「六特乳」兩款高端牛奶，這兩款高端牛奶的主要區別是在銷售渠道上：「特侖蘇」通過現代商超售賣，而「六特乳」走的是直銷、特供之路。它們的價格是普通牛奶的3倍和4倍，成為小康之家和成功人士牛奶的首選。蒙牛成功了，迅速占據了中國高端牛奶市場70%的市場份額，這正是蒙牛集團創造市場、創造用戶的有力表現。

創造市場是一項創造性極強的工作，雖然沒有固定的模式，但也有一些基本的思路：

首先，加強市場調查與預測，高度重視市場信息的搜集和分析工作，搜集市場的消費需求，分析需求的類型，搜集企業的產品、價格、渠道、促銷等信息，為企業正確選擇目標市場、制定行銷策略提供科學的依據。

其次，強化市場行銷手段，搶占新的市場。企業要樹立新的大市場行銷觀念、新的推銷觀念，全方位、多層次搶占國內外市場。

最後，揚長避短，避免目標市場選擇雷同。任何企業都應根據市場機會、自己優勢選擇目標，盡量錯開與競爭者的直接對抗，避免形成同水準的惡性競爭，因此，企業在創造市場需求時，要注意挖掘消費者的潛在需求。

二、行銷：企業活動的中心

(一) 行銷已成為企業的核心職能

在市場經濟條件下，企業的前途與命運，不是取決於它生產了什麼以及生產了多少產品，而是取決於是否有科學和高明的行銷策略去銷售多少產品。只有通過行銷，有效地將產品銷售出去的企業，才會有光明的前途。

現在企業提出了許多「第一」的口號，但真正的第一是「行銷第一」。因為，無論顧客第一、服務第一，還是質量第一，最終目的是

為了促進產品銷售。如果產品賣不出去,「顧客第一、服務第一、質量第一」,通通都是廢話。正如英國著名的管理專家羅杰・福爾克所說:「一個企業,如果它的產品和勞務不能銷售出去,那麼,即使它的管理工作是世界上最出色的,也是白費力氣。」

優秀企業的成功首先是行銷的成功。美國商用機器公司(IBM)總經理小托馬斯・沃森在談到公司的成功經驗時強調:「關鍵在於行銷。新技術固然重要,但更重要的是產品行銷。我們能夠不斷地推銷產品,原因在於,我們知道如何對顧客進行廣告宣傳,如何快速安排機器,如何招徠老主顧。」因此,在市場經濟條件下,必須樹立以行銷為中心的觀念,抓住了行銷,就抓住了搞好企業的關鍵點。

在買方市場情況下,行銷是企業組織的中心,一切都應圍繞行銷轉。因此,現代企業應建立以行銷為中心的組織體制,它包括兩方面的含義:一是提高行銷部門在企業組織中的地位,使行銷部門成為實現企業經營目標的核心職能部門;二是其他部門要支持和服務行銷部門,也就是說如果行銷部門直接為顧客服務,那麼其他部門就要向那些能為顧客提供服務的人提供服務。

(二) 時代行銷觀:經營成功的指引

何謂市場行銷?著名行銷學家菲利普・科特勒認為,市場行銷是通過創造和交換產品及價值,從而使個人或群體滿足慾望和需要的社會過程和管理過程。

銷售不同於行銷,銷售只是行銷的冰山一角,只是行銷的一項職能。傳統行銷觀與現代行銷觀的區別在於:傳統行銷觀是產品導向,一說到行銷,更多想到的是推銷技巧與藝術;而現代行銷是市場、需求導向,是圍繞怎樣充分體現消費需求的關於產品、價格、渠道、促銷、品牌塑造等一系列整合規劃。

應當承認,經過市場經濟多年的洗禮,很多企業對行銷的認識前進了一大步,認識到了企業經營應以消費者需求為中心,然而在實踐中,如何根據時代的變遷、競爭環境的變化去貫徹和體現以需求為中心的行銷觀,並不是每個企業都能做到的。

人們常說,觀念是行動的先導,思路決定出路。以需求為中心的行銷觀在實踐中如何深化和發展,並以此指導企業的經營活動,中國著名企業「海爾」交出了一份滿意的答卷,值得企業經營者學習和借鑑。

1996年海爾推出「即時洗」洗衣機,命名為「小小神童」。這標誌著海爾行銷觀念的成熟,也標誌著行銷技術的科學化。這種洗衣機的問世,是海爾科研人員通過市場調研中實現的。為了將概念變為成

熟的產品,海爾專門向用戶發出「諮詢問卷」,收到5萬份回信。在此基礎上,海爾推出「小小神童」,獲得成功。

1996年,海爾在四川的一個農民用戶投訴說洗衣機水管老是被堵,服務人員上門查看後得知,因生活條件的改善,農民用戶不僅用洗衣機洗衣服,還用來洗地瓜、紅薯等。於是,海爾開始研製滿足這種需求的洗衣機。1998年,代號為XPD40-DS的「大地瓜」洗衣機問世,投放的1萬臺很快銷售一空。

從「小小神童」洗衣機到「大地瓜」洗衣機,是海爾行銷觀念的又一次革命。行銷觀念的核心原則對市場行銷提出了許多精闢的論述:「滿足有利益的需要」、「發現慾望並滿足它們」、「熱愛顧客而非產品」、「顧客第一」。在這一階段,海爾在行銷戰略和運用行銷組合方面已非常成熟。張瑞敏認為,在這個時候,海爾才真正樹立了以消費者需求為中心的行銷觀念。

2000年前後,面對中國家電行業的空前競爭,海爾人認為競爭取勝只有好產品不行,海爾因此先後推出了「五星級服務」,全面推行和實施以顧客滿意為中心的行銷觀念,明確提出了「海爾賣信譽而不賣產品」,解決了消費者的後顧之憂,塑造了良好形象,提高顧客滿意度。

近幾年,面對家電市場凶猛的價格戰、終端促銷戰,海爾並沒有盲目跟進。張瑞敏及時提出「我們不打價格戰,而打技術戰、品牌戰、形象戰」。

在產品開發策略上,海爾提出「市場設計產品」,針對款式、消費階層、地域等指標進行細分,設計、生產適應不同市場需要的產品。同時,根據產品壽命週期的特點,堅持「生產一代、研製一代、構思一代」的導向,始終保持產品在市場上的領先地位。

隨著產品檔次和服務水準的提高,海爾在產品價格方面始終保持比同行高的價格策略,不斷塑造海爾品牌價值。在一波又一波的價格戰中,海爾始終沒有追殺,保持自己的良好形象。

張瑞敏清楚地認識到,「賣出去才是硬道理」,積極地建立自己的銷售網絡。拓寬渠道是海爾發展的依託。到現在,海爾牢牢地控制著自己建立的銷售網絡和服務網絡。海爾已在全國建立了一、二、三級市場的網點和配套的四星級服務中心。依靠市場鏈的整合,其目的是在企業樹立以顧客品牌忠誠為目標的行銷觀。

從以上海爾現代行銷觀的演變過程來看,經歷了以消費者需求為中心到以消費者滿意為中心再到今天的以顧客品牌忠誠為中心的轉變。三個階段的重點亦有不同:20世紀90年代中後期的重點仍集中於賣產品上,2000年左右重點是打造優質服務,而近幾年則體現在海爾品

牌的提升和塑造上。正是這種符合和順應時代潮流的經營觀的提升，引導了海爾從一個勝利走向另一個勝利。

市場天天變，觀念永創新。我們深信，只要結合市場變化和企業實際不斷探索，以需求為中心的行銷觀就能在實踐中生根、開花和結果。

三、價值行銷攻略

現代行銷活動是選擇價值、提供價值和傳送價值的過程，涉及企業的方方面面。顧客價值是顧客付出與顧客所得之間的比例函數。

$$顧客價值 = \frac{功能利益 + 情感利益}{顧客成本}$$

因此，要增強企業的競爭力，提高顧客價值，可以從兩個方面入手：一是降低顧客成本，二是提高商品給消費者的利益滿足，即提高商品價值。

(一) 降低顧客成本

顧客總成本不僅包括貨幣成本，而且還包括時間成本、精神成本、體力成本等非貨幣成本。一般情況下，顧客購買產品時首先要考慮貨幣成本的大小，因此貨幣成本是構成顧客總成本大小的主要和基本因素。在貨幣成本相同的情況下，顧客在購買時還要考慮所花費的時間、精神、體力等，因此這些支出也是構成顧客總成本的重要因素。

要降低顧客的貨幣成本，主要有兩個方面的思路：其一，在成本上做文章，如果同類產品的競爭者在為顧客創造的價值相等的條件下，產品的使用成本比競爭對手更低，那麼誰的產品就更具有競爭優勢。通過科技進步，讓產品在消費者使用過程中能夠獲得更少的花費，如空調使用的時候更省電，無疑將給顧客帶來更低的消費成本。許多科技創新的產品，雖然售價高出同類產品很多，但消費者仍然鐘情，就是因為它是明高實低。以熱水器為例：太陽能熱水器、電熱水器、燃氣熱水器都給顧客帶來熱水器的功能性顧客價值，但為什麼太陽能熱水器的價格就高出電熱水器和燃氣熱水器的2～3倍？有人認為這是因為太陽能熱水器乾淨環保，所以太陽能熱水器需求量上升，價格升高。其實太陽能熱水器能賣得好的原因是太陽能熱水器比電熱水器和燃氣熱水器具有不可比擬的優越性，即太陽能熱水器使用了消費者不需要付費的能源——太陽光線，為顧客大大節約了使用成本。電熱水器和燃氣熱水器使用時都要付費——電費或燃氣費，並且電費和燃氣費都

有上漲的趨勢。作為中國的消費者，收入有限，對於耐用消費品，使用成本就放到了優先位置。商家在宣傳太陽能熱水器時使用的冠冕堂皇的理由是太陽能是乾淨的能源，其實，商家比誰心裡都清楚太陽能熱水器好賣且價格高的原因——太陽能熱水器可以實實在在為顧客節省費用。其二，在價格上比拼，在為顧客提供的價值相當的條件下，誰的產品價格比競爭對手更低，誰的產品就更受顧客青睞，只不過這並不是高明的行銷策略而已。

精力成本，即精神與體力成本，是指顧客購買產品在精神和體力方面的耗費與支出。這也是企業不得不考慮的因素，如企業針對目標顧客的關於產品信息的傳播，實際上就是減少顧客收集信息的時間和精力。超市、便利店等中間商沒有製造產品，但為什麼他們仍然能取得利潤？實際上，超市也好，便利店也好，他們都選擇了交通便利的位置，方便顧客購買，節省了顧客的時間和精力，等於減少了顧客的購買成本。

（二）提升價值

一件商品的價值可分為物理屬性價值和心理屬性價值兩個方面。在市場行銷實踐中所表現出來的基本原理是：當消費者認為你提供的商品很有價值時，在購買時就不太會斤斤計較其價格。隨著消費心理的變化，當今消費者購買商品時，不再只是注重功能性價值，這是因為當消費者基本需求得到滿足後，就更看重產品給消費者精神和心理價值的滿足。在這裡，我們重點探討提升產品心理屬性價值的主要思路。

1. 獨特的產品設計

當代是一個產品多得令人眼花繚亂的時代，我們要使產品與眾不同，就需要獨特的設計。當代也是文化藝術和科學技術相互滲透的時代，消費者選擇商品的價值標準，不僅有產品性能和使用價值，而且包括新穎的造型、和諧的色彩等魅力價值。在同類產品中，那些獨特的設計，具有較高魅力價值和欣賞價值的產品往往受到人們的青睞。

獨特的設計，能給產品注入新的活力，為產品創造高附加價值和高效益。同樣面料的服裝，款式新穎的比一般的價格高出很多，但仍受到消費者的追捧。又如，在臺灣自行車行業面對來自東南亞的低價競爭，出口量銳減的關鍵時刻，激光學家韓德瑞利用新的設計眼光生產折疊式自行車，開創了市場新機。該車最大特點是可折疊，給生活帶來極大方便——易收藏、易攜帶、不占地方、不易失竊。

2. 文化的注入

文化作為一個社會歷史範疇，涵蓋面很廣。廣義的文化指人類在

社會發展過程中所創造的物質財富和精神財富的總和。狹義的文化主要是指精神文化，即在一定物質文明基礎上，在一個社會、一個群體中人們所共同遵循的情感模式、思維模式和行為模式，包括人們的價值觀念、信仰、態度、道德規範和民風習俗等。

在現代各種商品價值構成中，不僅包括商品的物質效用價值，還包括文化精神價值，而且後者占的比重日益增加。這是因為，當人們物質生活得到相對滿足以後，必然追求精神生活的滿足。在服務方面不再是只追求有形的物質，還要追求心理的愉悅、精神的滿足、美的感受等。如老百姓說的「花錢買個滿意，買個舒服，買個高興」。國外年輕人要求更高，他們進商店購物，不僅要獲得商品，還要買個「夢」。他們買了「555」香菸，就認為買到了企業家的成功；買了「萬寶路」香菸，就認為買了白馬王子的性格；買了「健牌」香菸，就認為買了溫馨爾雅之情和瀟灑的風度。因此，我們應從產品的角度挖掘文化，從文化的角度拓寬產品的系統創造，從而使消費者從中體會到產品的文化韻味，使企業能吸引顧客，創造市場。如江蘇紅豆集團的「紅豆」品牌享譽中外，一定程度上得益於中國傳統文化的魅力，唐代詩人王維一首膾炙人口的小詩「紅豆生南國，春來發幾枝。願君多採擷，此物最相思」，令「紅豆」品牌身價倍增。

3. 情感的滲透

鑽石與水比，水是維持生命不可缺少的物質，鑽石既不能吃也不能喝，為什麼能賣高價？這個疑問被稱為亞當‧斯密之謎，因為這個問題是由經濟學鼻祖亞當‧斯密首先提出的。歷史上，有的部落認為鑽石能驅邪、治病，如果鑽石真有這樣的功能，那也只能算是鑽石的功能性價值。隨著認識的深入，人們知道鑽石是沒有這樣的功能性價值的。那麼，鑽石憑什麼賣高價呢？回顧鑽石的行銷歷史我們就可以解釋這一現象。1947年，戴比爾斯鑽石公司與美國海寶公司聯合推出廣告：「鑽石恆久遠，一顆永流傳。」從此，愛情就與鑽石聯繫起來；20世紀，畢加索為戴比爾斯做廣告宣傳畫，從此鑽石的形象永遠地與藝術和創造聯繫到一起，鑽石帶給人們更多的是社會心理價值。

如果我們花一點時間去研究一下美國、西歐或中國香港等國家與地區的商品廣告，就會發現，廣告的內容不再是向觀眾或消費者推銷商品的信息和優點，而是採用感性的訴求，希望能建立觀眾對產品的認同感。人們的感性消費，是指憑著感覺、情緒氣氛及符號來消費商品及服務。

在感性消費時代，消費者所看重的已不是商品數量的多少、質量的好壞及價錢的高低，而是商品與自己關係的密切程度。他們購買商品是為了一種感情上的滿足，一種心理上的認同。「我喜歡的就是最

好的」，這句話充分反應出消費者的「個性」要求。人們對商品或服務的情緒性、情報性、誇耀性及符合性價值的要求甚於商品或服務的物質性價值及使用價值。生產者只有做到使商品「時尚化」、「風格化」和「情感化」，才能贏得消費者的認同。

情感商標、情感包裝、情感廣告、情感服務等的巧妙運用，往往能引發消費者強烈的情感反應，引起消費者的遐想和共鳴。當你打開電視機，那句「不在乎天長地久，只在乎曾經擁有」的煽情廣告，會使你內心頓時萌生快意，恨不得立刻擁有。在菲律賓南海裡有一種小蝦，自幼從有隙的石頭裂縫中鑽進去配對後就相依為命，不再出來，漸漸長大為無法鑽出來的雌雄蝦，在石頭裡度過它們的一生。這種蝦既不好吃，更不好看，在菲律賓人眼裡是一種毫不中用、毫無價值的東西。可是精明的日本商人在菲律賓海灘見到這種蝦並聽到關於它的介紹後，卻認為它能成為一種暢銷產品。於是用重金大量收購並運回日本，加工成結婚禮品以饗顧客，並起了個極富情感的產品名稱——「偕老同穴」，象徵著恩愛終生。儘管其售價很高，但面向市場後卻被迅速搶購一空。日本著名企業家松下幸之助說得好：「討厭的東西，即使送給您，相信您也不會接受；而喜歡的東西，即使要花費龐大的金錢和代價，您仍會去爭取它……暢銷的秘密完全在於如何掌握好惡的感情。」

4. 愉悅的感官享受

著名的韋勒定理指出：「不要賣牛排，要賣燒烤牛排的嗞嗞聲。」這就是著名的「牛排哲學」。它不是指烹調牛排的特殊秘方，而是指牛排引起食客們趨之若鶩的玄妙之處，在於當牛排上桌時，那「嗞嗞」的油爆聲，著實誘人垂涎欲滴。

美好的東西總能給人留下難以忘懷的深刻印象，但僅靠文字和圖像難以完全做到這一點。就如勞倫斯·維森特所說：那些對感官最敏銳的刺激則可以做到這一點。正在盛開的花朵所散發出的許久不散的芬芳，懷中葡萄酒的美味，午夜低音歌手彈奏的爵士樂，還有在微風中飄動的白色亞麻布窗簾，讓人感到仿佛有幽靈的出沒，諸如此類。當我們看到香奈兒、雅詩蘭黛、玫琳凱這些經典品牌，就自然會聯想到充滿傳奇色彩、給人以美的愉悅的優美故事；看見擺放於商場專櫃五彩繽紛的美寶蓮產品，總能感覺到她緊隨時尚、誘惑人的美的力量。

第二節

商戰無情　策劃是金

一、策劃的重要性：智力就是財富

　　1950 年初，朝鮮戰爭已到了劍拔弩張、一觸即發的地步。戰爭爆發前 8 天，美國對華政策研究所接到一個秘密情報：歐洲有個「德林軟件公司」集中人力，投下大筆資金研究了一個課題：「美國如果出兵韓國，中國的態度將是如何？」且研究成果已經出來了。德林公司通過秘密渠道打算把這個結論賣給美國，據說只有一句話，卻索價 500 萬美元（大約相當於當時一架最先進的戰鬥機價格）。用 500 萬美元買一句話？美國佬認為這簡直是發瘋，他們一笑置之，當做無稽之談。

　　幾年後，美國在朝鮮戰場一再慘敗，美國國會開始辯論「究竟出兵韓國是否真有必要」的問題，才有人想起德林公司的研究成果。此時雖已時過境遷，但在野黨為了在國會上的辯論言之有理，仍以 280 萬美元的代價買下了德林公司這項過了時的研究成果。成果的內容只有一句話：「中國將出兵朝鮮！」但附有長達 328 頁的附錄分析資料，詳盡地分析了中國的國情，有豐富的歷史材料和有關數據，並有充足論據證明中國絕不會坐視朝鮮危機不救，且斷定一旦中國出兵，美將以不光彩的姿態主動退出這場戰爭。

　　當記者問朝鮮戰場回來的美軍司令麥克阿瑟將軍對德林公司的研究成果有什麼看法時，他不無感慨地說：「我們最大的失策是——捨得幾億美元和數十萬美國人的生命，卻吝嗇一架戰鬥機的代價。」默默無聞的德林公司自此聲望大振，揚名四海。

　　德林公司的研究報告在當時雖然沒有被美國軍方重視，但它為頭

腦產業所開出的「天價」，卻充分顯示了其超前的思維和驚人的勇氣。由於此案的「平反」，德林公司不僅收回了280萬美元，而且使自己的品牌價值迅速提升。「500萬美元買一句話」，成了「智力就是財富」的絕妙證明。

行銷策劃是20世紀90年代出現的較時髦的名稱，但「策劃」一詞的使用則有悠久的歷史。「策劃」一詞最早見於《後漢書·隗囂傳》，意思是計劃、打算。今天人們所說的「策劃」，除了有《後漢書·隗囂傳》中的「計劃、打算」意思外，還增添了更新的含義，如謀略、創意等。

總結起來，策劃就是以現有某件事、某種項目為基礎，對其未來的變化有何計劃、打算，採取何種謀略、良好創意，使之達到出奇制勝的效果。

策劃在不同國家，其稱謂有所不同，日本人叫企劃，幾乎有實力的日本企業都有專門的企劃部。美國人叫諮詢，如著名的波士頓諮詢公司、蘭德公司等。雖然稱謂不同，但其核心意思都一致。

二、行銷策劃的演變情況

（一）歐美發達國家的主要策劃觀

所謂策劃觀念，是指策劃者對有效策劃所持的價值判斷和態度傾向。策劃者形成一定的策劃觀念，影響因素是多方面的，標準也各異。如20世紀50年代到60年代，發達國家流行的是「有理想就是策劃」的理念性策劃觀，這種觀念適應了當時的社會潮流。20世紀60年代中期，由於市場銷售不佳，又流行情報型的策劃觀。每一個企業都有其獨特的策劃觀念，這是由企業歷史淵源、文化個性、領導者性格、產品特性及企業風氣等決定的。

從歐美發達國家的情況來看，主要有六種策劃觀念：

1. 浪漫策劃觀

策劃者為了成功都有一個充滿挑戰的目標，一個夢想，具有強烈的成就慾望，這樣他就會收集所需情報，並對情報作出獨到的分析、判斷，然後進行充滿想像力的設計和構想，形成方案並測試，最後通過成功地實施，得到榮譽和滿足。這種觀念稱為浪漫策劃觀。

2. 完善主義策劃觀

這是指 How—Idea—Try—Select 型策劃觀，也即「遇到問題時如何辦？用哪個方法更好呢？試試做做看！選擇某個方案」這種思維的策劃觀。

3. 必需的可能性追求法（3P 法）策劃觀

這種策劃觀要調查各種需求的可能性，明確問題所在，收集多種主意、方案的可能性，以形成有效對策，對各種主意、方案作可能性測試。因可能性「Possibility」第一個字母是 P，故又稱 3P 法。3P 法的特點是，反覆對各種可能性作測試，直到找到理想方案。

4. 「策劃—試做—反省」策劃觀

這種策劃觀即 Plan、Do、See，就是多方觀察、分析和思考解決問題的辦法，然後進行試驗、反省、調整和完善的策劃觀。

5. 廣義策劃觀

這種策劃觀指企業內部的專業人員和非專業人員都可以在現場實地觀察，然後分析數值，計算差額，每個人都通過判斷剔除差的方案，全體共同執行方案的策劃觀。這種策劃觀的性質是：全員策劃，專職人員與非專職人員共同配合完成策劃全過程。

6. 流程圖型策劃觀

這種策劃觀指把策劃的背景分析、目標設定、策略設定、方案形成用流程圖表示出來，作為一種策劃的思維模式的策劃觀。

隨著時代的發展，還會有更新的、更有意義的策劃觀出現，策劃者必須及時瞭解策劃動態，才有利於提高策劃水準，形成策劃個性。

(二) 中國行銷策劃的發展

中國行銷策劃的發展，大致經歷了三個階段：

1. 萌芽階段

這個時期大致是 20 世紀 80 年代中後期到 90 年代初期。這個時期是中國城市經濟改革的起步期和陣痛期，企業經歷了經濟發展的起步、高漲、過熱、調整和再發展的過程，產品逐步由供不應求向結構性過剩和供過於求方向轉化，一些具有遠見的企業家和新興的策劃類公司，開始面對中國實際進行行銷策劃實踐，並取得了早期的成功。一些高等院校和研究機構的學者也對行銷策劃發生了濃厚的興趣，並開始參照國外有關資料和文獻，編寫行銷策劃、廣告策劃類的著作和介紹性書籍，這對早期的行銷策劃實踐也起到了積極的推動作用。

2. 成長階段

這個時期大致是 20 世紀 90 年代到 21 世紀初。這個時期是中國企業改革和經濟發展的良性發展時期。社會主義市場經濟得到了空前的發展，現代企業制度改革逐步深化，市場體系逐步健全和發展。這個時期的市場發生了深刻的變化，產品供大於求成為普遍情況，市場競爭愈加激烈，企業開始全面尋求發展自身並向外拓展的有效途徑，行銷策劃實踐呈現一浪高過一浪的喜人局面，行銷策劃的成功在很大程

度上推動了企業經濟的發展。理論界、學術界也開始走出早期的稚嫩，系統、深入、全面地介紹國外及港臺地區的行銷策劃理論和實踐活動，並且結合中國的特點研究、編寫策劃著作和教科書，運用新穎的策劃思維，創辦刊物，推動理論和實踐的發展，與國外的學術交流活動也越來越頻繁。這個時期的特點是：大中型企業普遍具有了行銷策劃意識，行銷策劃活動開展較為廣泛和深入，策劃在企業發展中的作用越來越大，自覺的行銷策劃意識開始形成。

3. 深化階段

深化階段大致從 2000 年至今。這個時期世界經濟一體化進程加快，知識經濟浪潮席捲全球，同時國際經濟競爭日趨激烈，大多數企業認識到了行銷策劃的重要性。這個時期，行銷策劃在中國的深化表現在三個方面：一是關於策劃的理論文章、書籍增多，且認識較深入；二是很多高等院校行銷學系不滿足於只將行銷策劃作為一門課程開設，而是作為一門專業來開設，以增養社會急需的策劃專業人才；三是近幾年以行業為主的策劃人才和策劃機構如雨後春筍，如房地產行銷策劃、餐飲業行銷策劃、汽車行銷策劃、旅遊業行銷策劃等，進一步增強了行銷策劃的針對性和實效性，有利於行銷策劃的深入發展，也有助於成就一批行業策劃的頂尖人才。

三、行銷策劃的核心內涵

（一）行銷策劃釋義

哈佛企業管理叢書編撰委員會認為：策劃是一種程序，在本質上是一種運用腦力的理性行為。基本上所有的策劃都是關於未來事物預定做什麼、何時做、如何做、誰來做，以目標為起點，訂出策略、政策、詳細的作業計劃，達成目標和成效評估與反饋。其特徵是：程序性、創造性與前瞻性。也就是說，策劃是針對未來要發生的事情作當前的決策。

中國著名學者陳放先生認為，策劃是「為實現特定目標，提出新穎思路對策即創意，並注意操作信息，從而制定出具體實施計劃方案的思維及創意實踐活動。」[1]

（二）行銷策劃的核心內涵

2005 年 6~8 月間，家電市場競爭已經白熱化，「降價」、「打折」、

---

[1] 陳放. 策劃學［M］. 北京：藍天出版社，2005：5.

「買贈」如風卷殘雲般幾乎橫掃了所有國內外家電品牌。西門子家電卻頂住壓力，另闢蹊徑，精心策劃一個向消費者贈送一個裝有冰箱產品知識及選購要點手冊的「智慧錦囊」，取得了不俗的效果。一提到「錦囊」，熟諳中國傳統文化的人可能立刻就會想到《三國演義》中諸葛亮的「錦囊妙計」，神機妙算。西門子家電在錦囊上寫著「如何選冰箱，絕招囊中藏」，更因其外觀造型古色古香，給人以物雖輕而意義重的感覺，不可不引起重視。其次，在行銷宣傳中，他們突出「贈品受益一時，知識受用一生」的主題。在這一點上，又與中國強調「授人以魚，不如授人以漁」暗合。面對市場上眾多廣告炒作，不玩弄概念，不兜圈子，將產品知識和盤托出，打破了存在於生產者和消費者之間的「信息不對稱」，不能不說給國人以雪中送炭之感。其實，對於絕大多數的消費者而言，買的最終還是產品而非贈品，抓住這一心理，既加強了消費者和生產者之間的交流，又有利於培養品牌忠誠度，何樂而不為？

2006年元旦，西門子家電行銷再出奇招，策劃了「世紀上新品，外發紅包」活動，製作「紅包賀卡」向消費者拜年。巧妙的是，在紅包裡面還有一枚一元硬幣，寓意「一元復始，萬象更新」，可謂盡得中國傳統文化之真諦。試想，哪個中國人沒有收到過「壓歲錢」呢？沒有過對春節的企盼？這裡既有美好溫馨的祝願，又有對一種文化的認同，老外拜年發紅包，圖的就是個新年新意，因此獲得了消費者的認同。西門子家電的促銷策劃案也受到了業界的廣泛認可和關注。它雖然不是一個品牌全面整體策劃，但卻體現了行銷策劃的完整內涵，一個成功的行銷策劃，離不開以下三個關鍵點：

1. 行銷策劃的內涵

（1）目標：策劃的起點。

就策劃而言，目標就是企業策劃所要達到的預期效果。從高低不同層次分，目標可分為總目標和分目標；從重要程度看，目標可分為主要目標和次要目標。目標對策劃涉及的範圍起定向作用，如側重拉動現有產品當前銷量的目標與塑造品牌形象的目標，其策劃思路所考慮的方向與重點就有所差異。就西門子家電促銷策劃案來看，其以拉動銷量為主，思考方向仍集中於對消費者的優惠、贈送方面。

（2）信息：策劃的基礎。

成功的策劃離不開對消費者需求、競爭者、宏觀環境等諸多信息的研究，從各種信息的研究中去發現和提煉對策劃有用的信息，並從信息的組合中萌生創意和靈感。因此，一項成功的策劃，都是策劃者對特定信息的思維組合。沒有科學的市場調查，策劃就變成了盲目的空想和缺乏章法的隨心所欲。西門子家電促銷策劃案的成功，均透露

出策劃人員對市場信息的把握能力；第一則「智慧錦囊」手冊的贈送方案設計，策劃人顯然抓住了消費者對家電購買過程的煩惱，不知道怎麼正確選購；第二則「送紅包」方案，表明策劃人對時機把握的敏感性，同時也表明策劃者對中國傳統文化，尤其中國春節習俗禮儀瞭解很深。對中國人過春節都喜歡什麼、期盼什麼，進行了詳細的調查，然後從中篩選對自己有用的要素。

(3) 創意：策劃的關鍵。

創意是策劃的核心。無數成功的經驗都表明了創意對策劃的重要意義。事實上，當你產生了一個絕無僅有又切實可行的創意時，種種璀璨的靈感就會相繼產生，策劃就會形成。創意為策劃提供了一個新的思路，在整個策劃中起著核心作用，是成功策劃的生命所在。西門子家電的促銷方案，送「智慧錦囊」與春節「送紅包」，雖然都是送，但與競爭對手相比，卻與眾不同，故而能贏得消費者的青睞。當然，良好的創意能否產生，取決於策劃人的知識和能力。

2. 正確認識行銷策劃應避免的誤區

要正確認識行銷策劃的本質，必須撇清兩種錯誤觀點：

第一，認為「策劃是寫出來的，是文人的事；畫出來是畫匠的事；製作出來是美工的事；吹出來是新聞媒體的事，無須多少策劃創意」。尤其是國內某些企業願意花幾十上百萬聘請明星露面以求轟動效應，卻不願在行銷策劃上下工夫。

第二，認為策劃是一種出智慧、出點子的工作，神祕莫測，高不可攀，非一般人能所為。與其花錢費時又費力，不如退而避之。

這兩種觀點是對行銷策劃真正內涵認識的不足。行銷策劃是以目標為起點、以信息為基礎、以創意為核心的創造性思維和實踐活動，優秀策劃方案的誕生無不是如此。

(三) 行銷策劃的原則

策劃原則是對策劃實踐的總結、概括和提煉，是行銷策劃活動的準繩。其基本原則主要有：客觀性原則、能動性原則、系統性原則和效益性原則。

1. 客觀性原則

所謂客觀性原則指行銷策劃必須從對象的實際、環境的實際及主體的實際三方面出發進行策劃。具體表現在：

(1) 從對象的實際出發。任何策劃都有針對性，所以必須弄清和把握對象各方面的情況、本質、特點和規律，這是策劃工作的可靠依據。

(2) 從環境實際出發。任何企業都在一定環境中生存，對影響企

業生存與發展的政治環境、經濟環境、社會文化環境等必須進行研究，以識別機會和威脅。

（3）從主體的實際出發。對企業自身的人力、物力、財力進行客觀評估，既不高估，也不低估，量力而行，任何策劃方案都不可能超越企業自身條件。

2．能動性原則

所謂能動性，是指策劃者的主動性、積極性和創造性，它是行銷策劃成功的關鍵。

（1）要積極主動。積極主動探索，並透過現象，由表及裡，由淺入深，去偽存真。

（2）要重視計劃。策劃工作是一個複雜的系統工程，策劃工作要有較強的計劃性。策劃者如忽視計劃，對如何實現目標沒有一個周密計劃，就不屬於自覺能動性，而是一種盲目的行為。

（3）要注意靈活。這要求策劃者以動態的眼光、發展變化的觀點對具體問題進行具體分析。一個策劃者如不能在創新上高人一籌，是不可能提出優秀的策劃方案的。

3．系統性原則

系統性原則是指策劃工作應遵循客觀事物的系統性規律。在策劃時，策劃者應將策劃對象視為一個系統，以系統整體目標優化為基準，採取協調系統中各要素之間的相互關係，使系統成為一個協調、和諧的整體。

任何一個系統都是一個開放性系統，都是在內部因素和外部環境的相互作用下不斷向前發展的。所以，策劃者在進行策劃時，根據系統是一個動態平衡的特點，既要力求具有相對穩定性、可操作性，又要根據內外情況的變化靈活應對，及時調整策劃思路。

4．效益性原則

效益性原則是指策劃者在進行策劃時要注意效益。效益是企業的生命，沒有效益的行銷策劃，就失去了策劃的意義。因此，策劃要以效益性原則為指導，設法以較小的付出，產生較好的效果，取得盡可能大的收益。

行銷策劃的效益原則應貫穿於策劃的各個環節。從目標的確定、方案的擬訂，到方案的評審、抉擇、實施和反饋，都要從效益角度進行考慮，做到動機與效果的統一。

當然，策劃者在考慮效益時，不僅要正確處理局部與整體效益的關係，也要注意妥善處理眼前利益與長遠利益的關係，做到從長遠著眼，當前入手，使效益得到永續提高。

第三節 行銷策劃的作用

一、行銷策劃與計劃、決策、點子的區別

（一）策劃與計劃的關係

計劃是具體的實施細則。任何策劃都必須有計劃，必須通過計劃來實施，但並非所有的計劃都統屬於某一策劃。例如，有的計劃是長遠的目標或打算，不具備現實的操作性；有的計劃是日常的工作流程，不具備創新的性質。

（二）策劃與決策的聯繫與區別

1. 策劃與決策的聯繫

（1）兩者都是一種有意識的活動。策劃與決策兩者在本質上，都屬於一種指向未來，運用腦力的理性行為，是人類特有的有意識、有目的的自覺活動。

（2）兩者相互依賴、相互制約。決策以策劃為基礎，策劃的質量制約決策的質量；策劃以決策為指導，為決策服務。

（3）兩者具有相互包容、相互滲透的內在聯繫。從全過程來看，策劃是決策全過程中的一環，是決策過程中抉擇、決斷的準備工作，決策過程中包含策劃，策劃包含於決策之中。

2. 策劃與決策的區別

（1）兩者內涵不同。策劃是籌劃、計謀、打算、謀略、設計、規劃，著重解決怎麼做的問題。而決策是決定、決斷、抉擇，著重解決做什麼、不做什麼的問題。

（2）兩者任務不同。決策的主要任務是確定行動方向、目標、大政方針；策劃的主要任務是制定行動方向、目標以及大政方針實施的具體方法。

（3）兩者職權範圍不同。決策對於行動方向、目標、方針、政策、人員組織、財力、物力的調配等有決定權，它所作出的決定具有必須貫徹執行的權威性。而策劃一般對於上述問題，只具有建議權，沒有決定權，它只能影響決策。

（4）兩者人員構成不同。決策一般由企業的領導者構成，一般都是掌權者。而策劃人員一般是由企業策劃專員或有關外腦。

(三) 策劃與點子的聯繫與區別

1. 策劃與點子的聯繫

（1）兩者在本質上一致。兩者同屬於一種指向未來目標、運用腦力的理性行為，是人類特有的有意識、有目的的自覺能動性的表現。

（2）兩者相互滲透。策劃中有點子，點子中有策劃，兩者相互滲透、相互聯繫，不應將其機械割裂、對立起來。

2. 策劃與點子的區別

（1）兩者任務的規定性不同。出點子的人，只要把點子想出來，任務就完成。而策劃則不同，提出方案只是策劃過程的一個環節，在提出方案後，還有許多工作要做，因為策劃是一個系統工程，點子只是一個主意而已。

（2）兩者規範化程度不同。點子的提出往往是非規範化的，往往是靈機一動，計上心來，具有經驗性、直覺性；而科學的策劃，則要求具有理論根據，科學論證。兩者相比，點子偏重於感性，策劃偏重於理性。

二、行銷策劃的作用

(一) 可以強化企業市場行銷目標

目標問題是市場行銷管理的首要問題，但是市場行銷目標的確定只能通過市場行銷策劃才能完成，才能真正貫徹落實。

(二) 可以加強市場行銷活動的針對性

古人雲：「多算勝，少算不勝，而況無算乎。」這裡所說的「算」就是策劃，這種策劃既包括對顧客需求的深刻瞭解，也包括對競爭對手的準確把握，還包括對行銷環境的科學預測。在此基礎上制定詳細

而具有創意的對策方案，然後按照此方案進行市場行銷活動，其針對性是不言而喻的。所以說，進行行銷策劃有利於避免盲目性，增強自覺性。

(三) 可以提高市場行銷活動的計劃性

計劃在企業市場行銷管理中起著重要的作用，計劃來源於策劃，行銷策劃本質上就是確定企業未來市場行銷行動方案，然而方案一旦確定，就成為未來市場行銷行動計劃。未來的各項市場行銷工作都要按照計劃執行，從而使企業各項工作有條不紊地進行。

(四) 可以降低行銷成本

企業進行市場行銷活動，必然要支出一定的行銷費用，顯然，有策劃和無策劃的市場行銷費用是不同的。由於市場行銷策劃本身就是根據科學原則，在收集大量信息的基礎上進行周密安排和認真計算的，因此可以大大減少行銷活動的盲目性，從而用較少的費用取得較大的行銷效果。據美國一家市場調查機構的統計，有系統的行銷策劃的企業比無系統的行銷策劃的企業在行銷費用上要節省 20%～25%。

第二章

心智歷程

※行銷策劃的程序※

王老吉,這個大家耳熟能詳的名字,猶如一股紅色旋風,紅遍了大江南北,當然也成就了該品牌傳奇的銷售業績。這個位於廣東的加多寶公司生產的涼茶飲料,2002 年的銷售額僅為 1.8 億元,然而經過專家團隊的重新打造後,銷售業績連年攀升,2003 年 6 億元,2004 年 14.3 億元,2005 年 25 億元,2006 年 40 億元,2007 年 90 億元,2008 年 150 億元,2009 年 170 億元。業績增長似乎令人難以置信,其傳奇背後的奧秘得益於專家團隊的企劃力。如表 2－1 所示:

表 2－1　　　　　　　王老吉行銷策劃基本內容

	要點	企劃觀點
市場分析	1. 涼茶是廣東、廣西地區的一種中草藥熬制的,具有清熱去濕等功效的「藥茶」。 2. 在廣東、浙南地區銷量穩定,連續幾年在 1 億元左右。 3. 王老吉涼茶因有下火的功效,當地人當成藥茶,那麼,王老吉究竟當藥茶賣,還是當飲料賣?	第 1 點和第 2 點是王老吉的優勢,在部分區域有群眾基礎,有中藥味,從飲料角度看又是劣勢。 第 3 點就是模糊的問題,如果當「涼茶」賣,在廣東及浙南地區,基於傳統的認知,因為是「藥」茶,既然是藥,無須經常飲用,銷量大大受限。

表2-1(續)

	要點	企劃觀點
問題界定	1. 難題一：消費者的認知混亂 2. 難題二：企業推廣概念模糊	調研發現，有消費者認為其有特別「功效」，所以是藥，又有消費者認為其既像是涼茶，又像是飲料。 從推廣概念看，用「涼茶」概念，肯定受限；作為「飲料」推廣，將直接面臨可樂、康師傅、統一等消費飲料行業「列強」。
策劃目標	1. 明確經營目標 2. 解決認知混亂	對於企業而言，經營目標是固守原有地盤，還是走向全國，不同目標肯定會有不同的動作。 究竟是淡化還是強化王老吉的涼茶的「治療」功效？如果強化，顯然不能當飲料賣。
創意突破	重新定位 (以實現企業產品能走向全國的願景)	結合產品的優勢及行業競爭對手的定位，明確提出「預防上火」的定位概念，好處在於： 1. 「上火」是一個全民性問題，有利於產品走向全國； 2. 避免了與國內外飲料巨頭直接競爭，形成區隔； 3. 王老吉有悠久歷史，淡淡的中藥味是「預防上火」的有力支撐，成功將劣勢轉變為優勢； 4. 3.5元的零售價格，又有「預防上火」功能，普通老百姓均能接受。
行銷推廣策略	1. 推廣區域 2. 媒體選擇 3. 流動配合	1. 選擇央視和各省級衛視。 2. 地面推廣主要以餐飲場所賣點廣告（POP）為主。 3. 不定期策劃有關活動，如在2003年舉行了一次「炎夏消暑王老吉，綠水青山任我行」刮刮卡抽獎活動。
效果反饋	1. 廣告效果 2. 銷售效果	1. 經2004年的市場調查，新的定位受到消費者關注，記憶深刻。 2. 銷售業績大大提升，市場反應明顯。

王老吉的成功，已成為當今行銷策劃經典案例之一。它的成功反應了專家團隊嚴謹而科學的企劃思路，從上述行銷策劃內容片段可以看出，王老吉在中國市場的成功是在情理之中的，由此我們可以看出，高水準的行銷策劃對一個企業來說是何等的重要和必要。

　　行銷策劃為企業行銷工作提供具體的行動方案，策劃質量的好壞直接影響企業的生存與發展。因此，行銷策劃必須從實際出發，按科學的程序進行。一般來說，行銷策劃要經過以下幾個步驟：

（1）市場分析。
（2）行銷目標與問題界定。
（3）行銷策略構想。
（4）行銷預算。
（5）行銷方案溝通與調整。
（6）制訂策劃方案執行計劃。

第一節 行銷策劃的步驟

一、市場分析

市場分析是行銷策劃的基礎和前提，認真而詳細的市場分析有助於我們查找問題之所在，鎖定解決問題的方向。在實踐中，市場分析主要包括兩個方面的內容：行銷環境分析及企業自我評估。行銷環境分析，使我們認識市場機會與市場威脅；企業自我評估，使我們認識自身的優勢與劣勢。一句話，市場分析使企業做到知己知彼。

(一) 行銷環境分析

行銷環境由企業市場行銷的微觀環境和宏觀環境構成。微觀環境包括企業內部因素和微觀外部環境，如供應商、行銷仲介單位、顧客、競爭對手和公眾。宏觀環境包括人口、經濟、自然、技術、政治、法律、社會文化等幾個大類要素。任何企業的行銷活動都處於一個動態的環境之中，有些環境對企業行銷活動起制約作用，稱之為威脅要素；有些環境對企業產生積極影響，產生市場機會，稱之為機會要素。

首先，按照行銷策劃的內容要求，列出所有可能影響該項行銷活動的環境要素，並將每一個大類要素進行詳細分解。

其次，由行銷策劃組評估專家對每一環境細分要素進行評價，評價環境要素的積極影響和消極影響並分析影響程度的大小。

最後，根據評估工具進行綜合評估，得出評估結論。

(二) 企業的評估

企業自我評估的內容因行銷策劃問題的不同而有所區別，因此企

業自我評估的內容可以分為兩個部分：一是企業一般行銷狀況的評估；二是企業行銷特定問題的評估。企業行銷一般狀況評估包括對企業的經營目標、企業及產品的歷史、企業內部組織機構、企業的生產經營能力和企業的財務狀況五個方面的評估。企業行銷特定問題的評估包括的內容相當廣泛，具體的評估要求與行銷策劃的方向緊密聯繫。一般來說，特定評估內容包括分析消費者市場，分析產業市場，分析銷售情況，測定企業產品的知名度與產品屬性，分析消費者對企業產品的購買率、購買習慣、品牌忠誠度，分析企業產品的分銷狀況，分析企業定價，分析競爭者的行銷動態等。

在行銷實踐中，我們常常可以發現在一個地方滯銷的產品，到了另一個地方可能變成暢銷產品，而在一個地方暢銷的名牌產品，到了另一個地方可能無人問津。這是因為不同的國家或地方所面臨的行銷環境不同，消費者的購買力、消費習慣、價值觀念等因素不一樣，影響了產品的銷售。有些看似不可能的東西，經過策劃專家的運作，往往能達到出奇制勝的效果。

肯德基開拓赤道幾內亞市場的成功，就是對行銷環境機會與威脅，並結合企業自身優勢與劣勢經過充分分析而成功策劃的典範。

赤道幾內亞地處赤道附近，酷暑異常，要讓當地居民接受滾燙的炸雞似乎並不容易。從表面上看，當地並沒有對肯德基炸雞的市場需求。但是，肯德基公司卻以一種非常具有誘惑力的奇特方式打開了市場的大門。公司在該國反覆通過媒體傳播這樣一個觀念：「肯德基炸雞加冰凍可樂是最佳的口味搭配。」對該地居民來說，冰凍可樂是美妙的東西，把它和肯德基的形象聯繫一起，通過反覆地感覺，進一步強化了它們的誘惑力。不久，當地居民果然紛紛接受了這一觀念，大吃肯德基炸雞和可樂了。

二、行銷目標與問題設定

在市場分析的基礎上，為了使行銷策劃工作有的放矢，我們就要對策劃方案應解決的主要問題以及應達到的行銷目標進行設定，只有這樣，才能使我們下一步的策劃工作焦點集中。

所謂目標，換句話說，就是這項企劃實現時的期望值。對於這個目標值，如果過分貪心則無法實現，過於偏低又失去了企劃的意義。所謂目標值越高越好只是一種主觀的臆想，目標越高通常企劃越難做，而實現的可能性也越小。

因此，描繪企劃的目標值，應充分考慮企業的實際狀況以及對企

劃的期望值，將目標值設定在具有現實性，又具有挑戰性的數值上。

企劃的好壞，通常由結果來判斷，那麼這個判斷只要以這個目標值來比較就相當明確了。因此，在企劃過程中，如果能把目標值明確，就更容易對結果進行評價和判斷。

三、行銷戰略與策略構想

這一部分是行銷策劃的核心內容，因而要占行銷策劃的最大比重。在這裡，策劃者的聰明才智與創新點子要被充分地表現出來。

行銷戰略與行動方案的設計和制定是為企業的行銷活動確定方針及方向，同時還要確定具體的行銷目標，所有的行動方案將圍繞著行銷目標而展開。

設計這一部分內容的要點是：以前面兩部分內容為依據，充分發揮策劃者的創新精神，力爭創出與眾不同的新思路。

四、行銷預算

費用匡算指為了達到行銷目標而實施行銷方案所需的預算。預算根據目標與方案設計的內容來匡算。費用匡算不能只有一個籠統的總金額，要進行分解，計算出每一項行銷行動的費用。如在匡算促銷費用時，除了列出總金額外，還要匡算出廣告費用、推銷員費用或營業推廣費用。在廣告費用中，還要分解成電視廣告費用、電臺廣告費用等。

費用匡算與前面的目標與方案設計實際上是緊密聯繫的，絕對不能把兩者割裂開來。在進行行銷方案設計時，本身就要考慮費用的支出。不顧成本的行銷策劃方案，其實已經違反了切實可行的基本原則。

五、方案溝通與調整

策劃者除了資料收集階段可能與最高決策者以及相關的企業經營管理人員接觸外，其他階段一直都是在進行獨立工作。所以在方案初稿形成後，策劃者應把行銷方案與企業決策者及相關的經營管理人員進行溝通，聽取他們的意見，進一步瞭解最高決策者的意圖，以使行銷策劃內容更符合實際。

行銷策劃者是以一定的時間為基礎的，在這一時間範圍內，行銷環境往往會發生變化，假如這一變化超出了原來行銷策劃中所預計的範圍，那麼行銷方案實施的可靠性就會降低。另外，通過與企業的決策人員或經營管理人員的溝通，他們也可能會發現原設計的行銷方案中不合理的地方。因此，在計劃時間內，策劃者要根據高層管理者的意圖及不斷變化的行銷環境對行銷方案作出適時的調整，以確保行銷方案的可靠性。因此，策劃人員應根據溝通的情況對策劃方案進行完善。

六、制訂策劃方案的執行計劃

行銷策劃方案的構思與選擇僅僅是策劃的一部分，從行銷策劃的實用意義來說，策劃不僅是選出某一個方案，更重要的要落到實處，指導企業的具體運作。制訂策劃方案的可行計劃就是在分析某一方案的條件和運行結果以後，對實現策劃方案的人力、財力、物力、時間、地點進行具體細緻的安排。

第二節 行銷策劃書的寫作

行銷策劃書是策劃的成果，是智慧的結晶，也是指導企業行銷實踐的指南。作為一個策劃人，應熟練掌握行銷策劃書的內容框架，也應擅長編製行銷策劃案。

一、行銷策劃書的基本結構與內容

行銷策劃書的基本結構與內容見表2-2：

表2-2　　　　行銷策劃書的基本結構與內容

結構	內容
1. 計劃概要	對擬訂計劃給予扼要的概述，以便管理部門快速瀏覽
2. 市場行銷現狀	提供有關市場、產品、競爭、配銷渠道和宏觀環境的背景資料
3. 機會與問題分析	綜合主要的機會和威脅、優勢和劣勢以及計劃必須涉及的產品所面臨的問題
4. 目標	確定計劃在銷售量、市場佔有率和利潤等領域所要完成的目標
5. 市場行銷策略	提供將用於完成目標的主要的市場行銷方法
6. 行動方案	回答關於市場行銷的做什麼、誰在做、如何做、什麼時候做、費用多少等具體問題
7. 預算	綜合預算計劃所需要的開支
8. 控制與反饋	闡述控制市場行銷計劃的執行和獲得反饋信息的方法

二、行銷策劃書的框架模式

(一) 計劃概要

計劃書一開頭便應對本計劃的主要目標和建議做扼要的概述，以便更高一級的主管可以很快掌握計劃的核心內容，內容目錄應附在計劃概要之後。

(二) 市場行銷現狀

策劃方案的這部分負責提供與市場、產品、競爭、配銷和宏觀環境有關的背景資料。

1. 市場形勢

本項應列出市場的規模與增長、顧客需求、觀念、購買行為的趨勢。

2. 產品形勢

本項應列出產品線中的各主要產品在過去幾年的銷售量、價格、利潤等資料。

3. 競爭形勢

本項應辨明主要的競爭者，並就他們的規模、目標、市場佔有率、產品質量、市場行銷策略以及任何有助於瞭解他們的意圖和行為的其他特徵進行闡述。

4. 配銷形勢

這部分應提供有關在各配銷渠道上銷售的產品數量和各個渠道地位的變化的資料。

5. 宏觀環境形勢

這部分應闡述影響產品市場前景重要的宏觀環境趨勢，即人口統計的、經濟的、技術的、政治法律的、社會文化的趨向。

(三) 機會與問題分析

這部分以市場行銷環境為基礎，找出企業所面臨的主要機會與威脅、優勢與劣勢。

1. 機會與威脅分析

機會與威脅指是影響企業未來的外在因素，分析這些因素是為了提出必要的行動建議。

2. 優勢與劣勢分析

優勢與劣勢跟機會與威脅相反，是影響企業未來的內在因素。

3. 問題分析

利用機會與威脅分析、優勢與劣勢分析的結果來確定在行銷計劃中必須強調的問題。

(四) 目標

1. 財務目標

財務目標指企業所追求的長期、穩定的投資效益和在近期希望通過計劃的執行獲得的利潤。

2. 市場行銷目標

財務目標必須轉化成市場行銷目標。市場行銷目標可以用總銷售量、市場佔有率提高的指數、消費者對品牌的知名度、配銷網點的擴大、產品的預期價格等指標來表示。

(五) 市場行銷策略

市場行銷策略主要包括目標市場、產品定位、價格、配銷渠道、廣告、促銷等具體方案。

(六) 行動方案

市場行銷策略部分陳述的是企業用以達成目標的主要思路，而行動方案則是行銷的具體的執行時間、人員、費用等實際的行動性問題。

(七) 預算（預計盈虧報表）

這是根據行動方案所編製的支持該方案的預算。

(八) 控制

這是用來控制整個方案的執行的方法，包括應付計劃中所沒有涉及的意外情況的應急計劃。

從這一模式中我們可以看出，行銷策劃書應是一份高度條理化的文件，包括市場行銷的分析、規劃、執行方法、控制方法等內容，並且將它們合理地組織起來，形成一份明確、充實、有說服力的文件。

附：行銷策劃書範本

雪碧行銷與廣告策劃案

碳酸飲料市場是中國規模最大，發展最快，競爭最激烈的市場之一。它是一個由品牌形象導向決定市場成敗，需要富有競爭力的海量媒體支出以及昂貴的明星代言來推動的市場。它還是一個只要行銷手段和廣告運用得當就能獲得回報的市場。然而，要是錯誤地運用宣傳

手段，企業的品牌優勢和銷售業績也許會以驚人的速度下滑並消失。同樣是 99.7% 的冰水和糖，雪碧如何能夠將自己與「清涼世界」品牌形象聯繫起來呢？自然是認為清涼的廣告。可口可樂公司通過富有創意的以年輕人為主要受眾的電視廣告，配合一定量的平面廣告、焦點廣告和網絡廣告，使雪碧清涼的品牌形象深深印在消費者尤其是年輕消費者的腦海裡。在富有成效的廣告運動影響下，雪碧品牌的消費者偏愛程度和銷售量被雙雙推高。

1. 市場背景

「雪碧」是可口可樂公司為了與百事可樂競爭市場份額傾力打造的一個碳酸飲料品牌。現在，這一戰略行動成效顯著。如今，雪碧與其大哥可口可樂主導著中國飲料市場，並處於碳酸飲料市場前三的位置。然而，隨著行業的進一步發展，飲料品類、品味、功能的增多，雪碧所面臨的挑戰也越來越大，碳酸飲料的霸主地位正逐漸失去，飲料行業產品同質化嚴重的現象也對雪碧的品牌戰略提出了新的要求。

作為飲料市場的開拓者，過去碳酸飲料一直獨霸飲料市場，然而近幾年碳酸飲料卻遇到發展瓶頸，獨霸飲料市場的局面受到挑戰。從 2006 年碳酸飲料的銷售情況可以看出這種趨勢，碳酸飲料的銷售額占全部飲料的比重從年初的 30% 下降到了年底的 26%。造成這種局面主要有以下三個方面原因：其一，隨著人們對安全食品、健康飲料的重視，具有健康、環保、解渴功能等特點的非碳酸飲料開始成為市場的新寵；其二，碳酸飲料的消費人群一般鎖定在新生代，但這一代在優越的環境下成長，喜歡追新求異，是善變的，忠誠度不高；其三，飲料市場每年都出現很多新品種，產品的多樣性使得消費者面臨更多選擇，分流了原來碳酸飲料的發燒友。

隨著越來越多的競爭者的加入，中國飲料行業不僅競爭激烈，還出現了同質化嚴重的現象。市場調查結果顯示，當某一新品類或新口味的產品一經問世，在還未被人們充分地認可和接受之時便會有大量的同質產品湧現出來，茶飲料如此，奶茶飲料如此，剛出現不久的涼茶飲料更是如此。同質化嚴重的現象一方面說明了中國飲料的蓬勃發展，但另一方面也說明了競爭的激烈。常常可以見到，在市場上有許多飲料在推出一年後，甚至更短的時間裡就在人們的視野中消失。這表明同質化的市場環境已經增大了企業生存和發展的難度。差異化是行業未來的發展的一大趨勢。

2. 行銷目標

在飲用碳酸飲料的年輕消費者中，提升雪碧的品牌吸引力。通過這一點，提高品牌的第一提及率，大幅推動銷售額，使其高出品類成長率 20 個百分點。

為達到這一目標，可口可樂公司決定為雪碧制定全新的品牌戰略，一個完全建立在其自身獨特性之上與可口可樂形成差異化的戰略，並且能有效地打動青年人這個消費群體。

3. 目標對象

雪碧的主要消費群體是那些 20 歲出頭、面臨著各種各樣壓力的年輕人，他們恰恰處於走出象牙塔、踏入職場的當口，面臨著新工作的壓力以及父母和社會對他們的期望所帶來的壓力。他們正處於人生歷程中一段艱難的時期：他們真正感到「要麼出色表現，要麼被拋在別人的後面」的壓力。

這種壓力引發了一種從壓力與責任中掙脫出來的根本需要——就那麼短短的輕鬆一刻即可。而這短短的一刻往往是同朋友分享的一刻。這是真正輕鬆的一刻，沒有任何日程安排與工作計劃，可以自由自在、隨心所欲。這是夢寐以求的一刻，是對自由時光的強烈渴望。而如果可以找到一種方式將這種渴望和雪碧聯繫起來，不僅能夠大幅度推動銷售額，還能提升雪碧的品牌吸引力。

4. 創意策略

面對激烈的競爭環境，面對差異化的行業趨勢，為保持自己在飲料市場的地位，雪碧又應該如何走出自己的差異化道路呢？20 世紀 80 年代中期可口可樂的配方修改，以及 2003 年雪碧為了增加學生消費群體而推出新口味的活動都以失敗告終。事實證明，依靠配方的改變、品味的變化走差異化道路無論是對可口可樂還是雪碧來說都是不可行的。既然實物層面不能通過改變配方、更換口味、增加功能的方法實現差異化，那麼心理層面就成為了雪碧的突破點，在消費者心中尋找獨特的價值定位則是雪碧差異化道路的關鍵，為消費者創造「體驗」是最有效的辦法。隨著收入水準的不斷提高，當人們的基本生活需要被極大的滿足時，他們越來越不滿於單調的生活，而是關心生活的品質，追求更高層次的精神享受，也就是說，人們開始想「體驗」一些原來不曾「體驗」的東西，他們想要進行「體驗消費」了。

創意理念：雪碧＝清涼世界（SPRITE＝LIQUID FREEDOM）。這是一個十分簡單的聯繫：把飲用雪碧的場合與感覺和自由的暢飲體驗聯繫起來，把飲用雪碧定位成釋放的涼爽一刻。一個非常簡潔，然而十分聰明的品牌主張，點出了雪碧較可樂而言的獨一無二的優勢：它無比清爽的檸檬口味能夠更有效地舒解你的口渴。此外，它切合了對目標消費者的心理洞察：對緩解日常生活的壓力、擁有輕鬆自在一刻的渴望。創意人員被要求以直觀的視覺效果來戲劇化地表現暢飲雪碧的感覺——雪碧就像是你逃離無趣世界的安全艙口。

5. 媒介策略

宣傳活動在 2005 年開始陸續推出，為了達到全國性的影響力和覆

蓋率，電視被選定為主要媒介。每一個電視廣告都充分展示了雪碧的清涼世界。整個廣告運動以電視廣告為主，同時還發展了戶外廣告、焦點廣告、包裝以及互聯網。

6. 廣告運動實施

2005年，投放「直升機篇」電視廣告，將雪碧從以往由陶喆代言過渡到新的策略，戲劇性的一個MTV拍攝現場表現了雪碧清涼世界的清涼一刻。

2006年，廣告片「卡車篇」進一步深化了這一創意。它創造了一群年輕人在旅途中饑渴勞頓的場景，他們情緒低落；然後著力刻畫了雪碧徹底舒解了他們的干渴，釋放了他們的精神，帶給他們完全自由的感覺。

2007年，通過廣告片「屋頂篇」，廣告創意人員進一步基於這個創意點，展示了一群夥伴聚在一起，希望得到身心的清涼和放鬆。同樣，他們感到干渴，情緒低落，雪碧清涼世界的清涼一刻改變了這一切。

7. 效果反饋

通過查閱相關年度的所有銷售記錄、所有品牌與廣告記錄得知，在廣告投放的第一年內，雪碧的新戰略和新廣告就取得了顯著的成效。

2005年將雪碧與可樂直接區分開來的「清爽」這一概念在整個夏季高峰期從24%上升到41.9%。在廣告運動的影響下，雪碧的品牌傳播記憶和品牌知名度得到了大幅度提高（見表2-3、表2-4），同時，青年人較之其他軟飲料對雪碧的偏愛程度得到加深（見表2-5）。這些消費者心理效果直接帶來了銷售額的提高，銷售指數（見表2-6）顯示雪碧的銷售增長率超出市場增長率兩倍以上。2007年雪碧的銷售增長超出預計目標11%，與2006年同期相比增長25%以上，遠遠超出市場平均水準。

表2-3　　　　雪碧品牌傳播記憶度指數

	2005	2006
北京	100	118
上海	100	135

表2-4　　　　雪碧品牌知名度指數

	2005	2006
北京	100	117
上海	100	191

表 2-5　　　　　　　　雪碧品牌偏愛度指數

	2005	2006
北京	100	163
上海	100	138

表 2-6　　　　　　　　銷售額指數

	2005	2006
北京	100	156
上海	100	122

另外，2007 年電視廣告《屋頂篇》在專門測試新廣告市場效應的 Millward Brown 定量連結測試評估測試中，表現明顯高於這個品類廣告的平均水準。

（資料來源：肖開寧. 中國艾菲獎獲案例集［M］. 北京：中國經濟出版社，2010.）

第三節

企業年度行銷計劃書的編製

一、年度行銷計劃書編製的重要性

在第一章的有關分析中，我們強調了策劃與計劃的區別，策劃的重點是創意、是思想，而計劃可以不要創意，它是一份執行方案。企業的策劃再好，如果沒有一個詳細的執行方案，其效果肯定要大打折扣，執行不到位，那問題可能就更嚴重了。一般而言，策劃方案一旦形成，就具有相對穩定性，而執行計劃會因市場環境的變化不斷調整。一份好的創意策劃案可能管幾年，企業一旦確定了市場認可的好的定位、廣告創意、渠道模式等，就不會輕易改變，而企業的年度執行計劃會根據市場情況的變化而每年有所不同。道理很簡單，企業應完成的年度銷售業務、重點市場區域、新市場的開發和行銷費用預算，銷售人員的配置會根據市場環境的變化和企業發展階段的不同而進行調整。

年度行銷計劃書是行銷策劃方案的具體化，因此，以策劃方案為依據，編製一份切實可行的計劃書，才能使企業內部相關部門明確相應的職責，才能使企業的行銷工作有條不紊地進行，提高行銷工作的效率。

年度行銷計劃書的編製，也是企業高層管理者，如行銷總監或銷售總監方便管理的一個工具，因為任務安排、職責落實、完成情況的監督檢查均可以年度行銷計劃書為依據。

因此，年度行銷計劃書的編製，對提高企業的行銷的執行力是十分重要的。

二、企業年度行銷計劃書範本

下面是某企業的年度行銷計劃書，供讀者參考。

××企業年度行銷計劃書[①]

方案名稱	××企業200×年度行銷計劃書	受控狀態	
		編號	
執行部門		監督部門		考證部門	

一、企業經營環境分析
（一）本企業所在行業發展趨勢分析（略）
（二）本企業關聯行業發展趨勢分析（略）
（三）本企業產品市場發展趨勢分析（略）
二、SWOT分析

經過上述企業面臨的經營環境，結合我部門對企業整體行銷環境、行銷狀況的分析，得出如表2-7所示的結論：

表2-7　　　　　　　企業SWOT分析表

項目	分析結果
優勢	1. 本公司產品品質及現有產品口味經過兩年多的調整、探索已獲得消費者認可。
	2. 本公司獲得的各種殊榮，擴大了企業社會形象，有利於企業產品形象提升。
	3. 本公司幾百畝（1畝＝666.67平方米）極具天然優勢的種植、生產基地，是提供充足優質產品有力保障。
劣勢	1. 高成本包裝材料使產品成本居高不下，給企業的良性營運帶來難度。
	2. 產品包裝設計美觀度和包裝工藝完善度不夠，影響產品形象。
機會	1. 政府對農業產業化高度重視，對企業支持為企業發展帶來機遇。
	2. 消費者對健康重視為公司××菌類食品的發展提供了新機。
威脅	1. ××類食品市場潛力巨大，競爭者越來越多，競爭程度加劇。
	2. 前兩年的不良運作、員工的流失等從某種程度上給企業形象帶來影響，同時也導致公司資金鏈吃緊，行銷網絡滯後等。

---

① 資料來源：www.doc88.com，略有刪減。

綜上所述，如何利用公司的優勢，正確對待成本、資金等劣勢，有效快速推廣公司產品，成為本年度重要的工作內容。

三、200×年年度目標

(一) 年度營業目標

1. 銷售目標

200×年度行銷目標為_____萬元，分解到各季度的銷售目標如下：

①第一季度，實現銷售收入_____萬元；
②第二季度，實現銷售收入_____萬元；
③第三季度，實現銷售收入_____萬元；
④第四季度，實現銷售收入_____萬元。

2. 其他目標

①根據××類食品向中高檔發展的市場趨勢，制定價格穩步提高策略，保持××類食品的價格領導地位，擴大渠道，提高售點鋪貨率。

②通過市場促銷刺激消費者購買慾望，推動經銷商進貨，提高公司產品市場佔有率。

③利用公司的市場工具和資源，採用分品類、分包裝的產品推動策略。

④在市場必需條件下，合理安排使用市場費用，以達到提高企業利潤的目的。

(二) 行銷網絡建設及拓展目標

1. 總體思想

大力建設銷售網絡，開發省內，省外一二級市場，實現計劃銷量目標。

2. 年度目標市場拓展計劃安排

銷售部將充分利用4月份的××糖酒會招商機會，拓展更多市場，具體計劃如表2-8所示：

表2-8　　　　　年度市場拓展計劃安排表

時間	重點拓展目標市場
第一季度	四川、上海、浙江、江蘇、廣東、山東、重慶、湖南
第二季度	陝西、北京、天津、河南、福建、湖北等
第三季度	細化上述區域市場
第四季度	細化上述區域市場，進一步加強與經銷商及客戶關係，同時開拓其他區域市場

3. 銷售組織建設
(1) 建設思路與目標。
①逐步健全經銷商助銷系統，使市場更具可控性和有效性；
②逐步建立人員薪資、績效體系，加強人員培訓，提高控制市場終端的水準；
③加強與公司生產、物流、財務、行政部門的協作。
(2) 擬建銷售組織結構，如圖2-1所示：

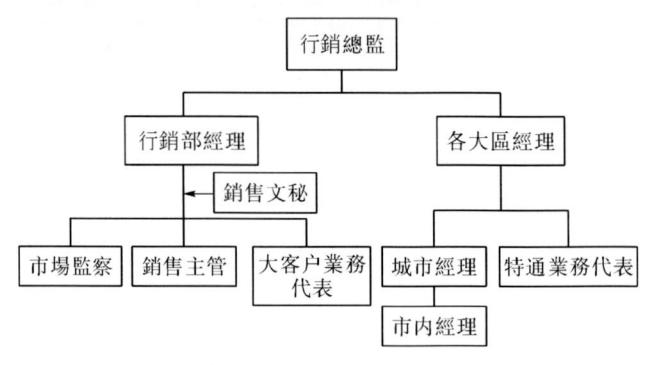

```
                    行銷總監
                   /        \
           行銷部經理         各大區經理
          /    |    \         /        \
    銷售文秘  ←                                
    |    |    |              |            |
  市場監察 銷售主管 大客戶業務  城市經理  特通業務代表
                   代表        |
                             市內經理
```

圖2-1　銷售組織結構圖

①市場監察與市場策劃目前合二為一，視實際需要分設。
②鑒於目前公司處於發展階段，各區經理以下人員暫不設置，根據市場營運狀況及利潤狀況而逐步設定。
③各級職位的薪資結構與總經辦、人力資源部詳細討論後確定，建議不低於同行，以達到吸引人才，穩定隊伍的目的。

4. 塑造品牌形象
通過統一的形象宣傳，塑「××」專業形象，逐步深入消費者心中，最終達到「××類食品代表」願景。具體工作事項包括以下幾方面：
(1) 專業企業識別（CI）設計。
通過專業的企業識別系統，尤其識別系統設計，有計劃地向公眾展示企業及品牌特徵。
(2) 宣傳用品配置。
在統一視覺識別的前提下，配備產品招商手冊、形象促銷臺、宣傳海報和免費品嘗品等必需的市場宣傳物料，並通過合理的發放和使用更好地宣傳企業及品牌的效果。
(3) 網站建設。
在短期內完成本公司網站建設，以便更好地宣傳企業及品牌形象，同時與××網絡等商洽廣告宣傳事宜。

四、公司年度行銷策略
(一) 產品策略
1. A類產品行銷策略
結合我公司目前的實際資源，在現有產品的四個案例中，著重推廣前兩個案例。此外，在包裝上也要做到以下幾點：
①瓶裝企業產品需在包裝上進行美化，使其終端陳列更醒目。
②袋裝系列產品規格需進一步細化，以滿足不同區域市場，不同渠道的需求。
③適時開發散裝稱重系列及餐飲專供包裝。
2. B類產品行銷策略
今年底推出的×××系列產品雖是一次大膽嘗試，但極有可能成為產品組合中的一個亮點，市場潛力巨大，200×年值得繼續投入。
(二) 產品價格策略
(1) 各系列產品的具體價格詳見《××公司價格表》。此價格表若經市場測試，需結合區域市場做調整，將視實際需求，經討論後做出相應調整。
(2) 產品價格基本思路是：在全國統一經銷價（含稅到岸價）的基礎上，視具體情況給予不同的返利及市場支持，額度分別為3%~6%，7%~10%；建議全國統一零售價，不做硬性要求，但市場監管人員要及時瞭解市場，避免惡意壓價、降價等行為。
(三) 經銷渠道策略
結合公司目前實際情況，我們應選用可控型經銷模式，以減少公司資金壓力並增加市場操控性。具體又可分為以下幾種類別：
①終端渠道商，指擁有現代A、B、C類終端網絡的客戶。
②流通渠道商，指擁有批發網絡的客戶。
③餐飲及其他渠道商，指擁有餐飲及其他特殊通路的客戶等。
其實，各類客戶都可能擁有其他類別客戶的銷售渠道，因此在具體操作中要視實際情況而定。
五、200×年度行銷行動計劃
(一) 銷售活動計劃
1. 既有銷售網絡調整
①200×年4月至5月，完成省內既有網絡的調整，包括協調合作方式，重新開拓經銷商。具體分為××市區及二級市場兩個部分，由城市經理及市內經理兩位人員分別負責。
②其他省市既有網絡將視實際情況做出調整，原則是向現有政策靠攏，時間與下面的各城市開拓計劃同步，具體由相應區域省區經理負責。

2. 省外區域市場開拓，由各省區經理負責，如表2-9所示

表2-9　　　　　　省外區域市場開拓計劃表

時間	計劃拓展省區
200×年4月	上海市、廣東省、四川省、重慶市
200×年5月	遼寧省、浙江省、湖南省
200×年6月	山東省、江蘇省
200×年7月	湖北省、天津市
200×年8月	北京市、福建省
200×年9月	河南省、陝西省
200×年10月 200×年3月	其他要求合作的區域及開發的區域

3. 特通渠道的開拓，由××市市內經理負責

200×年5月以內繼續開拓本省××市、××市火鍋店等餐飲渠道；此外，開拓××市內校園店，旅遊商品等特通渠道。

（二）市場推廣活動計劃

由前述各項行銷推廣策略，200×年市場推廣活動事項與工作計劃如表2-10所示：

表2-10　　　　　　市場推廣活動事項與工作計劃表

事項	時間	操作明細	負責人
包裝、規格的確定及成本核算	200×年4月底前	落實散裝，品嘗包裝規格及成本核算。散裝規格統一為8G左右	由總經辦與營銷部協調落實
視覺識別系統建設	4～5月	完成企業識別系統尤其是視覺識別系統的設計	市場策劃專員負責
宣傳資料製作	4月	製作產品行銷手冊，5月投入使用	市場策劃專員落實
	5月	完成形象促銷設計、製作，6月投入使用	
	5月	完成賣點廣告（POP）設計、製作	
	即時	完成各地宣傳噴繪製作，及時投入使用	

表2－10(續)

事項	時間	操作明細	負責人
產品包裝改進	5～8月	結合前期公司視覺識別系統設計情況，完成袋裝設計、規格化工作，確定大、小兩種規格，9月份能投入使用	市場策劃專員落實
建立官方網站	5～7月	完成本公司官方網站建設	市場策劃專員執行，行銷部經理協助
	5月	完成××網站等形象宣傳招商工作	
年度活動的策劃與執行	7月前	完成年度活動策劃及費用預算	市場策劃專員負責策劃、預算、協調、執行
	8月前	完成國慶節的活動專案策劃並落實執行	
	10月前	完成元旦的活動專案並落實執行	
	11月前	完成春節的活動專案策劃並落實執行	

（三）銷售團隊組建工作安排

1. 招聘、組建銷售團隊

本年，擬招聘用制10名省區經理，1名銷售文秘，1～2名城市經理，此類經理200×年4月15日前到位，在200×年4月底前，5名業務代表、1名市場策劃專員到位。具體由人力資源部協助招聘，行銷部經理負責面試。

2. 員工薪資結構、福利待遇的確立和逐步改善

200×年4月底前完成行銷部各職位薪資結構、各種福利、補貼制度的合併試行；具體由行銷經理草擬，總經辦、人力資源部協助確定。

編製日期		審核日期		批准日期	
修改標記		修改處理		修改日期	

第三章

攻心至上

※行銷策劃之軸心※

　　美國作為世界化妝品大國，曾經為如何打入日本市場大傷腦筋，美國商人最早運到日本的化妝品大量積壓，銷量極少，為什麼呢？經過市場調查發現，美國化妝品滯銷的根本原因竟是兩個民族傳統審美心理的衝突。美國人生產的化妝品的色彩根本不符合日本人的審美觀念，美國商人忽視了兩個國家民族心理的差異。美國人屬白色人種，而人們皮膚色彩的審美觀念卻最喜歡略深或稍黑一些。在美國人眼裡，具有深色的皮膚表明自己處於富裕階層、有較高的收入和社會地位。因為在競爭激烈的美國社會中，只有富人才有空閒時間去游泳和曬太陽，只有皮膚顏色深一些看起來才美。基於這樣的市場需求，生產廠家大都是以色彩略深的化妝品為主要產品，這已經成了一種習慣化的市場行為。在日本文化中，美的象徵是那終年為白雪覆蓋的富士山和令人心醉的潔白的櫻花。大和民族是一個崇尚白色的民族，他們的皮膚色彩觀念是以白為美，這種在日本社會中占主流地位的消費審美取向決定了美國化妝品在日本市場上的命運。由此可見，消費心理主導企業產品的命運，這已是不爭的事實。

第一節　經營必勝：

觸動消費者內心

一、消費心理及其當代趨勢

(一) 消費心理釋義

消費心理指消費者進行消費活動時所表現出的心理特徵與心理活動過程。消費者心理特徵主要包括消費者興趣、消費習慣、價值觀、性格、氣質等。

從其類型看，大眾消費者的消費心理主要包括趨同心理、攀比心理、求美心理、求名心理、求異心理、好奇心理等。從消費者購物的過程來看，可分為產生需要、形成動機、收集信息、購買決策、購後感受五個階段。消費心理要受到行銷環境、個人收入與愛好、消費引導、購物場所等多種因素的影響，企業只有認真分析影響消費者的關鍵心理因素，才能制定正確的行銷策略。

(二) 消費心理的當代趨勢

隨著現代科技經濟的發展，消費者購買力的增強，互聯網技術的日新月異，現代消費者的消費心理發生了極大的變化。消費心理的當代趨勢主要表現在以下幾個方面：

1. 追求時尚與流行

有關調查結果顯示，隨著中國城市居民生活水準的不斷提高，青少年對家庭消費產生較大影響，青少年正在成為未來的消費主體，越來越成為公眾關注的新興的市場推動力。

青少年對新產品、新技術反應極其敏感，善於捕捉世界的微妙變

化，對新事物的接受速度較快。目前最熱門的電腦與互聯網，對他們來說不僅不陌生，而且他們對這些的熟練程度讓很多成年人望塵莫及，他們關注時尚，追求流行。

2. 追求精神與情感的滿足

當代社會學家研討現代消費方式的變化時發現，新中國發展至今可分為三個階段：第一階段是改革開放前的「生存時代」；第二個階段是改革開放後的「生活時代」，這是一個有了各種生活設施（如電視、冰箱、音響等）就能活得更好的時代；第三階段是經濟進入平穩發展期的「享受時代」，人們開始追求「感性的生活」——追求更能滿足自己歸屬與相愛、尊重與地位乃至自我實現需要的感性產品消費。

以白酒消費為例，其更多的是一種基於情感與精神的需要。如進行親情、友情等情感交流、表達熱情與精神、呈現尊重與威望等，這是人性中的高層次需要。正因為如此，具有前瞻性的企業家無不在寄「情」和打造文化韻味上贏得顧客的青睞，「喝杯青酒，交個朋友」，「孔府家酒，叫人想家」，「智慧人生，品味舍得」，「金六福酒，中國人的福酒」等，這些產品都不同程度地受到消費者的追捧。這是因為我們進入一個高技術和高情感相平衡的時代，在高技術的冷面孔下，人們在快節奏的環境中學習、工作和生活，導致心理壓力增大、情感失衡，精神生活相對缺乏，因而人們對精神生活、情感的需要日趨強烈，具有這種消費傾向的消費群體，在現實消費中往往是借助購買和消費感性化商品來實現情感寄托，實現情愛和自我價值等層次的需要。

3. 品牌消費意識濃厚

「關注生活質量，購物講究品牌」，這一點在當代社會表現得尤為突出。因此，無知名度的產品在市場上想佔有一席之地，無異於痴人說夢。有人通過對當今中國社會消費方式的調研後發現了一種有趣的現象：由於消費者購買力存在很大的差異，所以人們會選擇性地擁有品牌，經濟實力雄厚的新富和高層白領用知名品牌進行包裝和消費；經濟實力一般的工薪人士在耐用品、服裝、化妝品等能夠支付的商品上選擇品牌；哪怕一再標榜拒絕國外品牌的官員，也可能正在用著芝寶打火機或穿著皮爾·卡丹的衣服。商品的標誌性價值，象徵性價值受到了人們的普遍關注。

4. 追求個性

追求自我個性，追求與眾不同。在獲得產品功能層面的基本利益之外還希望能獲得一種審美體驗、快樂感覺，表現出學識修養、自我個性、生活品位和社會地位；不滿足於標準化、模式化、崇尚自己的風格，喜歡獨一無二的產品。個性化日漸成為消費方式的重要趨勢。

5. 追求自我表現

著名心理學家馬斯洛在研究人的需求時，按照高低不同層次，把人的需求分為生理需求、安全需求、社會需求、尊重需求、自我實現需求。當低層次的需求得到滿足後，就會追求高層次的需求。自我實現需求，即成就需求，這是人生最高層次需求。人們都希望成為最優秀的人，贏得勝利，發揮最大潛力，達到人生最高峰。當名牌服飾報喜鳥以「閒庭信步，跨越事業巔峰」的品牌核心價值呈現於公眾時，就對消費者產生了強烈的震撼，因為這一價值主張與渴望突破事業天花板，獲得更高層次成功的心理需求產生了共鳴。

總之，關注時尚、追求流行、崇尚個性、喜歡標新立異、講究品味、注重情感、渴望自我表現等消費心理的當代趨勢，為企業的行銷策劃提供了無限廣闊的空間。

二、攻心策略探析

把握心靈的脈動，讓顧客從「需要」到「想要」，實現企業行銷的昇華，這是現代行銷策劃探討的重要課題。

(一) 換位思考洞悉顧客心——徹底徵服顧客的電子菜譜策劃

在行銷過程中，如何更直觀地把握顧客心理，而不是僅僅憑經驗想當然，需要我們在與顧客打交道過程中真正做到換位思考。換位思考本身是一種逆向思維方式，它與傳統行銷理念的不同在於：通過這樣的思考，企業能更好地理解企業與顧客之間的主要矛盾，能有效促使企業認真對待顧客的抱怨、意見和不滿，從而更好地改進和完善企業的經營思路。由於顧客心理本身是一個發展的動態過程，因此在經營中絕不能因為一時業績好就自認為對顧客心理了如指掌了。現代行銷是一種對顧客需要的慾望的導向，如果不能真正瞭解慾望，那麼在經營實踐中就談不上怎樣去進行導向了。

今天，以現代信息技術開發的電子菜譜的誕生正在引起現代餐飲業的一場革命，它的出現就是基於消費者在餐飲消費過程中的心理活動而成功策劃的典型案例，值得企業經營者細細品味其中奧妙和魅力。

以「我」為中心的時代已經來臨，互聯網、社交網站的快速蔓延，驗證了一個時代的重要特徵：衣食住行的基本需求滿足後，人們對於被關注、被關懷、被尊重的渴望越來越強烈，每個人都想表達，不願被忽視。餐飲業服務水準提升的關鍵將圍繞如何滿足慾望展開，顧客的深層心理欲求究竟有哪些？新一代電子菜譜策劃將其歸納為七

大心理需求，並進行針對性設計。

1. 等待焦慮與尋求補償的心理落差——等位娛樂系統

如果你不能像銀行那樣強勢，讓顧客非等不可，就必須提前安撫焦慮中的等位顧客。他們對怠慢非常敏感，需要適時安慰並期望尋求小小的落差補償。新一代餐飲系統更注重研究顧客心理活動，並提供植入式滿足心理落差的等位設計：到店等位的顧客可以在一本電子菜譜上先領號、點菜，再按照牌號玩優惠游戲，餐廳已經將游戲的中獎概率和折扣或獎品設置好，牌號越靠後，系統給的中獎率越高，讓客人不知不覺中願意用等待時間換取優惠，巧妙地將補償心理融入到等位流程中。新一代餐飲系統這種植入式的等位娛樂設計，不僅趣味性強，而且節省人力。顧客入座後，也不需要再點菜，電子菜譜直接下單，上菜速度和翻臺率都可以明顯提高。

2. 顧客面對多選擇時的心理困惑——電子菜譜點菜系統

面對厚厚的一本菜譜，相信很多顧客都有難以選擇的困惑。其實，面臨多選擇並要快速作出決策，正是人們日常生活中感到為難並下意識迴避的正常心理。電子菜譜要替代紙質菜譜，不僅要解決菜譜即時管理問題，更要針對多選擇困惑加以梳理引導，使點菜變成一種簡單輕鬆、富有樂趣的事。通過對顧客點菜困惑心理的研究，新一代餐飲系統為顧客點菜方式提煉了五大入口：

我想吃哪一類——按原材料點菜。比如：魚、牛肉，還是青菜？只要選擇「魚」，所有與魚有關的菜全部列出來供你選擇。

我想省錢怎麼辦——按特價區點菜。直接進入特價區選擇，原價現價優惠一目了然，還告訴你一共省了多少錢。

我不知道吃什麼，但別人經常點的菜一定不錯——按口碑排行榜點菜。直接進入排行榜，按下單次數統計的排行榜，告訴你菜品、酒水、主食被點次數排名前 30 的都是什麼。不用動腦筋，選一個就行。

我懶得點菜，按這個總價，來一套吧——按套餐點菜。套餐內的菜品還可以自由調換，隨心所欲。

我想嘗嘗本店特色菜——按招牌菜點菜。進入招牌菜欄目後，總廚推薦、店長推薦、時令新菜等分門別類，感覺得到了針對性的服務。

3. 關注我以及我的喜好——管家式會員系統

「我」的感受至關重要！顧客群體是由無數個「我」構成的。傳統餐飲軟件只記錄會員資料，採取普遍式服務，而這遠遠不夠，從停車場引位員開始，就要在手持迎賓寶上即時獲得顧客信息。姓名、年齡、職業、車牌號、顏色、喜好、會員級別等，未下車便可直呼其名。新一代餐飲系統能從顧客的消費記錄中，通過特殊算法分析出其口味和偏好，以便服務員準確掌握歷史消費信息——既不能與上次就餐點

同樣的菜，又要主動安排「我」的特別喜好，用特別關注打動顧客。管家式會員系統數據庫結合移動終端，隨時獲取會員信息，必然使服務更及時、更精準，能真正達到唯「我」至上、出乎預料、賓至如歸的切身感受。

  4. 追求性價比平衡的消費心理——透明帳單與變動套餐

  顧客的消費能力並不相同，但追求消費的性價比心理是一致的。在這一點上，透明帳單就顯得尤為重要。在點散菜時顯示帳單總價，並可隨時查詢，便於顧客根據消費預算作出消費決定。對於消費者來說，每次都能滿足其性價比平衡心理，會更容易依賴餐廳，成為回頭客。變動套餐對於機構等重要客戶更具實用性，顧客說個總價，要餐廳安排菜單，通常要廚師長親自上陣。電子菜譜的變動套餐，設計成在套餐總價基礎上，可以按顧客要求隨時替換備選菜並修改菜品數量，價格也隨之變動，直到顧客滿意再下單，新一代餐飲系統的這一設計廣受讚譽。

  5. 對營養衛生的擔心與承諾需求——透明廚房與菜品原料公示

  食品衛生與安全越來越被關注，敢不敢開放你的廚房是個挑戰。中餐廚房的臟亂差是常態，你開放，顧客就信你，就有機會抓住消費者。海底撈在大堂明示其食品添加劑的使用種類加成分，就是獲得顧客信任的有效手段。新一代餐飲系統創新的透明廚房系統，通過廚房安裝的網絡攝像頭，將後廚、海鮮池、涼菜間等乾淨鮮活整潔的即時影像，傳送到包房的電視點菜屏幕上，供顧客隨時觀看，打消顧客對食品衛生的疑慮。為了更徹底消除疑慮，新一代電子菜譜在每道菜的詳情介紹裡，讓餐廳上傳原料構成、做法、營養等透明信息，全方位滿足消費者對營養衛生信息的需求，以誠信打動顧客。

  6. 評價投訴的權利——三維評價體系與呼叫服務

  讓顧客說話。對服務滿意或不滿意，顧客都有評價投訴的慾望。餐廳需要建立暢通的渠道來接納顧客意見，並及時反饋處理。有些突發性事件因為處理不當或不及時，可能演變為大的衝突。新一代餐飲系統將顧客評價與投訴設計成三維溝通體系：對服務員的評價投訴、對餐廳整體的評價及針對菜品的評價與投訴。顧客可以通過包房電視屏幕，從多角度對餐廳進行評價，這些評價投訴會發送到管理部門。當突發性事件發生並無法處理時，顧客可直接通過屏幕上的「呼叫服務」點擊「叫經理來」，信息會馬上傳送到餐廳中控制臺的屏幕上，通知經理及時到達現場處理。注重收集顧客意見和建議，建立暢通的溝通渠道，有助於餐廳深入瞭解顧客需求，及時發現問題，改善起來也有較強的針對性。

7. 面子與檔次，滿足顧客對社會地位與階層的心理憧憬——移動迎賓寶與歡迎辭投播

個性化服務的本質就是讓每個人感受到與眾不同，甚至產生高於他人階層的心理幻境。這就是消費者會崇尚名牌，產生衝動消費的根本原因，新一代餐飲系統的移動預訂設計可以將預訂信息直接發送到「迎賓寶」上，讓迎賓員隨時掌握預訂信息和會員信息，見面即可直呼其名。只要顧客到達，迎賓員按下到達鍵，包房的電視屏幕上就會顯示出對客人熱情洋溢的歡迎辭，以示對客人的重視程度。

(二) 以特色占領顧客心

中國古代有句商諺：「一招鮮，吃遍天。」說的就是特色在經營中的地位與作用，在當今激烈的市場競爭中，僅有經營理念是不夠的，如果沒有個性化的經營特色，是很難激發消費者熱情的。經營特色的創造主要有以下思路：

1. 產品特色

有特色的產品對消費者的吸引力是不可低估的。羅瑟·瑞夫斯（Rosser Reeves）曾提出「獨特的銷售主張」理論（Unique Selling Proposition，PSU），他認為企業如果能向消費者提出一個獨特的銷主張，便能輕取競爭優勢。M&M'S 巧克力以「只溶在口，不溶在手」的賣點成了巧克力的第一品牌；樂百氏純淨水就憑著「27 層淨化」的獨特銷售主張在一兩年之內成為了國內數一數二的品牌。

值得注意的是，企業在為產品尋找獨特銷售主張時，不一定強求這個主張是你獨有的，只要競爭對手沒有提出過，哪怕其他產品都存在這個主張，你也可以利用它來建立品牌的賣點。

最典型的一個例子，就是美國的喜力啤酒。這個品牌原來銷售得不好，有庫存，他們就請了當時的廣告大師霍普金斯來想辦法。廠領導先請霍普金斯去看他們的設備、發酵工藝等，介紹了很多它們的長處、特點、技術，霍普金斯眼皮都不抬一下，沒有感覺，當時的廠家非常失望，看樣子可能沒什麼戲了，即使大師也愛莫能助。可是就在大家要走出工廠的時候，霍普金斯驚喜地跳了起來，原來他看到的是空瓶子經過一個車間，正用高溫的蒸汽進行消毒。廠領導剛開始以為發現了什麼寶貝，弄明白大師的興奮之後，馬上又失望了，他們告訴霍普金斯，這是任何一個啤酒品牌都必需的一個基本流程。霍普金斯則告訴他們，是不是任何一個廠家都這樣做並不重要，重要的是消費者不知道誰在這麼做，結果喜力啤酒憑著「每一個啤酒瓶都經過高溫蒸汽消毒」這個獨特消費主張，不但消化了庫存，而且居然一舉獲得了市場第一品牌的地位。

2. 服務特色

顧客服務不僅僅是送貨、安裝，對顧客投訴的處理，企業與顧客之間一切往來都是在為顧客服務。在產品同質化趨勢明顯的今天，企業都認識到了服務的重要性，都願意為顧客提供優質服務。但是，真正要做到讓顧客滿意和超出顧客預期的個性化服務和特色服務並不是所有企業都能做到的。

良好的服務也是企業的競爭優勢，特色的服務首先必須是優質服務。優質服務的基本要求有：對顧客的問詢及顧客碰到的難題迅速作出反應；公司上下各部門員工，都同顧客友好相處，隨時對顧客作出回應；盡量為每個顧客提供有針對性的個別服務；對產品質量作可靠承諾；在所有交往中表現出禮貌、體貼和關心；永遠做到誠實、盡責、可靠地對待顧客；讓顧客的錢始終能夠發揮出最大效用。

如國際商業機器公司（IBM）雖然是生產型企業，卻定位於服務業，以服務來強化企業的核心競爭力，為顧客提供各種問題的解決方案。國際商業機器公司行銷人員的上班地點不是在公司，而是在客戶的企業，工作就是為客戶解決問題，創造價值。其不僅是銷售他們的產品，還提供戰略建議、管理指導、產品維護、使用培訓等。當顧客需要一些國際商業機器公司沒有的產品時，國際商業機器公司甚至會幫助客戶以最低的價格採購競爭對手的產品。為什麼？因為客戶的所有需求國際商業機器公司都滿足了，客戶必然對其形成依賴，有什麼事自然會想到這個「朋友」，到了這個時候，再向其銷售產品，自然一帆風順。所以，國際商業機器公司的競爭力不僅僅來源於其產品，客戶更認同的是它優於競爭對手的特色服務。

3. 經營模式的創新與特色

經營模式的創新是從企業經營鏈條角度進行全面的規劃，它不是局部的，而是整體的。經營模式的創新是一種戰略上的創新，能夠帶來企業整體競爭力的提升。以超市經營為例，大多數人認為超市經營的品種大同小異，很難形成自身的特色和競爭優勢，所以眾多商家往往在價格上、促銷上比拼，銷售額上去了，經營利潤卻每況愈下。近年來，上海聯華超市在全國異軍突起，銷售額和利潤逐年攀升，其秘訣在於企業經營模式上的創新。

據業內人士分析，「聯華」大力倡導的生鮮食品，給連鎖超市注入了活力，使企業的運作出現了勃發的生機。從「聯華」的經驗看，至少成功地實現了「三個轉變」。一是建立並依託生產基地，實現了由原來流通領域中的多個環節向產銷對接的轉變；二是突破傳統的商業經營體制，實現了由原來單一零售商業向「產、加、銷」一體化的轉變；三是衝破歷來認為商品無科技含量的舊觀念的束縛，實現了由

原來供應商品較低層次向蘊有科技含量的高層次商品的轉變。

「聯華」有意識地將生鮮食品經營與「廚房工程」貼近，在山東、浙江、河南、河北、江蘇等地尋找基地，先後建立起了肉食品、雞蛋等生產供應基地；與此同時，還開創了超市與園藝場定向種菜的先河，建立起了蔬菜生產供應基地。在經營生鮮食品時，「聯華」還與科研單位聯手合作，共同研製、開發、加工和銷售科技含量高的綠色食品、黑色食品等。目前，「聯華」的生鮮食品經營，已具有相當的規模。從經營品種看，有豬牛羊肉、蔬菜、水產品、分割家禽、蛋品等19個大類，1,200多個品種；從銷售份額看，生鮮食品幾乎佔「聯華」銷售額的四分之一，充分體現了它個性化經營的特色。這種個性化的經營特色，突破了傳統的商業經營，實現了由原來單一零售業向「產加銷、科農貿」多元化的轉變，提高了市場的應變能力和競爭能力。

實施品牌戰略，「聯華」通過工商聯手、定牌加工、為適應市民生活質量不斷提高的需求，除了開發「聯華」品牌的紙品系列、日用小商品系列，又根據定牌商品價格低廉、利潤和質量穩定等特點，通過投資辦廠開發新品，連續推出「聯華」品牌的糕點食品、半成品包裝盆菜和休閒食品。同時，通過科工貿結合，提升定牌商品的科技含量，發展了一大批富有科技含量的營養食品。近年來，消費者的環保意識日漸濃厚，「聯華」在加工生產定牌產品時，注重環保意識，推出了不含防腐劑的醬油、無磷洗衣粉和消毒型洗衣粉等綠色環保商品。這些定牌商品一經上市，銷售量日增，受到了社會的歡迎，甚至在很短的時間裡，不靠廣告宣傳就能贏得市場。通過經營模式的創新，「聯華」形成了一種整體優勢。

(三) 塑造品牌個性迎合顧客心

品牌個性就是品牌的獨特氣質和特點，是品牌的人性化表現。品牌是由諸多要素組合而成的，消費者最初只能認識到品牌的名稱、標示、口號等視覺效果的東西。當品牌進入成熟期後，產品和品牌理念都已經比較穩定，消費群體也相對穩定，這時品牌就像一個人從不成熟進入成熟一樣，具有自己的獨特氣質和特點，也就是品牌的個性。品牌具有了個性，也就是自己成熟的表現，同時也會吸引那些趣味相投的消費者，形成認同自己個性的消費群體，並形成忠誠度。比如年輕人都喜歡喝可口可樂，因為它代表著活力、激情，與自己的個性比較符合；成功的商業人士都喜歡坐奔馳車，因為它代表著大氣、穩重、高檔、高品位。

阿克（Aaker）通過品牌個性的研究確認以下七種品牌人格[①]：

（1）坦誠（Sincerity）——腳踏實地、誠實、有益和愉快，如凱蒂貓。

（2）刺激（Exciting）——大膽、生機勃勃、富有想像力和時尚，如音樂電視（MTV）。

（3）能力（Competence）——可靠、聰明和成功，如索尼。

（4）教養（sophistication）——上流社會的和有魅力的，如資生堂。

（5）粗獷（ruggedness）——戶外的和堅強的，如天木蘭。

（6）激情（passion）——感情豐富、靈性和神祕，如颯拉。

（7）平靜（peacefulness）——和諧、平衡和自生，如雅馬哈。

對於某一消費群體而言，品牌的個性跟消費者的個性越接近，他們就越願意購買這種商品，品牌忠誠度越高，甚至達到品牌拜物教的地步。休閒服飾美特斯·邦威進入中國市場能迅速超過真維斯、佐丹奴等，一個重要的原因就在於其所塑造的獨特品牌個性。

美特斯·邦威的目標受眾是20～25歲的年輕人，他們已經開始具有自己的思想，有積極獨立的生活主張、生態活度；他們不願隨波逐流，被人雲亦雲的社會所淹沒，渴望真實自我，希望能證明自己。

美特斯·邦威「不走尋常路」、「每個人都有自己的舞臺」，獨特的品牌形象、品牌個性（精神）把目標消費者的這種心理特徵描繪得淋漓盡致，這樣的品牌他們能不認同嗎？同時，其形象代言人郭富城與周杰倫巨大的個人影響力與美特斯·邦威品牌名稱本身的獨特性，使美特斯·邦威品牌形象在真維斯、佐丹奴、班尼路等品牌林立的休閒服中脫穎而出。隨著品牌的不斷推廣，品牌知名度、認知度不斷上升，其銷售量連創新高，一舉打造了美特斯·邦威在中國休閒服裝名品牌的地位。

(四) 製造體驗感動顧客心

體驗是消費者消費過程中所表現的心理活動。良好的體驗能讓消費者久久難忘，正因為如此，體驗行銷受到了現代企業的高度關注（詳細論述參見本章第二節）。

[①] 菲力普·科特勒. 行銷管理 [M]. 亞洲版. 5版. 梅汝和, 梅清豪, 張桁, 譯. 北京：中國人民大學出版社, 2010：152－153.

第二節　感動消費：體驗策劃應運而生

美國俄亥俄奧羅戰略地平線公司（LLP）創造人約瑟夫·派恩（B. Joseph Pine）和詹姆斯·吉爾摩（James H. Gilmore）在 1998 年提出體驗將成為一種獨特的經濟提供物而開啓未來經濟增長鑰匙的新觀點，並提出了經濟發展正經歷著從商品經濟到服務經濟再到體驗經濟的轉變，在企業經營中自覺運用體驗行銷增強企業競爭能力，將成為現代企業開拓市場的一個新思路。

一、體驗的特徵

體驗是消費者對一定的刺激物所產生的心理感受，體驗在本質上是個人的，體驗是當一個人達到情緒、體力、智力甚至是精神的某一定水準時，在他意識中所產生的美好感覺。基於對體驗的認知，其性質主要有：

（一）互動性

如上所述，一種體驗是顧客對一定刺激物所產生的個人心理感受，但我們必須認識到，體驗並不是自發的，而是誘發的，如果缺乏體驗的籌劃者，那麼消費者的體驗無從產生。所以，要讓消費者對企業提供的商品和服務產生美妙的體驗，作為體驗提供者的企業必須深入分析和把握能激發顧客美妙感受的體驗提供物。因為任何一種體驗都是消費者個人心智狀態與那些有意識的籌劃事件之間的互動作用的結果。

(二) 差異性

體驗作為出自消費者內心的精神和心理感受,這種心理感受當然是因人而異的,因為個人所受教育、文化及親身經歷、愛好的不同,所以對同一個事物將產生不同的體驗經歷,如在麥當勞餐廳就餐,對於兒童來說最愉快的體驗可能是可口的食品及附贈的玩具、兒童生日宴會。對成人來說愉快的體驗是它的食品、輕鬆的音樂、雅致的就餐環境及良好的服務等。即使對於單一的商品或服務,也沒有哪兩個人能得到百分之百的相同體驗經歷,因此,對於企業而言,必須根據消費群體的個性心理特點,仔細研究目標消費者體驗需求的差異性。

(三) 消費主動性

無論是在體驗生產過程中,還是在體驗消費階段,消費者的體驗都有較大的主動性,是消費者自身的心理感受。因此,作為體驗提供者的企業,如何誘導和實施體驗傳播,以吸引消費者消費需求和慾望,是有待深入研究的課題。

(四) 即時性和延續性

在體驗消費過程中,體驗的購買者能夠獲得身臨其境的感受,良好的心理感受能立即帶來心理的愉悅,儘管這種感受具有即時性,但這種體驗的價值會在消費者心目中彌留延續。很明顯,能提供這種體驗價值的企業不僅會在消費者心中贏得一席之地,而且能極大提升其商品和服務的附加價值。

二、體驗經濟與傳統經濟形態的區別

體驗經濟與其他經濟形態有所不同,其中包括了各種經濟供給物的內涵,這些區別暗示了每一種新的經濟供給物與其所替代的上一個供給物相比是如何創造出更大價值的。經濟形態區分情況見表3-1:

表3-1　　　　　　　　經濟形態區分

經濟提供物	產品	商品	服務	體驗
經濟形態	農業經濟	工業經濟	服務經濟	體驗經濟
經濟功能	採掘提煉	製造	傳遞	展示
提供物的性質	可替換的	有形的	無形的	難忘的
關鍵屬性	自生的	標準化的	定制的	個性化的

表3-1(續)

經濟提供物	產品	商品	服務	體驗
供給方法	大批儲存	生產後庫存	按需求傳遞	在一段時期之後披露
需求要素	特點	特色	利益	突出感受

真實的產品是從自然界發掘提煉出來的材料，如動物、礦物、蔬菜等，企業一般會對其進行加工，以達到某種產品特性。在產品經濟時代，企業利潤主要受供求關係制約，當需求大於供給時，利潤隨之而來；當供給大於需求時，難以獲得利潤。

產品經濟時代，企業生產方式是手工作坊。隨著技術的發展，企業生產方式由手工作坊邁向機械化，開啓了商品經濟時代，大規模、標準化生產是商品經濟時代的特徵。隨著商品經濟深入發展，供過於求是市場的常數，在商品經濟時代的市場競爭中，圍繞改善質量和降低成本的工作成為企業獲取利潤的重要舉措。但是，伴隨著產品同質化趨勢日益明顯，價格戰在所難免，所有商品不可避免地面臨著低價格的競爭。消費者在購買商品的時候，考慮得越來越多的是價格和便利因素。

為了跳出商品化困境，20世紀60年代，西方發達國家企業發現了以前被他們忽視的服務的價值，於是，一些精明的製造商將商品與服務進行捆綁式銷售或免費提供某些服務項目。如汽車製造商擴大他們的服務範圍及保修期，並提供汽車租賃服務，生產商直接為零售中間商管理存貨等，服務逐步成為企業獲取競爭優勢的新力量。在服務經濟時代，不少企業在消費者服務上費盡了心思，但服務是否免費或服務的深度，仍受制於企業對利潤的追求。服務一方面是培養顧客忠誠的手段，另一方面也是企業的成本。當服務經濟已經接近極致，一種新的經濟形態——體驗經濟正在來到我們面前，成為21世紀企業增強競爭能力、獲取競爭優勢的新焦點。

在體驗經濟時代，以通過滿足個性化需求，給予消費者美好感受為主旨，從而提升企業競爭能力。美好的感受，甚至消費者終生難忘的記憶有利於培育忠誠顧客，而且避免了單純價格戰給企業績效獲取帶來的陰影。因為，美好的體驗是消費者衡量商品或服務價值的槓桿，消費者覺得商品或服務越有價值，對價格就越不計較。

三、體驗行銷策劃的基本思路

(一) 產品包裝、品牌設計能誘發消費者情感體驗

　　精心策劃的品牌、包裝對激發消費者情感的作用是不可低估的。「老板」牌抽油菸機的特點不在於它能把油菸抽出室外，重要的是它能顯示老板的身分與地位，像「永芳」、「飄柔」等化妝品，它帶給女性消費者的是希望和憧憬。精美的包裝，尤其是包裝色彩的運用，更具有情感的魅力，如「尼康」產品的金黑，有高級、可靠的感覺；「美能達」的藍白，有精密、高質量的感覺；「柯達」的中黃和紅，有輝煌、熱烈的感覺。2003 年，可口可樂公司旗下「雪碧」包裝再次「變臉」並取得成功，原來雪碧視覺標示「水紋」於 1993 年在全球使用，2000 年在中國市場調整為純綠色，「水紋」被新「S」替代，恰好是「Sprite」的第一字母，與原有設計相比，更換後的市場調查顯示，綠色「S」形氣泡流在消費者看來更時尚、更醒目、更具清爽感覺。

　　在體驗經濟時代，把商品的功能性（品質）、情感性（個性）甚至社會性（身分地位）融入到產品設計之中是未來行銷的趨勢。消費者的理解和喜好有自己的傾向，它內在於隱密的消費心理，而表現於消費者的無意識和大量日常感觀中，這就需要在產品設計創意與消費者個性之間尋找其平衡點。

(二) 加強產品開發過程中企業與消費者的互動

　　由於消費者個性化需求將逐漸在產品設計中扮演重要角色，如美國未來學家托夫勒所言，使生產者與消費者密切配合的「產消一體形態」將大放異彩。可喜的是，隨著現代信息技術在生產經營中的廣泛應用，企業大規模的定制化個性行銷成為現實。

　　隨著定制行銷方式的成形，消費者可通過定制將自己的生活形態、方式、態度、品味融入產品的設計之中，真正實現企業與消費者的互動。在美國，購買通用汽車的顧客，可以走進該公司的經銷商店，坐在計算機終端前，選擇汽車的顏色、發動機、座位設備等，在經銷人員幫助下進行汽車的外貌設計。他們的訂單將通過信息網絡送往汽車廠，在那裡將按消費者要求生產汽車。

　　在日本，一些房地產公司充分運用了信息技術。購房的顧客可以和推銷員一起坐在計算機終端前設計新房，顧客可以說出自己的想法，銷售人員根據顧客想法幫助設計房子的雛形，並把三維立體的房子呈

現在消費者面前，顧客如不滿意可及時進行修改，直到顧客滿意為止；然後將信息送往工廠，接下來短期內即可完成裝配住房。

　　為顧客提供量身定制的產品將會給顧客提供一種積極的體驗，把目標顧客吸引到產品設計與開發中來，不但增加了顧客擁有該產品的感覺，而且使銷售變得更為容易，很難想像一個人會不喜歡自己親自參與設計的勞動成果。

(三) 構思一個能激發消費者體驗的主題

　　主題的構思有賴於各種要素的有機匹配、各種要素的新穎設計，並且要素之間的組合要恰到好處，才有利於加深顧客體驗並突出主題。主題是體驗的基礎，而體驗必須通過深刻印象來實現。所謂印象就是體驗的結果，一系列的印象組合起來影響個人的行為並實現主題。從心理學角度看，新奇、動感、觸摸、品嘗、優雅的音樂及和諧的色彩等都有利於加深顧客印象，主題的開發可根據這些要素巧妙加以運用。

　　熱帶雨林餐廳的經營者圍繞經營主題開發了一系列令人難以忘懷的活動項目。如為了強化對霧的感覺，熱帶雨林餐廳的經營者通過有效刺激顧客的五官加深印象。你首先會聽到「噝噝」的聲音，而後見到霧從岩石上升起，經過皮膚時有涼爽輕柔的感覺，最後聞到熱帶雨林特有的清新氣味，相信沒有哪位顧客不會被這種景象所迷倒。

　　對企業而言，不管根據哪一類主題進行創造，其主題化體驗成功的關鍵都在於領悟什麼是真正矚目和動人心魄的。經營者需要發揮極大的想像和藝術探索精神，需要深入調查消費者的情感及心理過程，需要洞悉社會文化風土人情，需要盡可能豐富的各類知識，才能設計出有助於消費者良好體驗的主題。

(四) 通過終端賣場有效的感官刺激增強消費者體驗

　　現代消費者所追求的「購物」樂趣，在於他真正能運用與生俱來的五種感官。今天消費者已被尊稱為「生活者」或「生活設計者」，消費者購物已經成為日常生活當中的一部分，消費者每每會以其個性，通過敏銳的五官感覺為手段參與購買決策。

　　從「感覺」這個細分市場而言，我們可以把某一類產品歸屬在某一種感官下。例如，衣服是一種視覺性產品與觸覺性產品。建立感官產品的目的在於提醒行銷人員在規劃新產品的包裝顏色、陳列、促銷活動與媒體組合時要能體會出產品的屬性偏向於哪一類感官。化妝品促銷活動，應偏向於「試探、試用」的觸感效果，因此，要以美容指導員親切的懇談和優雅的待客禮儀來勸誘消費者接受「試用」過程，以建立起依賴感。又如食品與果汁是一種視覺性產品，所以大量陳列

與尾端陳列才能捕捉到消費者稍縱即逝的目光，然而這類產品的外包裝之設計、顏色結構是否有一套拴住顧客視覺的企業識別系統來凸顯它的存在，以便在陳列架上能夠自我推銷，這些都是要注意的問題。像香水、古龍水既是視覺性產品（外包裝設計），又是嗅覺性產品，在讓消費者「試聞」時，就能抓住顧客的個性，把符合其個性需求和感覺的產品推薦給顧客，以至於「一聞定情」。又比如音響或唱片之類的產品，「聽覺感受」與「現場氣氛」十分重要，好的唱片也要有好的音響加以配合，以使顧客憑著感覺來購買他所喜歡的東西。

（五）在促銷策略上創意強化體驗的品牌形象

今天，消費市場已進入成熟期階段，消費者的需求也早已超脫質的階段，而進入較高層次的品味水準。品味不是商品，而是概念，所以 21 世紀商品推廣的重點不是賣商品本身，而是賣概念，即創造一種強調體驗的品牌形象，使顧客們蜂擁而至，爭相購買、擁有、使用這種商品。

「萬寶路」香菸就其香型和味道而言，並非比「三五」、「希爾頓」等有過人之處，但「萬寶路」品牌所創造的英俊粗獷、充滿陽剛之氣的美國西部牛仔形象卻讓全世界的消費者為痴如醉，滿足了「抽萬寶路香菸，就使你具有男子漢氣概」的心理欲求。可口可樂公司和百事可樂公司都想超過對方，都試圖使消費者相信喝自己的可樂會有更好的飲用體驗。多年來，可口可樂通過廣告傳播，試圖讓消費者相信「每飲一杯可口可樂，可增添一份快樂」；而百事可樂則把「百事新一代」的主題演繹到了極點。德國大眾汽車公司生產的甲殼蟲汽車雖然算不上高檔，但其「滿載鄉愁」的概念傳播獲得了許多消費者的青睞。

在產品多得令人眼花繚亂，且同質化趨勢日漸明顯的市場競爭中，單純的利益需求已經不足以打動消費者的心，而能滿足消費者自尊、自我實現的高品位更能引起消費者的共鳴。因此，結合企業產品的特性及消費者心理，提出徵服消費者內心的「品位」概念，創造一種強調體驗的品牌形象確屬時代的必然要求。

第三節　市場調研：借您一雙慧眼

一、市場調研的重要性

準確把握顧客心理不能憑直觀，更不能以自己的主張去代替消費者的感覺，它是建立在充分的市場調研基礎之上的。在美國，73%的企業設有正規的市場調研部門，負責產品的調查、預測、諮詢等工作，並且在產品進入每一個新市場之前都要對其進行調查。美國大公司的市場調研經費約占經銷額的3.5%，市場調查成果能為企業帶來千百倍的回報。

在市場關係日趨複雜的今天，對企業而言，市場調查有利於企業確定自己的目標市場，實行正確的產品開發與生產策略，實行正確的產品定價與價格策略，選擇正確的銷售渠道，有效開展促銷活動等。此外，它還具有為企業界制定正確的競爭戰略、增長戰略、進入市場戰略、行銷組合策略以及為國際行銷戰略提供決策依據的重要作用。市場調研與分析是行銷策劃運作的開端，也是後續決策過程的基礎，準確的市場調研與分析將直接決定經營的成敗。

(一) 麥當勞走遍世界的秘訣

麥當勞發現，隨著經濟的發展、生活節奏的加快，快餐熱一定會興起。但怎樣讓百姓快速接受自己的漢堡包呢？經過長期的實踐和研究，他們發現，漢堡包在17厘米高的時候咬起來最方便，可樂在4攝氏度時和漢堡包配起來味道最鮮美。除此之外，他們還針對不同國家人的身高設計交款臺，目的是讓顧客掏錢最方便，就是抱著這種「急顧客之所急，想顧客之所想」的俠義、古道心腸使麥當勞傳遍了世

界，不僅打下了「江山」，而且守住了「江山」。

麥當勞進入中國前的最大擔心是怎麼讓吃慣了幾千年饅頭的中國人接受洋人的漢堡，為此他們進行了長達八年的深入研究。研究什麼？從國家政策到市場環境、原料產地、飲食習慣、文化習俗、收入水準、家庭結構等，無所不包，最後才下決心進入中國市場。為什麼它敢下這個決心？因為它將最後研究視線聚焦到中國獨生子女的身上。他們研究後的結論是：中國小孩4～7歲時是味覺形成期，7～12歲時是味覺固定期，如此一來，決策就有科學的依據；中國小孩4～7歲吃什麼都是一個味道，不管是饅頭還是漢堡，不管土豆泥還是炸薯條。靠什麼吸引小孩呢？紅紅黃黃的標示、各種尺寸的小旗、各種玩具以及游戲區弄得中國小孩樂不思蜀、流連忘返，他們只要去了一次麥當勞就天天鬧著爸爸媽媽再去。

(二) 中國企業市場調研的不足

當前，不少企業在尋求自身發展時，往往熱衷於擴大規模、造廠房、添設備，但偏偏忽略市場研究。上項目時效益提前，風險滯後，可行性往往變成「可騙性」，問題就是舍不得在市場上下工夫。由於缺乏對市場的研究，其往往是產品上市即陷入了大生產小市場的困難。

西方大企業進行的市場研究名目繁多，且舍得花本錢，特別是開發新產品、進入新領域或開發新的地區市場之前，對市場的調查研究更為慎重。中國企業投資過去多是政府行為，投資前忽視市場調查研究，現在企業開始作一些市場研究，但仍然存在許多不足，具體體現在：第一，多數市場研究不夠規範、嚴謹，多簡單推斷，少定量分析；第二，領導者的主觀意志干擾大，實施研究者由於種種原因，也傾向於迎合管理者意圖；第三，調研多集中在市場需求測量，缺乏對競爭對手和行銷措施效果的調查研究。

二、市場調研的基本內容

行銷調研涉及企業經營過程的方方面面，主要內容包括以下幾個方面：

(一) 行銷環境調研

市場環境調研涉及四個方面的內容：
(1) 政治環境，研究國家的法律、法規、制度、產業政策等。
(2) 經濟環境，主要研究企業經營活動所覆蓋市場的社會經濟運

行狀況，包括全國及各主要目標市場的人口總數及國民生產總值及其結構、交通運輸條件、能源及其他資源情況等。

(3) 科技環境，主要研究分析科技發展帶來的新技術、新工藝、新材料的發展速度及趨勢以及對企業經營環境帶來的影響。

(4) 競爭環境，主要研究分析企業競爭中所處的地位、經營狀況、競爭對手的發展趨勢和競爭策略等。

(二) 消費者的調研

消費者是市場需求的主體，是企業行銷活動的中心與出發點。因此，消費者調研是行銷調研的重點。

(1) 消費者使用情況調研。一方面，在一定時間、地點對消費者使用商品的現狀進行調研；另一方面，對消費者使用商品的習慣進行調研。

(2) 影響消者需求基本因素調研。其主要包括：消費者數量；消費者構成，指年齡構成、職業構成、性別構成、文化構成等；消費者家庭結構，包括家庭規模、家庭平均人口、家庭收支比例；消費者收入狀況。

(3) 消費者購買動機及行為調研。消費者的購買動機受生理的、心理的、經濟的和社會的多種因素影響。購買行為的調研是明白消費者的購買是習慣型購買、經濟型購買、理智型購買、感情型購買中的哪一種，有利於企業開展有效的市場行銷活動。

(三) 產品調研

產品調研主要針對產品策略存在的問題進行驗證性研究。常見的產品問題主要包括：產品品質不好；產品造型與包裝、品牌存在缺點；消費者對老產品已經厭倦；產品已經進入衰退期；產品線太短或太長；產品的開發和研究投入不夠；消費需求已經轉移；新產品不符合顧客需求；競爭產品占優勢地位。

(四) 價格調研

常見的價格問題包括：價格過高使顧客無法接受；價格太低，反使顧客認為本產品信譽不高；付款條件不當；市場價格混亂；未應用適當的優惠方式；價格策略與產品差異性不恰當等。

(五) 銷售渠道調研

銷售渠道調研主要對通路有關問題進行分析和驗證：遺漏某些銷售區域；銷售渠道設計錯誤，遺漏了某些合適的銷售渠道；未能進入

比原來的銷售渠道更新型的渠道；中間商利潤太少，導致銷售不力；中間商營運不當；渠道結構不合適。

(六) 促銷調研

促銷分析主要針對或圍繞促銷問題進行：業務人員缺乏；業務員的教育和訓練不夠；未能充分做好零售支持；未做廣告或廣告策略不恰當；未能與顧客建立良好、融洽的關係；不重視建立公共關係和樹立公司形象；對危機事件反應不夠迅速、積極；廣告效應已經消失或受眾選擇不恰當。

三、市場調研的主要策略

關於市場調研，許多人有一種錯誤的觀點，認為市場調研是產品上市和推廣之前所做的一項工作，這是一種極其片面和錯誤的認識。事實上，企業要確保行銷的持續健康發展，市場調查隨時都應進行，它是貫穿於產品上市前、銷售過程中及產品售後整個經營活動中的常規工作。只有如此，企業才能及時發現問題，及時調整行銷策略。

下面我們就產品銷售過程中以及售後的市場調研策略進行一些分析，以期對中國企業樹立全過程市場調研理念有一些幫助。

(一) 建立顧客數據庫

有效的顧客數據庫是企業分析顧客特點、顧客需求和顧客價值的基礎，也是企業認定主要顧客的前提條件。它能幫助企業有的放矢地使用各種行銷手段，滿足顧客的需要，引導顧客的消費，避免行銷資源的浪費。比如大量企業中最重要的20%的顧客給自己帶來80%的收入和利潤，最糟糕的20%的顧客使企業的利潤減少50%。完善的顧客數據庫很容易幫助企業找到誰是最重要的顧客，誰是最糟糕的顧客。

(二) 分析顧客對產品和服務的反饋信息

企業要認真閱讀顧客來信，記錄顧客的諮詢和投訴電話，除了對顧客的信函和詢問作正常應答外，企業還應把顧客反饋的資料作為自己的重要信息源。顧客的信函可能包括了他們對企業產品和服務情況滿意程度的豐富內容，企業應深入分析，從顧客提出的眾多問題中歸納出企業經營可能存在的缺陷，為未來進行改進提供依據。當然，企業應該對顧客的抱怨函和贊賞函一視同仁，以積極的態度作出回應。

(三) 執行顧客滿意情況的調查

為了全面把握顧客對企業產品和服務的態度、看法、批評和建議，企業應定期、不定期地執行一定規模的「顧客滿意」調查活動，把調查所得的「顧客對產品和服務的合理建議」及時融入到新產品設計和老產品改進中去。

(四) 創建一些企業與顧客溝通交流的渠道

企業可以編輯一種以「產品特點、服務狀況、顧客心聲、用戶建議、批評與改進」等為內容的期刊或簡訊，歡迎顧客投稿，定期在顧客中發放，形成一個企業與顧客正常交流的固定渠道，既可把企業的有關信息及時傳遞給顧客，又讓顧客參與企業活動，增強企業對顧客的凝聚力。

(五) 舉辦特殊的顧客活動

企業要善於抓住特殊的顧客事件做宣傳，對正面事件積極報導，對負面事件深入反省，變壞事為好事。另外，企業可以根據顧客的興趣為他們舉辦一些慶祝活動、獎勵活動和交流活動，給顧客良好的感受，強化顧客與企業之間的友好關係。比如，國內不少企業舉辦的「週年慶典」、「消費者之聲」等活動，都起到了增強顧客對企業及其產品忠誠之功效。

第四章

產品策劃

※ 企業長青的基石 ※

近年來，在世界行銷中風頭強勁的當屬蘋果的 iphone 了，「無所不能的 iphone」在全球被傳播。2007 年 6 月 29 日凌晨 3 時 30 分，在一家商店門口排了 15 個小時的隊，美國費城市市長斯特里特終於買到了 iphone 手機。在 29 日這天，眾多蘋果粉絲為 iphone 手機而瘋狂，全球的目光都集中在這款小小的手機上，iphone 並沒有大張旗鼓做廣告，但所有媒體都在報導 iphone。iphone 的成功是行銷推廣的成功嗎？當然不是，與其他信息技術（IT）企業相比，蘋果的廣告預算少得可憐。那麼，蘋果成功的秘訣何在呢？當屬於它產品的創新和時尚的造型，那就是它有顛覆 MP4 世界的 40G 大容量 ipad 播放器，從而成功地在免費音樂交換和收費的音樂訂購服務之間架起一座橋樑。Ipad 讓平板電腦成為一種潮流，而 iphone 重新定義了智能手機概念。雖然不是所有的企業都能像蘋果公司那樣引領時尚，創造消費者需求，但讓世界瘋狂的蘋果無疑給企業經營者證明了一條，那就是：好產品自己會說話。

企業任何行銷活動都始於一個能夠滿足目標顧客需求和慾望的產品。顧客通過三個基本要素來判斷其供應品：產品特徵及其質量、服務組合及其質量、價格。今天，我們雖然說消費購買時普遍關注品牌形象及知名度，但如果離開了產品個這個載體，再強勢的品牌也成了空中樓閣。正如著名行銷大師菲力普·科特勒所說：「偉大品牌的核心是偉大的產品，產品是市場供產品的關鍵元素。市場領導者通常提供優質的產品和服務。」[1]

---

[1] 菲力普·科特勒. 行銷管理 [M]. 亞洲版. 5 版. 梅汝和，梅清豪，張桁，譯. 北京：中國人民大學出版社，2010: 315.

第一節　整體產品策劃

一、整體產品認知

　　按照傳統觀念，產品就是指某種有形的勞動生產物，如服裝、家具、電器等。但是，從現代市場行銷學觀點來看，這樣的理解就過於狹隘了。市場行銷過程不單是推銷產品的過程，更是一個滿足顧客需要的過程。顧客的需要是多方面的，就消費者來說，不但有生理和物質方面的需要，而且有心理和精神方面的需要。例如，消費者購買一件外衣，不僅為了保暖，還希望這件衣服給他（她）帶來舒適、美觀以及高檔、名牌給予的心理上的滿足。因此，顧客不但要挑選衣服的質地、款式、顏色等，還要考慮檔次和商標，此外，對有些產品、特別是耐用品還希望賣方提供售前售後服務。由此可見，市場行銷學上的產品概念，是一個包含多層次內容的整體概念，而不是單指某種具體的、有形的東西。如圖 4-1 所示：

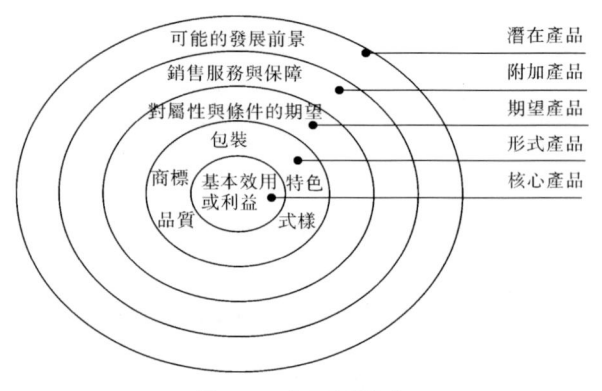

圖 4-1　產品整體概念

(一) 核心產品層

這是產品整體概念中最基本和最實質的層次，指產品給顧客提供的基本效用和利益，是顧客要求的中心內容。顧客購買某種產品，並不是為了得到產品實體本身，而是為了滿足某種特定的需求。比如，人們購買電冰箱，並不是為了得到內有壓縮機和冷凍冷藏室的大冰箱，而是為了通過冰箱的制冷功能使食物儲藏保鮮，方便日常生活。顧客之所以願意支付一定的貨幣來購買產品，首先就在於產品的基本效用，擁有它能夠從中獲得某種利益或慾望的滿足。

(二) 形式產品層

形式產品指核心產品的載體。形式產品是產品組成中消費者可以直接觀察和感受到的有形部分，主要包括品質、式樣、特色、商標和包裝。具有相同效用的產品，其表現形態可能有較大的差別。顧客購買某種產品，除了要求該產品具備某些基本功能，能提供某種核心利益外，還要考慮產品的品質、造型、款式、顏色以及品牌聲譽等多種因素。

(三) 期望產品層

期望產品是指消費者購買產品時所期望得到的一整套屬性和條件。如賓館的旅客期望有乾淨的床、乾淨的毛巾、明亮的燈。

(四) 附加產品層

附加產品指企業在提供產品時所包含的各種附加服務和利益，也是顧客在購買時所得到的附加服務和附加利益的總和，包括保證、諮詢、送貨、安裝、維修等。這是產品的延伸或附加，它能夠給顧客帶來更多的利益和更大的滿足。美國市場行銷學家里維特教授斷言：「未來競爭的關鍵，不在於工廠能生產什麼產品，而在於其產品所提供的附加價值：包裝、服務、廣告、用戶諮詢、消費信貸、及時交貨和人們以價值來衡量的一切東西。」因此，企業要贏得競爭優勢，就應向顧客提供比競爭對手更多的附加利益。

(五) 潛在產品層

所謂潛在產品是指一個產品在未來可能實現的全部附加和可改變的部分。企業可在該層次上尋求新的途徑來滿足顧客，並與其他產品相區別。例如，隨著互聯網接入電話的普及，許多企業有可能從事移動商務。

二、整體產品與顧客利益的關係

顧客購買產品,當然是為了獲得利益上的滿足。從整體產品的五個層次來看,不同的產品層次給顧客利益的滿足程度是不同的。顧客的滿足程度將直接影響顧客對企業的態度。因此企業應從影響顧客利益的高度深入認識整體產品的重要性,如表 4-1 所示:

表 4-1　　　　　　　　　顧客的滿足程度與顧客關係

滿足的利益程度	顧客關係
無核心利益	無顧客
有核心利益/形式利益較弱	有零星顧客
滿足期望利益	有滿意顧客
滿足附加利益	有偏愛顧客
滿足潛在利益	有忠誠顧客

正確認識整體產品與顧客利益關係,至少可以給我們三點啟示。

(一) 滿意是顧客對產品的基本要求

在這個產品多得令人眼花繚亂的時代,供過於求已成為市場的常態,消費者有著巨大的選擇餘地。在買方市場時代,消費者主導著企業的生死。要買,當然就要買個稱心、買個滿意。因此,企業在為市場提供產品時,除了核心利益和形式利益外,還必須認真研究顧客的期望。

(二) 培育偏愛顧客,是企業追求的目標

在科學技術普及的條件下,同類產品其設計和製造水準提高很快,僅靠產品的品質、功能、特性、包裝等已遠遠不能提高競爭力。從產品整體角度,同類產品在核心和形式產品層次上越來越近,能否提供超越顧客期待的附加產品在企業行銷中的重要性日益突出。

如中國家電行業的小天鵝,近年來推出的「1、2、3、4、5」服務承諾和「168—微笑之星」服務體系就打動了不少消費者的心,也為企業贏得了競爭力。

小天鵝通過對現代家居的深入研究,推出了「1、2、3、4、5」服務承諾。即一雙鞋:上門服務自帶一雙鞋。兩句話:進門一句話,我是小天鵝公司服務員×××,前來為您服務;服務後的一句話,今

後有問題我們隨時聽候你的召喚。三塊布：一塊墊機布，一塊擦機布，一塊擦手布。四不準：不準頂撞用戶，不準吃喝用戶，不準拿用戶禮品，不亂設收費項目。五年保修：整機五年保修。做到 24 小時全天候維修諮詢服務，實現了由售後服務延伸到售中售前服務，由「簡單服務」發展到「全方位服務」，由「物質服務」發展到「情感服務」，使服務水準不斷提高，進入新階段。

「168—微笑之心」服務體系的主要內容包括：一張全國聯保金卡，凡購買小天鵝產品的用戶均可獲贈一張全國聯保卡，對消費者的權利、權益實施嚴密、嚴格、完善的保護；六項承諾：一雙鞋，兩句話，三塊布，四不準，五保修，六優先；八項關懷：專家諮詢，上門安裝，主動追蹤，網上自助，投訴管理，公眾監督，呼叫中心，800 熱線諮詢。

(三) 擁有忠誠顧客是企業追求的最高境界

忠誠的顧客是企業最寶貴的財富。美國商業研究報告指出，多次光顧的顧客比初次登門者，可為企業多帶來 20%～85% 的利潤，固定客戶數目每增長 5%，企業的利潤就增加 25%。

縱觀國內外大大小小的企業，會發現這樣一條規律：80% 的營業額來自 20% 經常惠顧企業的顧客，這足以表明顧客忠誠的重要性。有了顧客忠誠，企業就獲得了穩定利潤的源泉。這樣的企業在市場不景氣時也會安然無恙，而在市場景氣時更會蒸蒸日上。所以，有無顧客忠誠，是一個企業在掙扎中保持原狀還是享受穩健成長的重要區別。應當承認，長期的質量保證和優質服務是顧客忠誠的基礎，但只做到這一點是遠遠不夠的，從整體產品與顧客利益關係的角度看，企業要讓顧客忠誠，還必須在滿足消費者潛在利益上下工夫，也就是說要把握時代潮流，不斷進行產品創新，善於捕捉消費者潛在需求。如果你的對手比你為顧客能提供更新、更優的產品，那麼過去看似對你忠誠的顧客就會毫不猶豫離開你。所謂的滿意與忠誠是建立在滿足顧客利益需求基礎上的。

MP3 播放器的行業領導者，擁有大量高滿意度、忠誠度的顧客，但當其對手推出 MP4 的時候，這些高忠誠度的消費者並沒有等待這家企業生產出 MP4 後再購買，而是馬上把消費轉移到那家最先推出 MP4 的企業，而隨著 ipad、iphone 的面市，MP4 又不再成為消費者關注的目標。市場交易中顧客對企業或品牌忠誠的前提是你可以為其提供更多的價值，因此，受到競爭對手的影響，顧客的滿意與忠誠是在動態變化著的。利益交換是市場經濟構成的基礎，企業講求利益的最大化，那有什麼理由不讓消費者選擇利益最優化呢？面對日益挑剔的顧客，

企業僅僅做一個虔誠的信徒是不夠的，只有持續比競爭對手做得更好，消費者沒有比選擇你的商品更好的選擇時才會對你忠誠。因此，在激烈的市場競爭中，企業要讓顧客由滿意、偏愛到忠誠，就應順應潮流，在潛在產品上下工夫。消費者的內心總是渴求更新、更好的產品，所以一個產品如果在研發上多年一成不變，不能與時俱進、更新換代，就會被消費者感到陳舊、過時而拋棄。

看看國際醫藥集團每年的科研開發經費，我們不難看出它們的創新意識。輝瑞每年研發經費 25 億美元，葛蘭素史克每年 55 億美元，諾華每年 32 億美元。

2007 年 9 月 27 日，國際商用機器公司（IBM）面向中國企業發布了一份主題為「產品創新：用科學創造商業價值的藝術」的最新白皮書，闡述了產品創新對於企業發展的重要意義，以及在中國進行產品創新所面臨的關鍵挑戰，並提出了一套產品創新管理框架，包括整合產品開發（IPD）、業務和產品規劃、新興商業機遇（EBO）以及研究/技術管理。國際商用機器公司還提出了企業實現產品創新所需要的六項基本能力：市場規劃、研發管道管理、產品組合管理、開發平臺管理、協作戰略以及創新的文化。這六項創新能力可以相互補充、相互強化，從而使企業獲得最大化的收益。

第二節

產品質量及產品組合策劃

一、技術質量+認知質量=消費者滿意的質量

(一) 技術質量與認知質量的區別

產品質量分為技術質量和認知質量。所謂技術質量是指產品設計過程中應遵循的技術標準，既包括國家或國際標準，又包括行業標準。技術質量作為產品的內在質量是產品質量水準的最低要求，低於技術質量要求的產品是沒有競爭實力的，甚至不具備進入市場的資格。認知質量也稱消費者認知質量，是指消費者對產品功能特性及其適用性的心理反應或主觀評價。認知質量不同於技術質量，技術質量作為一種富有科學性的可辨識的標準，具有客觀性；而認知質量則是消費者對產品技術質量或客觀質量的主觀反應。消費者認知質量的形成基礎是產品的技術質量，但又不等同於技術質量。受主觀因素的影響，有時兩種產品的技術質量可以完全一樣，但消費者對這兩種產品的認知質量卻可能不相同。比如，儘管豐田的凌志和佳美在美國市場有著相同的發動機，但凌志比佳美的標價高出1萬多美元。只有被消費者感知到的質量才能轉化成品牌的競爭力，在市場行銷實踐中，很多企業只看重技術質量，而忽視消費者對其認可與接受狀況，結果使產品失去市場競爭優勢。

因此，現代企業在嚴把技術質量關的同時，還應充分認識到認知質量在提升品牌競爭優勢中的地位與作用，做到雙管齊下。

(二) 技術質量的保證措施

劍橋大學企業策略計劃研究的一項調查研究表明：決定企業長期

贏利的關鍵因素是被顧客廣泛認可的優質產品。品質低劣的企業，平均每天喪失 20% 的市場份額，相反高品質產品企業的市場佔有率每年按 6% 的幅度增加。品牌的基礎平臺是產品的質量優越性、工藝水準先進性、外觀設計新穎性，而不能單單追求市場定位、目標顧客的選擇。

中國家用電器行業的小天鵝在其經營實踐中提出了「1：25：8：1」的數學公式來說明其質量的重要性。其含義是：如果一個消費者購買某種產品，這種行為可以影響 25 個消費者；如果用得好，就會使 8 個人產生購買慾望，也許其中一個會產生購買行為。反過來，如果消費者用得不好，就會打消 25 位消費者的購買慾望。一個瑕疵對工廠來說只是百分之一或千分之一，然而對消費者來講，就是百分百的不滿意，就會失去一片市場。

如何確保產品的技術質量呢？主要抓好兩個環節：

1. 自上而下樹立全方位產品質量意識和質量文化觀

只有全體員工都重視質量，產品質量才有保證。因此，公司應強調企業精神，強調工人參與，努力營造一種嚴格質量意識的企業理念，使他們意識到，產品質量的好壞直接關係到每一位員工的切身利益。

海爾的產品暢銷全球，這與企業推出的產品零缺陷全面質量管理是密不可分的。海爾除通過 ISO9001 質量體系認證以及 ISO14000 環保認證外，還取得了德國 VDE、GS、TUV，美國 UI，加拿大 CSA 等產品認證，拿到了加拿大 EEV、CSA 能效認證，美國 UI 用戶測試數據認可。在競爭激烈的國際市場上，質量和產品認證是海爾的通行證。

2. 注重細節，健全質量管理制度

重視細節是企業經營管理理念上的轉變。海爾集團總裁張瑞敏有句名言：「管理無小事。」他從哲理的角度向海爾的員工闡述了富有辯證法的觀點。什麼叫不簡單？他認為，如果一個人能重複千百次把一個簡單的事情做好，那就叫不簡單。並且他明確指出，一個不拘細節、不屑小事的人，將來也很難成大器。海爾集團的成功經驗無疑向世人充分說明了細節在增強企業經營管理中的重要作用。

海爾集團的成功在於張瑞敏多年來重視「細節」管理文化的建設與培育。這種價值取向一旦被員工所接受，就會成為一只「無形的手」，實現對企業員工的「軟」管理，像海爾員工理解認同了企業「管理無小事」、「真誠到永遠」的文化，所以在為消費者提供服務時就能自覺地去遵守它。它從一個側面反應了注重細節的文化理念對員工行為的影響。

規範化是細節行銷的基本要求。著名管理學家彼得‧德魯克在《有效的管理者》一書中說道：完善的企業，總是單調乏味，沒有激

動人心的事件。那是因為凡可能發生的問題早已被預見，並已將其轉化為例行作業程序了。許多知名企業就是在一步一步的精細化努力中，最大化地實現了客戶價值，最終成就了企業的輝煌。時下，一些企業雖然目標遠大，但在具體實施過程中，由於缺乏對細節的規範，再加之執行上的不到位，導致許多美好計劃最終泡湯。可見，沒有細節的制度化同樣不能獲得成功。

　　世界名牌的盛銷不衰，也彰顯了精工細作的質量管理的重要性。以奔馳轎車為例。戴姆勒—奔馳公司創建於1883年，是德國最大的汽車製造公司，公司生產160多個品種，3,700多個型號。奔馳汽車雖然成名甚早，但在競爭十分激烈的世界市場上，其名牌的桂冠並不是靠輩分得來的，而是靠質量。正因為有卓越的質量做後盾，戴姆勒—奔馳公司對自己的產品十分有信心：「如果有人發現奔馳汽車發生故障被修理車拖走，我們將贈您1萬美元。」這句話成了奔馳公司走向世界的金字招牌，奔馳能保證如此的高質量，得益於公司嚴格的管理制度和質量文化。

　　奔馳車有目前的聲譽，得益於每個員工工作態度極為嚴肅、認真，這是奔馳公司獲得成功的真正秘訣。在判斷一輛汽車時，人們首先注意的是它的外觀、性能，而很少注意它的座位，但即使在這個極少惹人注意的部位，奔馳公司也極為認真。座位的紡織面料用的羊毛是專門從新西蘭進口的，粗細必須在23~25微米之間。紡織時，根據面料的要求不同，還要摻和從中國進口的真絲和從印度進口的羊絨。為了保持名牌，它可以說是不惜工本。從製作座椅的這種認真精神可以聯想到對主要機件的加工該是如何精細了。

　　凡是參觀過奔馳公司的人都會得到一種嚴肅、嚴格的印象。即使是一顆小小的螺絲釘，在安裝到車上前，也要先經過檢查，在每一個組裝階段都有檢查，最後經過專門的技師檢查簽字，車輛才能開出生產線。許多笨重的勞動如焊接、安裝發動機和擋風玻璃等都採用機器人，從而保證質量的穩定統一。同時，奔馳公司還嚴格要求採購員設身處地為顧客著想，各個採購部的經理，要對其經營範圍內的商品品種、規格和質量全面負責。

(三) 認知質量提升策略

　　認知質量是消費者主觀感覺的質量，消費者的認知質量感知會受到消費者收入水準、個人興趣愛好、所處環境、所受教育、企業的信息傳播等多種因素的影響。認知質量的好壞，直接會影響到消費者的滿意度，從而影響其購買行為。企業應認真研究影響消費者認知質量的各種因素，並採取有效的行銷手段向其有利於企業自身的方向發展。

認知質量的提升主要有以下幾個方面：
1. 質量標準的差異性

在消費者市場上，質量概念不是一個絕對標準，它是與使用模式和預期標準聯繫在一起的。同一項產品在某一地區或消費者市場上讓消費者感到滿意，而在另一地區或消費者市場上，消費者可能意見很大，這是由於消費者自身條件和所處環境決定的預期用途和預期標準的差異引起的。

同樣是服裝，貧窮落後地區的消費者，把堅固耐用、低廉價格的標準放在首位，而對品牌、包裝、服務的質量標準要求不高。而經濟發達地區的消費者把服裝的款式、品牌放在首位，其堅固耐用、價格低廉則放在次要位置。這就是不同的質量定位。例如中國丹東手錶工業公司，在認識到自己無力與大企業品牌手錶抗衡後，避開大城市而選擇鄉鎮為目標市場，提出「走下鐵路上公路，離開城市到農村」的行銷戰略，確立了以生產中低檔手錶為主的產品質量定位，樹立起適合農村消費者偏好的產品形象，因而獲得了連續幾年利稅有較大幅度增長的好成績。所以，企業應根據不同區域目標消費者的不同需求，制定不同的產品質量標準，向不同消費者提供不同的產品組合，當然也應包括提供不同的質量層次。

2. 產品功能的適用性

消費者購買一個產品，不管有何動機，最終都離不開對產品功能有用性的追求。企業產品功能單一，消費者當然不會滿意。如果功能多餘，既要增大企業的成本投入，而且消費者也覺得要多花冤枉錢，因此，功能的適用性應是消費者判斷一件產品滿意與否的重要標準。

天津自行車廠是世界上最大的自行車廠家，日產 1 萬多輛。該廠的自行車在國內享有盛譽，多次獲獎。美國號稱「汽車王國」、「輪子上的世界」，但自行車銷量在美國仍有巨大的潛力，全美自行車銷量每年高達 1,200 萬輛，其中 90% 靠進口。面對如此廣闊的美國自行車市場，飛鴿自行車長時間沒能打進去。按傳統行銷做法，做宣傳、打廣告、低價競爭，都不靈。別國自行車可賣到每輛 2,800 美元，他們降到 28 美元還是沒人要。商人們認為中國車質量不好，樣式難看。事實並非如此，即使不如發達國家質量高，但絕不至於銷售如此糟糕。後來，他們放棄自己的商標，頂著別人的牌子，便進入了美國市場，但銷量卻並不理想。問題的癥結何在？關鍵不在於我們自行車質量不好，而是中國和美國的消費者的預期用途不一樣，美國號稱汽車王國，自行車在美國民眾心目中，購買它不是用來作交通工具，而是用來健身，而在中國許多地方，自行車只是一種交通工具而已。中國自行車後面普遍都有一個坐墊，這是為了順便載人或裝東西方便，而在美國

人眼中，自行車後面還有一個不倫不類的坐墊，難看極了。另外在美國，通過健身俱樂部以會員的方式購買自行車或參加活動較為流行。正是這些諸多水土不服使飛鴿自行車在美國市場門可羅雀。

3. 產品設計的時尚性

時尚、新潮是現代消費者購買商品時的普遍心理。產品設計的優化可以大大提高消費者的關注度和注意力。從質量的角度來說，良好的設計有助於提高產品的審美質量，增強產品的競爭力。哈佛商學院的海斯教授曾說過：昨天各公司在價格上競爭，今天在質量上競爭，明天將在設計上競爭。

優秀的設計是塑造產品形象、增強產品魅力的一種有效方法。當代是一個產品多得令人眼花繚亂的時代，要使產品與眾不同，就需要有獨特的設計。當代也是文化藝術和科學技術相互滲透的時代，消費者選擇商品的價值標準，不僅有產品的性能和使用價值，而且包括新穎的造型、和諧的色彩等魅力價值。在同類產品中，那些獨特的設計，具有較高魅力價值和欣賞價值的產品往往受到人們的青睞。國際市場上名牌產品的競爭，同樣是設計的競爭。在激烈的市場競爭中，如果產品設計獨具魅力，就會在消費者心中迅速建立起良好的形象，吸引消費者的注意力和購買慾望。

漂亮、時尚是三星產品的最大特點。三星集團董事長李相鉉說：「在三星內部有一個很重要的方針，就是設計和技術是相提並論的，三星集團的高層正在把重視設計的想法灌輸給每一個人。」出色的時尚設計正在把三星與時尚、酷、未來的感覺連在一起。三星對設計師的要求有三點：一是一眼就認出三星的產品；二是把產品看做藝術品；三是每天都要創新。三星有多款產品獲得了工業設計獎。

產品質量與功能的完善和產品設計之間是內容與形式的關係，我們不能因為追求時尚、追求新潮而忽略產品質量的提升和功能的改進，形式對內容只能起到錦上添花的作用。否則，這樣的產品即使轟動一時，但最終必將被消費者所拋棄。2003 年，西門子推出了帶化妝鏡、個性化十足的 Xelibri 系列手機，試圖讓它像 Swatch 手錶那樣成為人們的裝飾品。按照西門子的思路，「Xelibri 將會瓦解現有的手機市場，使移動電話進入時尚佩飾時代」。西門子首推的四款 Xelibri 手機立刻引起市場的轟動。可惜好景不長，Xelibri 手機時尚背後存在一些缺陷。在消費者眼裡，Xelibri 終究還是一部手機產品，這必然要求 Xelibri 除了時尚和另類的外觀之外，仍需要更多更強的功能和內容來支持，否則帶給消費者的只是瞬間的驚豔，而並不能讓人產生購買的慾望。在 Xelibri 進入中國市場前的一段時間，彩屏手機已成為手機的主流配置，黑白屏的 Xelibri 不管外觀如何另類，也不免顯得有些落伍，更別提時

尚群體所真正追求的相機功能、MP3 功能、彩屏功能等 Xelibri 都未能提供了。於是這個飾品手機成了眾多時尚人士眼裡的「雞肋」。火爆不過一年，2004 年 5 月 24 日，西門子宣布在歐洲停產其 Xelibri 系列手機，這意味著一個耗資數億美元打造的新品牌宣告失敗。此後，西門子手機在引領時尚方面再沒有大的動作。

4. 品牌形象的感召力

產品競爭是「形」，品牌競爭「神」。

●可口可樂某高管曾說：假如可口可樂工廠在一夜之間被大火焚燒，但第二天就有不少銀行會爭著給它貸款，單憑可口可樂這塊牌子，它就可以東山再起。

●一件普通襯衣只要 100 元左右，如果將其貼上杰尼亞、登喜路等服飾品牌，價格就會是 400 元以上。

●耐克從中國鞋廠花 120 元人民幣買走的運動鞋因打上了耐克商標，價格就竄至 700 多元。

●海爾電器比一般電器貴 15%～30%，但許多消費者仍鐘情海爾。

獨特的品牌形象帶給消費者的不僅是產品使用價值，更為重要的是精神、心理和情感的滿足。故而對消費者有著較強的誘惑力和感召力。（關於品牌形象的詳細內容參見本書第五章的有關分析）

二、差異化產品策劃思路

（一）產品多元化是時代的大趨勢

1. 產品組合的含義

今天，一般的企業不只生產一種產品，這樣就形成了我們通常所說的產品組合。產品組合指一個企業提供給市場的全部產品項目及產品線的組合，指產品經營範圍和結構。產品組合包括長度、寬度、深度和關聯性四個方面。比如寶潔公司清潔性產品組合，見圖 4－2。

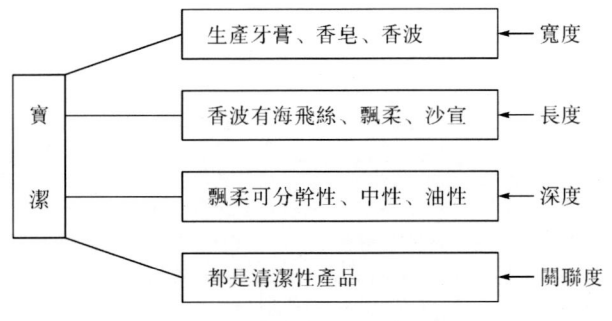

```
              ┌──── 生產牙膏、香皂、香波 ────── 寬度
              │
    寶  ──────┼──── 香波有海飛絲、飄柔、沙宣 ── 長度
    潔        │
              ├──── 飄柔可分幹性、中性、油性 ── 深度
              │
              └──── 都是清潔性產品 ─────────── 關聯度
```

圖 4－2　寶潔公司清潔性產品結合

2. 產品多元化的動機

　　拓寬產品線、走產品多元化路線之所以是時代的要求，這主要是基於三方面的原因：一是盡可能充分利用企業現有資源和實力；二是消費需求不斷變化，導致原有產品顧客大量流失，原有產品銷量下降；三是原有產品發展空間有限，或受到政策的一些限制。

　　世界名牌可口可樂公司，從 20 世紀 90 年代末起就大規模著手產品的多元化開發，迄今已取得了豐碩的成果。導致可口可樂公司多元化步伐的重要原因就是在很多城市，可口可樂呈現了飽和趨勢，非碳酸飲料，比如茶、果汁、乳品、功能飲料等增長速度較快，而碳酸飲料的銷量卻呈下降趨勢。

　　1997 年 8 月，可口可樂公司推出六種果味的碳酸飲料品牌——醒目，包括西瓜、橙子、椰子、蘋果、桃子及葡萄。2003 年，雪碧開始銷售水果味的「Sprite Remix」；芬達品牌也開始銷售葡萄口味的新產品「Fanta Fruity Grapefruit」。咖啡飲料屬於可口可樂公司為數不多的銷量增加的產品。可口可樂最新的咖啡口味汽水飲料於 2006 年在美國上市，這是一種混合了自然口味與咖啡香濃味道的可口可樂，該產品的客戶群主要是成年消費者。

　　1996 年，可口可樂公司首次為中國市場研製出「天與地」。「天與地」的果汁是特別針對中國消費者的口味生產的。1998 年和 1999 年其又推出茶產品和礦物質水；2001 年，推出水森活純淨水、冰露純淨水、酷兒果汁、爽白酷兒乳酸味飲料、保銳得運動飲料；2004 年，推出茶研工坊和美汁源果粒橙。目前酷兒果汁、美汁源果粒橙在中國主要城市如上海、廣州等地都頗受歡迎。美汁源已成為中國第二大果汁品牌。現在可口可樂旗下產品品種已超過了 100 種。

(二) 產品差異化策劃的主要思路

　　企業產品多元化程度如何？當然要看企業的資源和實力，但最關

鍵的是對目標細分群體需求的把握，企業每開發一種產品，都必須滿足不同消費者的不同需求。只有這樣，才能形成公司產品整體的競爭能力。

下面我們以寶潔公司的產品組合為例來分析差異化產品策劃的主要思路。

1. 在分析瞭解不同消費者不同需求的基礎上，開發出不同產品以適應其需求

「象牙牌」肥皂是寶潔公司最早的產品，該品牌以一句「百分之百的純潔」的廣告口號風靡美國達一個世紀之久，至今仍盛行不衰。20世紀20年代，「象牙牌」肥皂資助廣播短劇，使得這種幽默滑稽、逗人開心的小品廣播劇被稱為「肥皂劇」。

然而，寶潔公司並不滿足於此，它根據消費者的需求，不斷開發出新產品。當洗衣粉進入市場後，寶潔公司馬上意識到這一產品的市場潛力，迅速推出「汰漬」（Tide）洗衣粉。

2. 對於同一產品，可根據消費者不同類型，發展出各個品牌

寶潔旗下的洗髮水品牌，飄柔、潘婷、海飛絲、沙宣等各有區別。飄柔突出「頭髮更飄，更柔順」，從「飄柔」名字上就讓人聯想到產品柔順的特性，草綠色的包裝洋溢著青春的氣息，廣告中少女甩動如絲般的秀髮更強化了飄逸柔順的效果；潘婷強調「擁有健康，當然亮澤」，產品採用了杏黃色的包裝，給人以營養豐富的視覺效果；海飛絲則表達「頭屑去無蹤，秀髮更出眾」，海藍色的包裝讓人聯想到蔚藍色的大海，帶來清新涼爽的視覺效果；沙宣則是追求「時髦健康」，是「迷人秀髮的權威專家」。

寶潔公司的多元產品策略在洗衣粉市場上同樣發揮得淋漓盡致。使用洗衣粉時，有些人看重洗滌和漂洗能力，有些人希望洗衣粉具有芬芳氣味，還有些人認為使織物柔軟最重要……於是寶潔公司針對不同的市場需求推出了多種不同的品牌，包括汰漬（Tide）、碧浪（Aricl）、奇爾（Cheer）、格尼（Gain）、達詩（Dash）、波德（Bold）、卓夫特（Dreft）、象牙雪（vorySnow）、奧克多（Oxydol）和時代（Eea）等，在功能、價格、包裝等各方面形成差異，滿足不同消費者的需求。目前，寶潔公司在洗滌品的市場份額已達到55%，這是單個品牌所不能及的。

3. 在發展多品牌時，應採用「單一位置」策略

根據美國廣告學家里斯和特勞特的定位理論，每一個產品或品牌都必須在消費者心中建立自己獨特的位置。該位置建立後，一旦消費者需要解決與此有關的問題，就會考慮這一品牌。對於消費者來說，一個品牌就代表了一種特定的問題。如IBM代表計算機，Coke代表可

樂飲料，麥當勞代表快餐。因此，有多品牌的企業，採用單一位置策略，使其每一種品牌都在消費者心中代表不同的位置。

　　寶潔公司的產品中，沒有兩種產品以相同名字來命名，也不使用公司的名稱。除了上述品牌，其他著名品牌尚有「克萊斯特」（Crest）牙膏、「可美它」（Comet）去污粉、「護舒寶」（Whisper）衛生巾、「魅力」（Charmin）衛生紙等。若非在產品包裝或廣告的企業標示上看到，消費者絕不會想到這些著名的品牌均出自寶潔公司。

　　這種單一位置策略有一個最大的優點，就是不會使產品在消費者心中產生認識上的混亂而導致無所適從。「象牙牌」是個著名品牌，但它在消費者心中只表示肥皂，若是所有產品都以此來命名，「象牙牌」既是牙膏，又是肥皂，還是衛生紙，那麼它就什麼也無法代表了。而使用一種產品一個名稱甚至多個名稱，使每個品牌均能在消費者心中建立不同的位置，那就會擁有更多的消費者。

第三節 產品包裝策劃

美國有個非常有名的現場直播電視秀,叫歐普拉‧溫佛瑞(Oprah Winfrey),節目特色是現場為消費者揭發各種產品的奇聞軼事。有一次,該節目在全美的購物中心進行蘋果汁口味測試,並做現場直播,其目的是告訴觀眾,別被廠商的行銷活動及不實的廣告誤導了。測試過程是在購物中心現場進行,取來兩瓶蘋果汁,一為塑料瓶裝,卷標上印有大蘋果圖樣;另一為玻璃瓶裝,紅色卷標上打上一位家庭主婦,正在廚房倒著蘋果汁。現場請來了購物者試喝這兩種不同包裝的飲料產品,超過72%的試喝者,一致認為玻璃瓶裝的蘋果汁口味較佳。結果令人震撼不已,這兩種產品是同一家廠商生產的,成分和添加物完全一模一樣,只是以不同的名稱和包裝上市。由此可見,包裝的好壞直接影響消費者對產品優劣的判斷,精心設計的優良包裝具有不可低估的廣告效應和促銷價值。

所謂包裝策劃,就是對某企業的產品包裝或某項目包裝開發與改進之前,根據企業的產品特色與生產條件,結合市場與人們的消費需求,對產品的市場目標包裝方式與檔次進行整體方向性規劃定位的決策活動。

一、靚麗包裝點亮市場

美國最大的化學工業公司杜邦公司的一項調查表明:63%的消費者是根據產品的包裝來選購商品的,這一發現就是著名「杜邦定律」。因此在日益激烈的競爭市場上,包裝設計的好壞同樣成為影響產品競爭能力的重要因素之一。

設計家洛維為美國魯基・斯特里克公司設計的菸盒堪稱工業設計上的佳話。1940年美國經濟蕭條，該公司香菸銷量急遽下降，洛維改進了菸盒的設計，簡潔明快、表徵鮮明、具有強烈的現代視覺藝術感染力，結果產品銷售量在八年內魔術般地直線上升，達到500億盒。

包裝設計的好壞直接關係產品的價值和銷路，其作用遠遠超過了一般所說的保護商品和便利消費的作用。

包裝作為終端銷售利器，面對的是直接的消費者，它所進行的是一對一的直接溝通，更應該體現出品牌的親和度和美譽度，讓消費者在第一次親密接觸中就能夠產生好感，最終影響其購買決策。通俗講：品牌認同消費者，廣告吸引消費者，終端包裝打動消費者。它肩負的責任就是打開品牌在激烈競爭市場的突破口，為企業創造新的經濟增長點，同時維護品牌形象和搶占消費者心智。

二、包裝設計的基本要求

(一) 包裝應反應商品的內在價值

包裝設計總的原則是按照高、中、低檔來確定與之相適應的包裝裝潢。例如貴重商品就應通過包裝烘托出其高貴、典雅的特性，建立商品的崇高威望和高貴形象，給人以名貴感。一支人參設計一個精美的盒子，墊上絨墊子，顯示出人參的珍貴價值。至於低檔商品，過分講究包裝，華而不實，反而容易引起消費者的反感。

(二) 包裝應具有時代性

產品包裝要善於展示時代特徵，要造型新穎、美觀大方、不落俗套。銷售包裝要盡量採用新材料、新圖案、新形狀，適應現代人的生活方式和審美要求，使人有耳目一新的親切感，從而起到刺激購買的作用。

(三) 包裝物的外觀造型應具有藝術性

銷售包裝的外觀造型應具有藝術性：一是要美觀大方，增添藝術魅力，使人有一種美的享受，讓人一睹便會有二分醉，未嘗已有三分香，激發顧客的購買慾望。二是要有獨特的創意，標新立異的外觀，給人一種清新的印象，又便於顧客識別。中國青年設計家龍兆曙設計的「幸運酒」瓶，其陶瓷形態像一塊半躺的鵝卵石，一改酒瓶呈立式的傳統姿態。它的鵝卵石的外觀會使人想到清流潺潺的小溪，象徵一種純天然的質樸，增添了新的情趣。三是要根據人體工程學的要求，

提供足夠的把握空間，方便消費者取用和攜帶。

(四) 包裝設計應順應習俗、符合法規

俗話說：「入國問禁，入鄉隨俗。」包裝能起到進入市場的「門票」作用，必須根據各個國家和地區的有關法律，以及當地消費者的宗教信仰、風俗習慣來設計包裝的形態、文字、圖案等。

比如，三角形包裝在羅馬尼亞、哥倫比亞十分流行，而在臺灣、香港等地卻被看成是晦氣的標誌；孔雀在中國被看成是吉祥之鳥，在歐洲被視為禍鳥。

關於數字，中國人偏好6、8，以為代表「順、發」。委內瑞拉忌諱14，認為代表不幸。日本剛興起網球熱時，美國廠商向其出口網球，一筒裝4個，結果無人問津，原來日本人忌諱4、9數字，但卻愛3如命，習慣3、6、12個的包裝。此外，包裝設計還應考慮攜帶、保管、開啓、取用的方便性等。

三、產品包裝策略

(一) 類似包裝策略

企業對其生產的產品採用相同的圖案、近似的色彩、相同的材料和相同的造型進行包裝，便於顧客識別出本企業產品。對於忠實於本企業的顧客，類似包裝無疑具有促銷的作用，企業還可因此而節省包裝的設計、製作費用。但類似包裝策略只適宜於質量相同的產品，對於品種差異大、質量水準懸殊的產品則不宜採用。

(二) 配套包裝策略

這是指按各國消費者的消費習慣，將數種有關聯的產品配套包裝在一起成套供應，便於消費者購買、使用和攜帶，同時還可擴大產品的銷售。在配套產品中如加進某種新產品，可使消費者不知不覺地習慣使用新產品，有利於新產品上市和普及。

(三) 再使用包裝

這是指包裝內的產品使用完後，包裝物還有其他的用途，如各種形狀的香水瓶可做瓶飾物，精美的食品盒也可被再利用等。這種包裝策略可使消費者感到一物多用而引起其購買慾望，而且包裝物的重複使用也起到了對產品的廣告宣傳作用。

(四) 附贈包裝策略

這是指在商品包裝中附贈獎券或實物，或包裝本身可以換取禮品，吸引顧客的惠顧效應，導致重複購買。中國出口的「芭蕾珍珠膏」，每個包裝盒附贈珍珠別針一枚，顧客購至 50 盒就可以換取一條美麗的珍珠項鏈，這使珍珠膏在國際市場十分暢銷。

(五) 改變包裝策略

這種策略即改變和放棄原有的產品包裝，改用新的包裝。由於包裝技術、包裝材料的不斷更新，消費者的偏好不斷變化，採用新的包裝可以彌補原包裝的不足。企業在改變包裝的同時必須配合好宣傳工作，以消除消費者以為產品質量下降或其他的誤解。

(六) 更新包裝策略

更新包裝，一方面是通過改進包裝使銷售不佳的商品重新煥發生機，重新激起人們的購買欲；另一方面是通過改進，使商品順應市場變化。有些產品要改進質量比較困難，但是如果幾年一貫制，總是老面孔，消費者又會感到厭倦。經常變一變包裝，給人帶來一種新鮮感，銷量就有可能上去。

(七) 系列包裝策略

系列式包裝策略即企業生產經營的產品都用相同或相似的包裝，引入視覺識別設計的企業往往採取這種包裝策略，因為系列包裝可以使產品甚至企業形象更加明顯。

(八) 分量式包裝策略

分量式包裝策略即對一些稱重產品，根據消費者在不同時間、地點購買和購買量不同採用重量、大小不同的包裝，也有一些價格較貴的產品，實行小包裝給消費者以便利感，還有一些新產品，為讓消費者試用而採用小包裝，其目的在於給消費者以便利感、便宜感、安全感。

(九) 等級式包裝策略

由於消費者的經濟收入、消費習慣、文化程度、審美眼光、年齡等存在差異，因此他們對包裝的需求心理也有所不同。一般來說，高收入者、文化程度較高的消費層，比較注重包裝設計的製作審美、品味和個性化；而低收入消費層則更偏好經濟實惠、簡潔便利的包裝設

計。因此，企業對相同一商品針對不同層次的消費者的需求特點制定不同等級的包裝策略，以此來爭取不同層次的消費群體。

(十) 情趣式包裝策略

情趣式包裝追求包裝造型、色彩、圖案的藝術感，通過包裝的造型、色彩等來賦予一定的象徵意義，其目的在於激發消費者的情感，使消費者產生聯想。

(十一) 禮品式包裝策略

這種包裝策略是指包裝華麗，富有歡樂色彩，包裝物上常冠以「福」、「祿」、「壽」、「喜」、「如意」等字樣及問候語，其目的在於增添節日氣氛和歡樂，滿足人們交往、禮儀之需要，借物寓情，以情達意。

(十二) 陳列包裝

陳列包裝是為方便商品陳列與顯示商品特色著想而進行造型設計的模式。陳列模式主要有五種類型：一是使用透明包裝，充分暴露內裝商品實際形態的透明型；二是商品大部實體被遮蔽，只開窗顯露某一實體部分的開窗型；三是打開包裝頂蓋即可砌疊成貨架，便於直接陳列內裝商品的座架型；四是可掛於貨架或牆壁等，便於翹首觀察或伸手可取的吊掛型；五是將主體造型與平面設計有機結合，便於形成統一視覺形象的系列型。

第四節 品牌設計

　　雲南省一家飲料廠，用葡萄、蜜餞、山楂等六種水果精釀而成的果汁飲料，富含人體所需的多種營養元素，且果汁飲料符合現代健康飲料的消費者趨勢。該企業以為此飲料應該大有市場。上市時，該企業認為是六種水果精釀而成，給品牌命名「雜果汁」，外包裝簡單。投入市場後乏人問津，在產品滯銷的情況下，他們請來專家重新策劃。專家們在市場調研後發現，該產品滯銷的關鍵原因是品牌名稱不好。於是，將「雜果汁」改名為「六果汁」，並對包裝進行重新改進，銷路才得以打開。

　　品牌已成為整體產品不可缺少的重要組成部分，一個好的名字，能給你以美好的聯想和感受，如「飄柔」、「紅豆」；相反，一個粗糙、拙劣、不負責任的名字會使人感到產品質量低劣、企業管理水準低下，甚至企業形象混亂。因此，品牌設計的好壞直接關係到產品銷路、盈利水準和企業的形象。

一、好名字、好生意：品牌名稱設計

（一）與品牌有關的術語

　　與品牌有關的名詞術語有以下幾個：

　　1. 品牌

　　品牌可以是一個名稱、術語、標記、符號、圖案，或是它們的組合，用以識別某個供給者的產品和服務，並把它與競爭者的產品和服務區別開來。

2. 品牌名稱

品牌名稱是品牌中可以發出聲音的部分，也就是品牌中可以稱呼的部分。比如「回力」、「永久」、「海爾」等就是相應品牌的品牌名稱。

3. 品牌標記

品牌標記是品牌中可以辨認，但不能發出聲音的那一部分。如品牌中的符號、圖案、明顯的色彩或者標記。例如回力牌的壯士射日圖案，奔馳汽車的三星符號都是一些著名的品牌標記。

4. 商標

商標是商品經營者在其生產經營的產品和服務上所使用的一種享有專用權的標記。它是受法律保護的整個品牌或品牌的一部分。如果將整個品牌全部進行註冊，那麼商標即是品牌；如果僅註冊品牌的某一部分，那麼就僅有註冊部分才是商標，才受到法律的保護。可見，品牌和商標是有區別的。

在各國的商標法中，關於如何取得商標的所有權有不同的規定。大多數國家遵循註冊優先的原則，即最先註冊者擁有商標的所有權，但也有少數國家遵循的是最先使用者取得商標所有權的原則。

(二) 品牌名稱設計的主要思路

鑒於品牌在行銷中的重要作用，企業理應重視對品牌商標的設計。它要求設計者不僅要非常熟悉產品的品質、特性和市場，還要具備淵博的人文知識以及相當的藝術修養，要設計出比較理想的品牌，應當遵循以下思路。

1. 獨創性

所謂獨創性，是指要獨樹一幟、不同凡響，與同類產品的其他品牌明顯地區別開來。因此，在品牌設計中使用頻率較高的、缺乏新意的字、詞、圖案、標記都不宜採用。國際上一些成功的品牌都是「軟商標」。所謂「軟商標」，是指商標並不是借用現有的名詞、術語，而是企業獨創的一些符號，因而企業能夠享有在一切商品上使用的壟斷權。比如「CocaCola」、「Canon」、「Kodak」等著名商標本身就是這些公司獨創的，本身沒有任何含義。而中國的大多數商標卻都是借用現在的地名、動物名、草木名等名詞術語，很難取得在一切商品上的使用壟斷權。比如，過多的「鳳凰」、「長城」等商標混淆著消費者的視聽。

2. 簡潔明瞭

所謂簡潔明瞭，是指品牌應簡潔易懂。簡潔指語言形式的簡潔，只有簡明，才便於消費者記憶和識別，從而提升品牌的信息傳遞效果。

一般來講，品牌的音節不宜過長，漢語品牌應以雙音節或元音節為主，英語品牌應以3~6個字母為好。

3. 寓意深刻，富有聯想

一般說來，寓意深刻的品牌名稱至少要做到以下幾個方面中的一種：

（1）巧妙、含蓄地反應產品的性能和特點。

如果品牌名稱能夠間接地反應產品的性能和特點，向消費者傳達有關商品的信息，就能夠達到引導消費、誘使購買的目的。中國企業界中就不乏這樣的品牌，例如，電冰箱中的「冰熊」、「白雪」，洗衣機中的「小鴨」、「小天鵝」，自行車中的「飛鴿」、「鳳凰」，羽絨服中的「雪中飛」，冰淇淋中的「和路雪」等。

（2）指明企業的具體服務對象。

如果品牌名稱同目標顧客有適當的關聯，讓人們通過品牌就知道產品的消費主體，就可以極大地拉近產品和消費者之間的距離。例如，兒童用品市場上的「小白兔」、「好孩子」、「一休」等；婦女用品市場上的「福太太」、「柔娜」、「永芳」等；男性用品市場上的「七匹狼」、「卓夫」、「金利來」等；老年用品市場上的「長壽長樂」、「樂口福」等。

（3）表達企業的經營理念。

如果能夠通過簡單的品牌名稱傳達出企業的經營理念，必將極大地贏得社會公眾對企業的認同和信賴，從而提升企業形象。例如，20世紀30年代，洋貨大量傾銷中國，民族工業發展嚴重受阻，「抵制洋貨」是當時國人的共識和責任，於是天津東亞毛紡廠就將自己的毛線命名為「抵洋」，以反應「抵制洋貨」的企業經營理念，結果極大地激發了國人的愛國熱情和購買慾望；還有「全而無缺，聚而不散，仁德至上」的「全聚德」等。

（4）表達對社會公眾的良好祝願。

如果品牌名稱含有吉祥、富貴等字眼，一般就比較容易贏得人們的好感和喜愛。如「健力寶」、「萬家樂」、「樂百氏」、「喜盈門」、「青春寶」、「紅雙喜」、「喜夢寶」、「康爾壽」、「雅居樂」等。

4. 超越時空、避免雷同

品牌設計的雷同，是實施品牌營運的大忌。因為品牌營運的最終目標是通過不斷提高品牌競爭力而超越競爭對手。若品牌的設計與競爭對手雷同，一方面容易被起訴，另一方面也可能永遠居於人後，達不到最終超越的目的。

在中國，由於企業的品牌意識還比較淡薄，品牌營運的經驗還比較少，品牌的雷同現象更為嚴重。據統計，中國以「熊貓」為品牌名

稱的企業有 300 多家，「海燕」和「天鵝」兩品牌分別有 190 多家和 170 家企業同時使用。

除了注意避免雷同以外，為了延長品牌使用時間、擴大品牌的使用區域，在品牌的設計上還應注意盡可能超越時空限制。就時間限制來講，用具有某一時代特徵的詞語作品牌名稱並不一定是好的創意，甚至可能是糟糕的創意。這是因為，具有時代特徵的名稱（如「迴歸」指香港迴歸）有強烈的應時性，可能在當時或延續一段時日會「火」，但隨著時間的推移，記住、瞭解當時那個時代的人越來越少（難以想像，20 年以後或者 30 年以後關注、瞭解迴歸的人能有多少），品牌的感召力也會越來越小。

5. 符合中國和國際商標法的要求

各國商標法都對商標的設計有一些具體的規定，設計者必須遵守。比如商標法不允許用行政區名、商品的主要原材料、商品的主要功能作商標，也不允許用國旗、國徽以及一些國際性組織的名稱和標記作商標。中國的「交通」牌汽車就因違犯了商標法的規定，被迫更名為「北方」牌，產品因為更名在用戶中的知名度大降，給企業造成巨大的經濟損失。

6. 適應市場所在地的文化、風俗習慣

品牌在一定社會文化氛圍之中產生、發展和創新。品牌名稱代表著一種消費文化，代表著一種心理行為，品牌名稱要符合消費者的文化價值觀。文化價值觀是一個綜合的概念，它包括風俗習慣、宗教信仰、價值觀念、民族文化、語言習慣、偏好禁忌等。不同的國家和地區具有不同的文化價值觀念。例如熊貓在中國乃至許多國家和地區都頗受歡迎，被認為是「和平」、「友誼」的象徵，但在伊斯蘭國家或信奉伊斯蘭教的地區，消費者則非常忌諱熊貓，因為它外形像豬。

再如，美國通用汽車公司有一個叫「Nova」的品牌在西班牙語中是「不走」或「走不動」的意思，因而在講西班牙語的國家銷售受阻。後來將這一品牌改為拉美人比較喜歡的「加勒比」，結果才打開市場。

二、凝練思想精華：品牌標誌設計

（一） 優秀品牌標誌：「一圖勝千言」的魅力

一個好的品牌標誌能起到區別競爭對手、吸引消費者的注意力的作用，更重要的是與消費者精神上的溝通與融洽，巧妙地傳遞企業理念及品牌的核心價值，這就是著名企業在品牌標誌的設計上煞費苦心

的關鍵原因。

　　以中國家用電器品牌「小天鵝」為例，小天鵝品牌是以一只潔白可愛、展翅奮飛的天鵝為商標，出現在它的各種不同的產品如洗衣機、干洗機上，體現了小天鵝不懈努力，追求更高、更好、更完美的企業精神，同時給消費者以貼近生活、值得信賴的感受。一只充滿力量的手，強勁的大拇指鄭重地往下摁，躍出一只騰飛的小天鵝；畫面消失了，「全心全意小天鵝」畫外音卻餘音裊裊——中央電視臺黃金時間經常播出的這個畫面，不知打動了多少人的心。有新意——觀眾如是說，有創意——廣告策劃和節目主持人如是說。這是「小天鵝」人自己設計的廣告，這個廣告把小天鵝的溫情送進千家萬戶，把小天鵝的承諾定格在億萬中國觀眾的心中。在設計這個標誌時，「小天鵝」人是動了一番腦筋的，大拇指是往上翹，還是往下摁？他們反覆琢磨思忖。按中國傳統習慣摁手印是對別人表示一種承諾，是鄭重其事而不是虛偽，大拇指往上翹，則是「好」，即可看成對別人表示贊許，也可以表示誇耀自己是「最好」、「老大」、「第一」。「小天鵝」人在「摁」和「翹」上，表明了「對用戶第一」的真誠。全新的創意靠靈感，靈感源自與眾不同的經營理念和駕馭市場的新觀點。

　　再如，可口可樂推出的果汁飲料「Qoo 酷兒」從日本、韓國、新加坡、臺灣等地一直熱銷到中國內地。小朋友們在接受活潑、可愛、喜好助人的大頭娃娃的「Qoo 酷兒」形象的同時，也接受了它的產品——酷兒果味飲料。「Qoo 酷兒」的廣告歌傳遍了大街小巷，成為幼兒園裡的「新園歌」，「好喝就說『Qoo』」，這句廣告語也成為小朋友們的流行語。

　　在品牌標誌的設計中，除了圖形的刻意講究外，標誌色彩的運用也是十分重要的一環。這是因為色彩不僅對消費者有強烈的視覺衝擊力，而且蘊含著對消費者不同的情感密碼。

　　有關學者通過對《商業周刊》2004 年全球最有價值的 100 個品牌標誌的研究，總結了色彩運用的不同行業特點[1]。

　　第一，在食品、飲料和餐飲行業的 17 個品牌標誌中有 10 個品牌使用了紅色作基本標準色，占 59%；使用藍色作基本標準色的 4 個品牌，占 24%；使用黃色的有 3 個品牌，占 18%。由此我們可以看出，在食品、飲料和餐飲行業的品牌標誌的色彩運用上偏向於選擇比較明快的暖色作為基本標準色。因為暖色能給人放鬆、愉快、溫暖的感覺，並可以刺激人們的食欲。所以在食品、飲料和餐飲行業的品牌標示設計和品牌包裝設計中採用紅、黃等暖色為基調，通常能收到良好的

---

[1] 徐豔，戴世富. 解讀世界頂級品牌的「臉」[J]. 現代廣告，2005（6）：64.

效果。

第二，在10個高級奢侈品牌的標誌中，有7個品牌採用了黑色作為基本標準色，占70%。究其原因，奢侈品牌的目標消費群通常是接受了良好教育的社會精英，他們成功、時尚，屬於社會的上層人士，而沉著、穩重、經典的黑色長期以來被世界各地的上層人士作為本階層的標誌色，能展現品牌的品質檔次。因此70%的奢侈品標誌採用的黑色以及整個品牌標誌設計表現出的簡潔、高貴、優雅，正是奢侈品的目標消費群所欣賞的特質。

第三，在28個信息技術、通信電子及汽車品牌的標誌中，有12個品牌的標誌採用了藍色作為基本標準色，占43%；10個品牌的標誌採用了紅色作為基本標準色，占36%。究其原因，信息技術以及通信電子、汽車產品一般都屬於高科技產品，藍色代表著無限、理想、理智，是現代科技和智慧的象徵。該行業的核心競爭力是產品創新、技術創新，所以有近一半的品牌標誌選用了藍色作為標準色，來展示科技的力量。紅色作為強有力的色彩，代表著活力和創新，也正是重視創新的高新技術行業最好的詮釋。豐田汽車是一個很好的例子：在2003年豐田首次取代了汽車行業排名第二的福特，而使得豐田走遍全球，「有路就有豐田車」的重要因素就是它超強的創新能力，通過創新為全球不同的消費者提供迎合他們不同口味的汽車。所以豐田標誌中的紅色很好地傳達了豐田品牌的靈魂。

在品牌的標示設計中，顏色不僅是一種識別元素，還被當做意義符號，使人從特定的顏色中產生特定的產品聯想和情感聯想，還會折射出品牌的個性和行業的特徵。不同行業的品牌標示通過使用不同的顏色給予人們不同的感受，更傳遞著各自的信息，如紅色意味著熱情和創新；藍色象徵著理想和智慧；黑色代表著成熟和高貴……

（二）品牌標誌設計的準則

如何創造出獨特的標誌形象，在設計中應該遵循哪些正確的原則？世界著名的蘭德設計公司的成功經驗與做法是值得我們借鑑的。

美國蘭德設計公司是世界上最具規模、歷史悠久的策略設計公司，在國際上享有很高的聲譽和威望。從1941年創立到現在，該公司完成的設計項目已超過5,000多個，其中最著名的是「可口可樂」、「七喜」汽水、新加坡航空公司、英國航空公司、「富士」膠卷等。在多年的標誌形象的策略設計工作中，他們總結出了一套獨特的設計理論與步驟。

1. 標誌識別體

在標誌設計前，首先要創造出一個強有力的核心標誌識別體，用

這個單純的圖形將標誌的名稱與表達的理念呈現出來。

2．獨特的圖形

將一種特有的圖形統一地運用在所有的產品包裝上，創造出使消費者容易記憶的形象，即使過了一段時間，消費者也能因其獨特的圖形而認出這種產品與標誌。

3．表達的順序

在購物過程中，消費者決定購買與否的選擇順序是：第一，標誌識別；第二，產品視覺特徵；第三，產品名稱或味道的描述。因此，按照這種順序設計出來的標誌有刺激消費者購買這種商品的作用。

4．統一中的差別

若產品種類繁多，在進行整體策略設計時，必須注意陳列效果、標誌表現、意象表達和容易選擇等事項之間的相互聯繫。因此，視覺設計應取得「統一系列的產品形象」和「區分產品類別」之間的平衡。

5．陳列的衝擊力

標誌設計的主要目標之一是增強產品陳列時的衝擊效果，不僅要注意單一產品的陳列衝擊力，同時也要注意整體陳列的感覺，以使顧客一走進商店，就會被強有力的陳列效果所吸引。

第五章

贏在個性

※品牌定位策劃※

2008年北京奧運會的巨大成功是中國國家品牌行銷的成功。毫無疑問，2008北京奧運會是有史以來舉辦得最為出色的一屆，整個盛會期間充滿了戲劇性、創造性，無可挑剔。本屆奧運會在美國的收視率也超過了以往任何一屆。作為2008年夏天最熱門的大事件，它的收視率遠遠超過了美國國家廣播公司（NBC，隸屬於通用集團）的預期。事實上，電視觀眾對2008北京奧運會的關注也刷新了美國電視歷史上的收視率之最。儘管美國國家廣播公司耗資8.94億美元購入賽事的轉播權，它仍預期能得到超過1億美元的利潤收入。

著名行銷專家艾·里斯認為，本屆奧運會大大提高了中國在全世界人們心目中的地位，強化了全世界對中國的認知。但人們對中國的認識是什麼？有的國家擁有數千年的歷史和文明，但在高科技領域毫無優勢（例如希臘和埃及）；有的國家被推崇為先進技術的代表，但缺乏深厚的歷史底蘊（例如美國和德國）。令人驚訝的是本屆奧運會所強化的認知——中國是一個同時擁有最古老的文明和最先進技術的國家，這是極其罕見的認知關鍵。

這場中國國家品牌行銷就沒有什麼不足嗎？艾·里斯認為，中國這個品牌的奧運行銷存在美中不足的地方，那就是沒有預先把這種認知形成一個鮮明的定位概念，「北京」這個品牌做得也不夠。「新北京、新奧運」傳達了北京鮮明和獨特的定位嗎？他認為沒有，德國在推廣「創新國度」，韓國是「炫動之都」，羅馬是「永恆之城」，紐約

是「大蘋果」，中國和北京呢？

　　在艾・里斯看來，要真正把握奧運這樣的大機會，無論國家，城市還是企業，首先應該對自己的品牌進行戰略上檢視，才能期望人們記住我是什麼？才能使你的個性、形象成價值主張進入和占領人們的心智。

　　因此，從艾・里斯中肯的意見中，我們應明白這樣一個道理：準確而鮮明的定位，無論是對國家行銷、城市行銷還是企業行銷，都具有戰略意義，而傳播只是手段而已。

第一節 定位成就品牌

在產品高度同質化和消費者需求日益個性化的今天，市場競爭更激烈，企業的生存和發展也更困難，這就需要企業進行獨特的品牌定位，以差異化獲得競爭優勢。

定位一詞已被廣泛使用，它最初是由美國人艾‧里斯和杰克‧特勞特在1972年提出並加以推廣和應用的。在他們合著的一本關於定位的書——《心戰》中，特勞特和里斯指出：「定位是針對現有產品的創造性的思維活動，它不是對產品採取什麼行動，而是主要針對潛在顧客的心理採取行動，是要將產品定位在顧客的心中。」

基於對定位的認識，人們認為品牌定位即是建立一個與目標市場有關的品牌形象的過程。換言之，它是指為某個特定品牌確定一個適當的市場位置，使商品在顧客的心中占領一個有利的位置，當某種需要一旦產生，人們會先想到某一品牌。比如在炎熱的夏天感到口渴時，人們會立刻想起「可口可樂」紅白相間的清涼爽口，想到它清涼爽口的味道；在計劃購置一臺電腦時，消費者會想到國際商業機器公司（IBM）高質量的產品和優質高效的服務……這些企業都以其獨特的品牌形象在消費者心目中留下了深刻的印象，使消費者理解和認識了其區別於其他品牌的特徵。

一、品牌從成功定位開始

品牌定位就是讓品牌個性在消費者心中占據一個有利的位置，目的在於塑造良好的品牌形象。它是品牌建設的基礎，是品牌經營的前提，關係到企業在市場競爭中的成敗，因而越來越受到企業的高度重

視。可以說，企業經營的首要任務就是品牌定位。

(一) 重新定位使「萬寶路」登上世界香菸銷量第一

跨國公司在全世界範圍內進行市場拓展的時候，首先張揚的就是品牌的旗幟。「萬寶路」到今天已成為世界名牌，但也許有人並不知道，「萬寶路」香菸剛問世時，其目標群為女士，銷路十分慘淡。後來，公司聘請奧美廣告進行策劃，奧美廣告公司以「抽萬寶路香菸，就使您具有男子漢氣概」作為定位點，並引入美國西部牛仔形象對這一定位點進行傳播，此後萬寶路才登上了世界香菸銷量第一的寶座。無論你是否是菸民，你都是先認識「萬寶路」而不是「萬寶路公司」，更何況即使人們知道菲利普・莫里斯，又有幾個人知道它是一家以食品為主的跨國公司而非菸草公司呢？這就是品牌的魅力所在，它會使人們在不瞭解公司信息的情況下僅憑「牌子」而心甘情願地掏腰包。因此正確的品牌定位是一切成功品牌的基礎。

(二) 蜂膠產品緣何起死回生

20世紀90年代，一位老板生產了一種蜂膠保健品，該產品具有增強免疫力的作用，定價為96元。老板雄心勃勃投下2,000萬元廣告費，但最終血本無歸，眼看企業過去多年的累積即將虧空殆盡，在走投無路之際，老板找來一幫朋友幫忙出主意，眾多人看到老板的境況十分同情。他的其中一位朋友大膽提出一個想法，他說：「兄弟，一不做，二不休，對該產品重新定位，重新包裝。不如這樣，在現有定價前面加個『1』，後面加個『0』，你這個產品重新定價就賣到1,960元。」老板一聽，以為他瘋了，這怎麼可能呢？96元都無人買，1,960元怎麼有人要？他的這位朋友認為，按常規人的慣性思維，肯定賣不掉，關鍵是要打破慣性思維。因為在他看來，重新定價後，產品定位也要隨之改變，由此前的有助於增強免疫力的普通型保健品轉變成癌症患者的專用保健品。這樣就成功實現了與一般保健品的區隔，又提升了自身保健品的「專業」形象。該老板採納了該建議後，2年不到的時間狂賺了4億，其保健品發展成為癌症患者專用保健品。

在產品供過於求的買方市場時代，消費者早已告別了饑不擇食的年代。如果你的產品無鮮明的定位，就很難從眾多的同類產品中跳出來，就會因為大眾化而不被消費者關注，其成功的機率就可想而知了。

從以上的案例中，我們可以得到這樣的結論：定位，定天下；定位，定的是戰略。

二、定位的作用

（一）定位是塑造差異化競爭優勢的重要手段

行銷專家菲利普・科特勒曾明確指出，所謂定位是指一個公司通過設計出自己的產品形象，從而在目標顧客心中確定與眾不同的有價值的地位。因此，定位的目的就是差異化，在顧客心目中構成差別形象。形象地說，定位就是為顧客提供「對號入座」式的引導，以滿足不同消費者的不同需求。富有個性的品牌定位是引導顧客「對號入座」的航標。對於企業而言，成功的定位是形成差異化競爭優勢的重要手段。

（二）成功定位是提升品牌傳播效果的前提

先定位，再傳播。只有如此，才能使傳播真正做到有的放矢，從而增強傳播的效率。品牌的傳播是指借助於廣告、公關等手段將確定的品牌形象傳遞給目標消費者，品牌定位是讓所設計的品牌形象在消費者心中占據一個獨特的、有價值的位置，兩者相互依存，密不可分。一方面，品牌定位必須通過品牌傳播才能完成。因為只有及時、準確地將企業的定位通過某種方式傳遞給目標消費者，才能獲得消費者的認同，引起消費者共鳴，該定位才能有效。另一方面，品牌傳播必須以品牌定位為前提。因為品牌定位決定品牌傳播的內容，離開了品牌定位，品牌傳播就失去了方向和依據，因此，品牌定位是品牌傳播的基礎。

近年來，以《非誠勿擾》欄目走紅全國的江蘇衛視，再一次證明了精準定位對品牌傳播效果的巨大影響。在國內省級衛視品牌中，定位於娛樂的湖南衛視強勢當道，婚戀交友類節目也早有其他衛視在辦，但一直不溫不火。選擇在 2010 年 1 月 15 日開播的江蘇衛視《非誠勿擾》貌似機會渺茫，但結果卻大紅大紫。從行銷傳播的角度看，這個奇跡絕非偶然。究其原因，主要在於節目的差異化定位非常精準。

《非誠勿擾》強調真實地再現生活中人的特點，接近真實，貼近生活，迎合了普通人求知欲、獵奇心等心理。

所以，《非誠勿擾》定位為時尚、婚戀的真人秀節目，既與其他相交交友節目實現了區隔，又緊緊扣住了時代敏感的神經，迎合了受眾心理，為鎖定龐大的目標收視群體提供了可能。《非誠勿擾》從開辦伊始，每期都有爆點，話題不斷。最瘋狂的是前期節目中女嘉賓的麻辣語錄——「姑娘們我告訴你，你們嫁人，嫁老公，沒有 5 克拉以

上鑽戒的不要嫁。」「我的手只給我男朋友握，其他人握一次20萬」……這是社會中一些女性在擇偶時人性的真實體現。當然，這種擇偶標準與中國傳統文化和主流價值觀是相悖的。不同價值觀的激烈碰撞，自然能觸動受眾敏感的神經，引發諸多話題。有了話題，就有利於進一步傳播、聚焦，引發社會各界關注。當然，這些婚戀價值觀如何看待？江蘇衛視引入了著名嘉賓給予點評和引導，又巧妙地展現了其社會責任。不可否認，以「真人秀」，現代「剩男」、「剩女」婚戀價值觀為定位是江蘇衛視在短時間內走紅的重要原因。

(三) 準確定位是企業信息進入和占領顧客心智的一條捷徑

現代社會是信息社會，人們從睜開眼睛就面臨信息的轟炸，消費者被信息圍困，應接不暇。各種消息、資料、新聞、廣告鋪天蓋地。科學家發現，人只能接受有限度量的感覺，超過某一點，腦子就會一片空白，拒絕從事正常工作。在這個感覺過量的時代，企業只有壓縮信息，實施定位，為自己的產品塑造一個最能打動潛在顧客心理的形象，才是明智的選擇。品牌定位使潛在顧客能夠對該品牌產生正確的認識，進而產生品牌偏好和購買行動，它是企業信息成功通向潛在顧客心智的一條捷徑。

(四) 成功定位是實現從產品到品牌飛躍的關鍵力量

產品是工廠生產的東西，消費者可以觸摸、感覺、耳聞、目睹、鼻嗅；產品是物理屬性的組合，具有某種特定的功能以滿足消費者的使用需求。如車可以代步，食物可以果腹，衣服可以御寒保暖，音樂能夠愉悅性情等。品牌是無形要素的總和，同時也是消費者對其使用產品的印象，因其自身的經驗而有所界定。品牌包含「個性、可靠、信譽、信任、朋友、地位、樂趣、服務、資訊、共享的經驗」等特徵。產品呈現的是事實本身，而品牌所要呈現的是一個人的感受，消費者不僅要買產品的實用功能，人們還要購買對該產品的感受，感受會比事實本身還重要。從國際國內知名品牌的暢銷中，我們不難看出品牌印象對消費者的號召力。

奔馳車不僅僅是車（產品），因其定位於成功人士的坐騎，更是身分地位的象徵（品牌）；萬寶路不僅僅是香菸（產品），因其定位於「抽萬寶路，使您具有男子漢氣概」，而成為男子漢精神的象徵（品牌）；中國移動「動感地帶」不僅僅是手機（產品），因其定位於「時尚、好玩、探索」，而成為大學生和都市白領追求獨立、個性的象徵（品牌）。

從產品到品牌的跨越，就是給予產品生命。產品通過其使用價值

滿足消費者最基本的需求，而品牌則通過其存在的方式、蘊涵的精神來滿足消費者更深層的精神與情感需求。品牌可能是一套屬性、一種價值、一份情感，但偉大的品牌則是一種生活方式、一種生活態度、一種人生追求。品牌就是通過這種生活方式的影響力，使其購買者、擁有者成為某種生活方式和價值觀這個大集體的一員，而產生群體歸屬感。

三、定位的本質：勾勒品牌核心價值

（一）品牌核心價值的重要性

所謂品牌核心價值，是指一個品牌承諾並兌現給消費者的最主要、最具差異性與持續性的理性價值、感性價值和象徵性價值，它是一個品牌最中心、最獨一無二、最不具時間性的要素。

品牌核心價值是品牌的精髓，也是品牌一切資產的源泉，因為它是驅動消費者認同、喜歡乃至愛上一個品牌的主要力量。品牌核心價值是在消費者與企業的互動下形成的，所以它必須被企業內部認同，同時經過市場檢驗並被市場認可。品牌核心價值還是品牌延伸的關鍵，如果延伸的領域超越了核心價值所允許的空間範圍，就會對品牌構成危害。

定位並全力維護和宣揚品牌核心價值已成為許多國際一流品牌的共識。而是否擁有核心價值，也是品牌經營是否成功的重要標誌之一。美國廣告專家萊利·萊特明確指出：未來的行銷是品牌的戰爭——品牌互爭長短的競爭。擁有市場將會比擁有工廠更重要，擁有市場的唯一辦法就是擁有占主導地位的品牌。

在同質化高度發展的今天，品牌的核心價值將像獨特性是人生命力個體標示一樣，成為品牌差異化的關鍵，而差異性就是競爭力。

（二）提煉品牌核心價值的方法

從某種程度而言，一個成功品牌的核心價值與人體內基因十分相似，代表其最中心的要素。一個品牌是否擁有核心價值，是企業品牌經營成功與否的重要標誌。

提煉和規劃品牌核心價值，可以從以下幾個方面進行選擇。

1. 功能性價值

功能性價值是從產品實體角度進行的核心價值選擇。即從產品的質量、功能、款式設計等方面區別於其他同類產品，這必須以企業產品自身的「獨特賣點」為依據。所謂「獨特賣點」必須具備三個條

件:是該產品首先擁有或獨有的;這個賣點是一個具體的承諾,它為競爭者所沒有或沒有提出的;這個承諾可以打動成千上萬的消費者,有很強的傳播力。

從實體角度提煉品牌的核心價值,最有效的策略就是將一個品牌與該品牌特徵聯繫起來,給消費者一個買你產品的理由,這個理由凝聚在一個簡單的詞或詞組裡,並且形成與競爭對手差異化的區隔概念,從而形成強勁的品牌聯想,塑造獨特的品牌形象。

2. 精神或情感性價值

縱觀世界名牌,我們不難發現,某些產品在內在質量和功能方面並無什麼明顯的優勢或獨到之處,但卻能成為舉世公認的名牌。只不過在這種情況下,其核心價值的提煉轉向於獲得消費者精神的、心理的和情感的認同。「可口可樂」之所以讓全世界的人跟著感覺走,就是因為通過廣告的渲染,使人們認為「可口可樂」不僅僅是用來解渴的飲料,而且成為年輕人無拘無束、活潑熱情的生活方式的一部分。其廣告已經使「你每飲一杯『可口可樂』,就增加你一份熱情」的觀念深入人心。德國大眾汽車與奔馳、寶馬等相比無什麼優勢可言,但其「滿載鄉愁」概念的宣洩贏得了眾多消費者的青睞。根據產品特點,洞悉內隱於消費者心中說不清、道不明的精神和情感需求,為企業品牌形象及個性塑造提供了廣闊的空間。這是因為當人們從溫飽型邁入小康型甚至富裕型的生活時,消費者購買商品不僅追求商品的使用價值,而且更多注重能充分體現購買者情感和個性特徵的「標誌性價值」。

從情感角度提煉品牌核心價值就是為了喚起消費者的情感認同,而蘊藏於消費者內心的情感是多種多樣的,主要有愛情、親情、友情、鄉情、愛國情、同情、恐懼、生活情趣、個人心理感受等。企業需結合產品、消費心理、競爭情況進行甄別和選擇。

3. 自我表現價值

當品牌成為消費者表達個人價值觀、財富、身分地位的一種載體時,品牌就有了獨特的自我表現型利益。勞斯萊斯代表的是「皇家貴族的坐騎」;奔馳車代表著「權勢、成功、財富」;勞力士、浪琴給消費者獨特的精神體驗和表達「尊貴、成就、完美、優雅」等自我形象。

經過對消費者的研究,一個觸動目標消費群內心世界的自我表達型價值主要有:睿智遠見;有涵養、有思想;陽剛、粗獷;儒雅;陽光、活力;領袖風範;瀟灑淡定;豁達超脫;果斷堅毅;英才俊秀;富有挑戰性;創造性等。

品牌核心價值既可以是功能性利益,也可以是情感性和自我表現

型利益。對於每一個行業而言，其核心價值的歸屬都有所側重：食品行業側重生態、環保等價值；信息產業側重科技、健康等價值。但對於某一個具體品牌而言，其核心價值究竟以哪一種為主，主要按品牌核心價值對目標群體起到最大感染力並與競爭者形成鮮明差異為原則，在勾畫品牌核心價值時，應結合目標群體、競爭者品牌和本品牌的優勢進行深入研究。

(三) 成功的核心價值特徵

總體而言，一個成功品牌的核心價值應蘊含四個基本特徵：

1. 排他性

品牌的核心價值應是獨一無二的——具有可識別的明顯特徵，並與競爭品牌形成鮮明的區別。在國產家電品牌中，海信的核心價值是「創新」，而科龍的核心價值是「科技」。它實際上也就是品牌的獨特性。就此而言，由於越來越多的家電行業之外的企業將「科技」概念注入自己的品牌，使得打著「科技」大旗的科龍的品牌差異日趨模糊。

2. 執行力

品牌的核心價值應該與企業的核心競爭力以及長遠發展目標相一致。這也就是說，對品牌的核心價值，企業應有充分的執行力；否則，其所倡導的品牌核心價值將難以貫徹始終。如果一個品牌將其核心價值定位於「創新」、「科技」，那麼，它需擁有持續的技術優勢來支持這一定位，否則這一核心價值就會越來越弱化。

3. 感召力

品牌的核心價值還應具備強大的感召力，體現出其對人類的始終關懷，引發消費者的共鳴，拉近品牌與人類的距離。孔府家酒將「家文化」定義為品牌的核心價值，為的就是滿足消費者對家的一種無法釋懷的古老情結。這一品牌價值正是多數人的內心價值，因而能夠得消費者的認同。

4. 兼容性

品牌核心價值在兼容性上體現在兩方面：一是空間的兼容。品牌的核心價值應包容企業的所有產品，並且為企業日後跨行業發展留下充分的空間。二是時間的兼容。企業的品牌核心價值一經設定，便應長久堅持，以使品牌內涵延續百年、千年，這樣它才有可能成為長壽的「不倒翁」。

第二節

品牌定位策略

財富從成功定位開始,而成功定位使一個品牌迅速崛起。在激烈的市場競爭中,當你的定位對消費者有巨大的「殺傷力」時,消費者就沒有拒絕的理由。

例如,作為典型的本土企業,伊利的發展十分引人注目。他們從1997年開始做全國市場,在10多年時間,從不足10個億做到100多億,成為名副其實的中國乳業第一品牌。那麼,他們為什麼發展得這麼快?他們所堅持的「天然」的定位發揮了巨大的作用。在當時的市場環境裡,就牛奶而言,「天然」是最具「殺傷力」的定位,只要是來自內蒙古大草原的、純天然、無污染的牛奶,消費者就難以抗拒,難以找到一個不喝的理由。正因為這樣,光明、三元等資格比伊利還老的品牌卻屢屢讓步,使伊利快速成長為「準世界級品牌」。而後來,它的「弟子」蒙牛,也複製其品牌定位,圍繞「自然」、「好味道」做文章,似乎也在一瞬間成就了更加傳奇的「蒙牛速度」。

當然,不同的品牌,因自身的產品特點,所面臨的競爭環境、所針對的目標群等不同,使你的品牌定位做到一鳴驚人,並不是一件容易的事情。一個品牌要打開聯想之門,欲在顧客心目中占據有利的位置,掌握品牌定位策略方法就十分必要。

一、品牌定位的主要方法

(一)「獨特的銷售主張」定位

20世紀50年代初,美國人羅瑟・瑞夫斯(Rosser Reeves)提出

USP 理論，要求向消費者說一個「獨特的銷售主張」（Unique Selling Proposition），簡稱 USP 理論。

運用「獨特的銷售主張」定位，在同類產品品牌太多、競爭激烈的情形下可以突出品牌的特點和優勢，讓消費者按自身偏好和對某一品牌利益的重視程度，將不同品牌在頭腦中排序，置於不同位置，在有相關需求時，更迅速地選擇商品。

寶潔公司運用「獨特的銷售主張」品牌定位最為成功。以洗髮水為例，寶潔在國內推出了飄柔、潘婷、海飛絲、沙宣、伊卡璐五大品牌，每一個都具有很強的針對性：海飛絲定位是「去頭皮屑」；飄柔著眼於「柔順髮質」；潘婷定位於「營養髮質」；沙宣定位於「美髮定型」；伊於璐則定位於「草本植物精華」。

一般而言，在同質化市場中，很難發掘出「獨特的銷售主張」。在洗髮水市場，「採樂」一上市便順利地切入了市場，關鍵在於它發掘了獨特的賣點。在漫漫十多年的時間裡，以營養、柔順、去屑為代表的寶潔三劍客——潘婷、飄柔、海飛絲幾乎壟斷了中國洗髮水市場的大部份份額。想在洗髮水領域有所發展的企業無不被這三座大山壓得喘不過氣來，無不生存在寶潔的陰影裡難見天日。後來的「舒蕾」、「風影」、「夏士蓮」、「力士」、「花香」等諸多的洗髮水品牌難以突破。採樂出山之際，國內去屑洗髮水市場已相當成熟，從產品的訴求點看，似乎已無縫隙可鑽。而西安楊森生產的「採樂」去頭屑特效藥，上市之初便順利切入市場，銷售量節節上升，一枝獨秀。「採樂」的突破口便是治病。它的成功主要來自於產品創意，把洗髮水當藥賣，同時，基於此的別出心裁的行銷渠道「各大藥店有售」也功不可沒。

因此，不管市場競爭多麼激烈，以獨特賣點切入市場，仍能表現出強大的威力，除非這個賣點被競爭對手超越而失去其獨特性。

（二）觀念定位

觀念定位是突出商品的新意義，以改變消費者的習慣心理，樹立新的商品觀念。在進行觀念定位時，有兩種方法可以考慮，即逆向定位和是非定位。

1. 逆向定位

所謂逆向定位是借助於有名氣的競爭對手的聲譽來引起廣大消費者對自己的關注、同情和支持，以便在市場的競爭中佔有一席之地的產品定位方法與策略。通常，大多數企業的商品定位都以突出產品的優異性能的正向定位為主，而逆向定位則反其道而行之，在傳播中突出市場上名氣響亮的產品或企業的優越性，並表示自己的產品或企業不如它好，甘居其下，但準備迎頭趕上；或可以通過自己產品的不足

之處，來突出產品的優越之處，這主要是利用社會上人們同情弱者和信任誠實的人的心理，故意承認自己的不足之處，以換取信任與同情的手法。

如美國第二大出租汽車公司 AVIS，就是這樣做的。它在廣告中說：比起 HEZI 來，我們屬第二位，我們一定要加倍努力啊。這一廣告得到了廣大消費者的同情，所以很多人開始租用 AVIS 的車，使其營業額迅速提高。這是企業利用逆向定位方法取得成功的例子。

2. 是非定位

是非定位則不同，它是從觀念上人為地將商品市場加以區分的定位方法。在這方面最成功的例子，當屬美國七喜汽水的定位。眾所周知，在美國或世界飲料市場上，可以說是可口可樂公司和百事可樂的天下，其他飲料幾乎無立足之地。但七喜汽水採用了是非定位的方法，在更新消費者觀念上大做文章，創造了一種新的消費觀念。它奇妙地採用了把飲料市場分為可樂型飲料和非可樂型飲料，進而說明七喜汽水是非可樂型飲料的代表，促使人們在兩種不同類型的飲料中進行選擇。這種「非可樂型」的構想，在產品定位的時代是件了不起的廣告宣傳活動，使銷量不斷上升，數年後一躍而成為美國市場的三大飲料之一。

(三) 競爭性定位

競爭性定位又稱「迎強定位」、「對峙性定位」、「針對式定位」，是指企業選擇靠近於市場現有強者企業產品的附近或與其重合的市場位置，與強者企業採用大體相同的行銷策略，與其爭奪同一個市場。

競爭性定位方式要求企業必須具備與強競爭對手不相上下的競爭實力。通過競爭只要能達到與其平分天下或被消費者廣為知曉，就是巨大的成功。

中國飲用水市場大戰中，農夫山泉堪稱競爭性定位成功的典型範例。每當提起農夫山泉，消費者腦海中首先閃現的是那句出色的廣告語「農夫山泉有點甜」。這句廣告語，首先在農夫山泉一則有趣的電視廣告中提到：一個鄉村學校裡，當老師往黑板上寫字時，調皮的學生忍不住喝農夫山泉，推拉瓶蓋發出的砰砰聲讓老師很生氣，說：上課請不要發出這樣的聲音。下課後老師卻一邊喝著農夫山泉，一邊稱讚道：農夫山泉有點甜。於是「農夫山泉有點甜」的廣告語廣為流傳，農夫山泉也借「有點甜」的優勢，由名不見經傳發展到現在飲用水市場三分其天下，聲勢直逼傳統霸主樂百氏、娃哈哈。

為什麼農夫山泉廣告定位於「有點甜」，而不是像樂百氏廣告那樣訴求重點為「27 層淨化」呢？這就是農夫山泉廣告的精髓所在。首

先，農夫山泉對純淨水進行了深入分析，發現純淨水有很大的問題。其問題就出在純淨上，它連人體需要的微量元素也沒有，這違反了人類與自然和諧的天性，與消費者的需求不符，這個弱點被農夫山泉抓個正著。作為天然水，它自然高舉起反對純淨水的大旗，而「有點甜」正是在向消費者透露這樣的信息：我農夫山泉才是天然的、健康的，一個既無污染又含微量元素的天然水品牌。如果與純淨水相比，價格相差並不大，可想而知，對於每個消費者來說，他們都會作出理性的選擇。

為了進一步唱紅農夫山泉，它繼續高扛天然水的大旗。他們認為水雖然可以提純淨化，但水質已發生根本變化，就如白襯衣弄髒後，再怎麼洗也很難恢復原狀。廣告一經推出，立即引起軒然大波，同時挑起了天然水與純淨水的爭論。2000年4月，農夫山泉突然隆重宣布「長期飲用純淨水有害健康」的實驗報告，並聲稱從此放棄純淨水生產，只從事天然水生產，儼然消費者利益的代言人。農夫山泉對純淨水的挑戰，遭到純淨水廠商的激烈反擊，甚至訴諸法律。這一系列事件的發生，引來了媒體和公眾的興趣，形成了轟動效應。而作為眾矢之的農夫山泉卻暗自慶幸，因為有更多的人知道了它含有微量元素而不同於純淨水。

(四) 概念定位

概念定位就是使產品在消費者心智中占據一個新的位置，形成一個新的概念，甚至形成一種思維定勢，以獲得其認同，產生購買慾望。現代行銷在任何時候都需要想像力、抓住想像力，這是成功的關鍵。關鍵是要結合產品自身的優劣勢、市場競爭狀況、消費心理，甚至社會熱點尋找出有價值的產品概念，通過產品（概念）的差異化設計，實現品牌的飛躍。

在中國食用油市場，「金龍魚」的名字可謂家喻戶曉。調和油這種產品是「金龍魚」創造出來的。當初，金龍魚在引進國外已經很普及的色拉油時，發現雖然有市場，但不完全被國人接受。原因是色拉油雖然精煉程度很高，但沒有太多的油香，不符合中國人的飲食習慣。後來，金龍魚研製出將花生油、菜籽油與色拉油混合的產品，使色拉油的純淨衛生與中國人的需求相結合，產品創新終於贏得中國市場。

為了將「金龍魚」打造成為強勢品牌，「金龍魚」在品牌方面不斷創新，由最初的「溫暖親情，金龍魚大家庭」提升為「健康生活金龍魚」。然而，在多年的行銷傳播中，這些「模糊」的品牌概念除了讓消費者記住了「金龍魚」這個品牌名稱外，並沒有引發更多聯想，而且，大家似乎沒有清楚地認識到調和油到底是什麼，有什麼好。

2002年,「金龍魚」又一次跳躍龍門,獲得了新的突破。其關鍵在於其新的行銷傳播概念——「1:1:1」。看似簡單的「1:1:1」概念,配合「1:1:1」最佳營養配方的理性訴求,既形象地傳達出金龍魚由三種油調和而成的特點,又讓消費者「誤以為」只有「1:1:1」的金龍魚才是最好的食用油。十年磨一劍,金龍魚在2002年才讓中國的消費者真正認識了調和油,其關鍵在於找到了一個簡單且具有新意的行銷傳播概念。

　　金龍魚「1:1:1」的成功帶給我們的啓發是:通過一個具體的差異化的新概念設計,能讓消費者對品牌產生一連串的美好聯想,什麼都不用多說。一句話,一個意境,消費者傾心,帶給企業的是巨大的利潤。

(五) 情感定位

　　所謂情感定位,就是企業在保證產品質量和功能的基礎上,賦予品牌獨特的情感內涵,讓品牌不僅占據消費者頭腦,更要走進消費者內心世界,用情感為品牌定位。

　　市場行銷專家菲利普·科特勒認為,人們的消費行為變化分為三個階段:第一是量的階段,第二是質的階段,第三是感情階段。在第三個階段,消費者所看重的已不是產品的數量和質量,而是與自己關係的密切程度,或是為了得到某種情感上的渴求滿足,或是追求一種商品與理想自我概念的吻合。顯然,情感定位是品牌訴求的重要支點,情感是維繫品牌忠誠度的紐帶。

　　當我們看到,索尼的創新、萬寶路的粗獷、法蘭西的浪漫以及星巴克的幽雅無時無刻不在衝擊著我們的想像力時,中國的企業該以怎樣的形象進駐消費者的內心?情感定位運用面非常廣闊,主要有三個方面:

　　一是大眾化日用品,如化妝品、服裝、牙膏、洗髮香波等,產品屬性的差距日益縮小,賦予品牌情感內涵可避免流於大眾化趨勢,並吸引消費者的注意力。比如「太太口服液」曾以「做女人真好」、「讓女人更出色」、「滋潤女人,讓美麗飛揚」等訴求來滿足女性精神需求,加之「太太」這一品牌本身所隱含的「高貴、典雅、迷人、溫柔」的感情形象,十幾年來在保健品市場占據著一席之地,獲得國內消費者的普遍認可。

　　二是高檔或奢侈消費品,如高檔手錶、高檔轎車、高檔服裝、珠寶首飾等,這些商品所彰顯的就是權貴、身分和地位。像比爾戴斯的「鑽石恆久遠,一顆永流傳」,美特斯·邦威的「不走尋常路」等更能引起消費者的共鳴。

三是部分技術含量較高的高科技產品。對於一些高科技產品和服務來說，消費者往往對過於詳細的產品信息，尤其是含有很多專業技術術語的信息沒有多大的耐心和興趣。情感訴求有時比理性訴求更易於打動消費者，如聯想電腦「當人類失去聯想，世界將會怎樣」的情感訴求，就被消費者奉為經典。

企業如何進行情感定位呢？關鍵是要充分瞭解目標顧客所希望傳達的價值觀和情感，可以通過深度訪談，座談會等方式去把握。情感定位只有真正觸動消費者內心深處，才能拉近品牌與目標顧客之間的距離。

(六) 消費者定位

消費者定位是針對產品潛在消費群體進行定位，試圖將其產品指向某一類特定的使用者，以便根據這些顧客的看法塑造恰當形象。對消費對象定位是多方面的，比如從年齡上，有兒童、青年、老年；從性別上，有男人、女人；根據消費層，有高低之分；根據職業，有醫生、工人、學生等。

企業如何針對消費群體進行定位呢？必須仔細研究某一消費群體的愛好價值觀以及生活方式。美國米勒啤酒公司曾將其原來唯一的品牌「高生」啤酒定位於「啤酒中的香檳」，吸引了許多不常飲用啤酒的高收入婦女。後來發現，占30%的狂歡者大約消費了啤酒銷量的80%，於是，該公司在廣告中展示石油工人鑽井成功後狂歡的鏡頭，還有年輕人在沙灘上衝刺後開懷暢飲的鏡頭，塑造了一個「精力充沛的形象」，在廣告中提出「有空就喝米勒」，從而成功占領啤酒狂飲者市場達10年之久。

(七) 檔次定位

價格是消費者心目中最為敏感的因素，依據價格高低可使品牌在消費者心智中區分出不同檔次，這也是品牌定位中最為常見的一種定位方法。

不同檔次的定位帶給消費者不同的心理感受和體驗。現實中，常見的是高檔次定位策略傳達了產品高品質的信息，往往通過高價位來體現其價值，並被賦予很強的表現意義和象徵意義。如勞力士、浪琴和詩丹頓手錶能給獨特的精神體驗和表達「高貴、成熟、完美、優雅」的形象和地位；奧迪A4上市時，宣稱「撼動世界的豪華新定義」，顯示出產品的尊重和氣派；TCL手機走高端路線，推出的蒙寶歐S320彩屏手機以華貴的外表和內在的優秀，成為手機中一個耀眼的新星，獨領風騷，其「真鑽品位，至尊豪邁」的高檔次定位，盡顯豪華

氣派。

當然，以低價作為定位，只要定位準確，同樣能獲得相應目標群體的青睞。美國沃爾瑪大型超市以「天天都是最低價」作為自己的品牌定位。「格蘭仕」將「價格」進行到底，美國西南航空等均堪稱為「低價」定位的經典。

運用檔次定位應該注意，檔次定位綜合反應品牌價值，因此，不同品質、價位的產品不宜使用同一品牌。如果企業要推出不同價位、品質的系列產品，應採用品牌多元化策略，以免使品牌整體形象受到低質產品影響而遭到破壞。如臺灣頂新集團為了更好地占據國內方便面市場，在成功推出了「康師傅」品牌占據中檔市場後，為進軍低檔方便面市場時，又推出了「福滿多」的品牌。

(八) 文化定位

所謂文化定位是指將某種文化內涵注入品牌之中形成文化上的品牌差異，塑造具有文化品味的品牌個性形象。

品牌文化定位不僅可以提高品牌的品位，而且可以使品牌形象獨具特色。提升品牌的文化意蘊，有助於激起消費者的情感共鳴，從而引起興趣，促進購買。

「品牌的背後是文化」，從文化的角度塑造品牌，這是許多國際知名品牌能夠快速成長並走向成功的必然之路。一些國際知名品牌來到中國，十分精準地使用文化定位獲得了中國消費者的稱贊。如飛利浦「讓我們做得更好」，將中國傳統文化詮釋得淋灕盡致。一個傳統的歐洲企業，能對中國文化研究得這麼通透，除了佩服，別無他想。一個「讓」字，把中華民族傳統對做人、做事的期望概括得盡善盡美，禮貌、溫文爾雅，這就是所有中國人做人的願景，也是整個中華民族想對外體現的一種大家風範；一個「我們」讓所有的消費者都感受到了尊重和參與感；「做得更好」把一個企業的社會責任表現得完全恰到好處，誠信、努力、超越正是社會和人類對企業的最基本要求，但很可惜，這麼好的廣告語，卻不屬於中華民族。

文化定位是塑造強勢品牌之利器，企業應予以高度關注和重視。文化定位是多方面的，就其思路來講，主要有以下幾種：

1. 以悠久的歷史為基礎的文化定位

這是以產品悠久的歷史建立識別。人們都有這樣一種慣性思維，對於歷史悠久的產品容易產生信任感，一個做產品做了這麼多年的企業，其產品、服務質量應該是可靠的，而且給人神祕感，讓人向往，因而歷史定位具有「無言的說服力」。雲南香格里拉酒業公司推出的香格里拉·藏秘青稞干紅傳說是根據當年法國傳教士的秘方釀制，近

年在干紅行業異軍突起,與其歷史定位是分不開的,「來自天籟,始於1848年,跨越三個世紀,傲然獨立」的渲染給人以凝重、悠遠的歷史品味和神往的心情。瀘州老窖公司擁有始建於明代萬歷年間（公元1573年）的老窖池群,所以用「你品味的歷史,430年,國窖1573」的歷史定位來突出傳承的歷史與文化。

　　2. 以國家或地區民俗、民風為元素的文化定位

　　一定的民俗、民風的存在往往是上千年的積澱,有著深厚的群眾基礎,以其作為定位元素,可拉近品牌與消費者的距離,容易獲得認同。以近年來中國酒業發展的文化定位來看,一些企業通過文化定位取得了成功。湘西「酒鬼酒」推出了大俗大雅的「酒鬼」文化,獨特的文化個性配合湘西神祕的地域風情,提升了酒鬼酒本身的文化含量,達到了用文化提升酒鬼的目的,一時間迅速風行全國各地;「小糊涂神」運用了鄭板橋流傳甚廣的「難得糊涂」的典故,把醒與醉、聰明與糊涂、入世與出世、感性放縱與理性自律等對立統一、極具哲理的文化內涵融在酒中,利用現代人疲於奔命的勞頓心理,把糊涂之道和解憂消愁的白酒融合在一起,給「難得糊涂」一個精彩的現代詮釋和演繹。

　　3. 以民族精神為核心的文化定位

　　國外一些知名品牌,基於品牌悠久的經營和發展歷史,挾品牌文化之雄風,踏進中國市場,以披靡之勢迅速建立起霸主地位。如「可口可樂」不僅是一種享譽全球的碳酸飲料品牌,更是美國文化的象徵,正如美國一位報紙編輯所說:「可口可樂代表著美國精神,喝一瓶可口可樂就等於把美國精神灌入體內。」可口可樂瓶中裝的是美國人的夢,也裝著向往美國生活的人的夢。「麥當勞」蘊涵著工作標準化、高效率、快節奏的美國文化;「奔馳」品牌則代表著「組織嚴謹、品質高貴和極富效率」的德國文化。

　　4. 以獨特的經營理念為核心的文化定位

　　在這一點上,「海爾」的品牌文化定位就做得很好。經過十多年的市場實踐,「海爾」形成了一套自己的企業經營理念和「海爾」品牌特有的文化內涵。關於競爭,海爾有「斜坡體」理論,強調加強企業內部管理;關於質量,「海爾」提出了「有缺陷的產品就是廢品」的觀點;關於服務,「海爾」將賓館的星級服務體系融入製造業,認為「服務始於銷售的開始」。這一系列的定位舉措,讓消費者對其品牌產生了認同感,增強了「海爾」品牌的美譽度和消費者的忠誠度。

二、精心策劃品牌延伸

品牌延伸是指一個現有的品牌名稱使用到一個新類別的產品上。品牌延伸策略是將現有成功的品牌，用於新產品或修正過的產品上的一種策略。

(一) 品牌延伸的作用

自20世紀70年代以來，品牌延伸作為一種企業經營戰略得到廣泛的應用。它之所以受到青睞，主要是因為它具有以下幾方面作用：

1. 品牌延伸可以產生品牌傘效應

這是指在市場中已經建立起良好品牌信譽的企業，在對同一牌子的其他商品進行廣告宣傳時，成本能夠降低。因為消費者往往會運用其在市場上所獲得的信息去推斷同一品牌的其他商品。換言之，在品牌傘效應作用下，企業通過品牌延伸可以充分借助原有品牌的市場信譽和產品聲譽，使消費者在短期內消除對新產品產生的排斥、生疏和疑慮的心理，進而在較短的時間內接受新品，從而節省新產品進入市場所必需的宣傳、促銷等行銷費用，並能迅速占領市場。

2. 成功的品牌延伸能為現存的品牌或產品線帶來活力，為消費者提供更完整的選擇

在日益激烈的市場競爭中，一個企業的品牌不進行延伸，就要承擔其品牌市場份額被其他知名品牌侵占的風險。據統計，在美國開發一個新品牌需要3,500萬～5,000萬美元，而品牌延伸只需50萬美元，不失為一條快速占領市場的綠色通道。雀巢經過品牌延伸後，產品拓展到咖啡、嬰兒奶粉、煉乳、冰淇淋、檸檬茶等，結果每種產品都賣得不錯；樂百氏品牌延伸前銷售額只有4億多元，延伸後不到3年就達到近20億元。

3. 品牌延伸可以實現品牌利用中的增值

與通過內部發展建立新品牌的漫長過程和巨大投入相比，借助品牌延伸共享已有品牌的影響力，可以在相對較短的時間內立竿見影地提高產品競爭力和企業的經濟效益。同時，隨著企業規模的擴大和市場佔有率的提高，反過來會進一步擴大品牌的市場影響力，增強品牌的價值和企業的品牌競爭優勢，形成良性循環，從而達到品牌在使用中保值增值的目的。

然而，品牌延伸是把雙刃劍，它可以是企業發展的加速器，也可以是企業發展的滑鐵盧，所以品牌延伸應謹慎決策。

（二）品牌延伸的三大陷阱

1. 偏離定位，丟失優勢

名牌產品之所以能給消費者留下良好印象，主要是由於優先效應的作用。消費者在購買商品時，對中意商品的品牌會留下較深的印象，會將該品牌視作某一特定商品的代碼。如一提起可口可樂，人們自然而然地認為它是飲料；金利來就是男人的領帶和服式，但曾一度推出女裝皮具，結果收效甚微，因為這樣難免會模糊部分消費者對該品牌的印象，甚至會使這部分消費者失去對該品牌的青睞。如活力 28 是洗滌劑產品品牌，前幾年活力 28 貿然涉足食品飲料行業，開發出活力純水，這一品牌延伸，大大損害了品牌聲譽。大多數消費者表示：自己不會喝活力純水，因為會產生一種喝髒水的感覺。由此可見，實施同一品牌延伸，一般不能偏離品牌定位範圍，如果超越現有品牌的消費範圍，就應該創造一個新的品牌，塑造新的形象。

2. 一榮俱榮，一損俱損

實施同一品牌延伸，如果企業在市場競爭中占據優勢地位，所有產品都會因品牌效應而受益。但如果其間某一產品經營受挫，反過來又會波及其他產品的信譽，影響銷售，甚至會導致消費者對所有同一品牌產品的否定，形成株連效應。轟動一時的巨人風波已歷數年，造成巨人受挫的原因是多方面的，其在品牌延伸上的失誤也是重要原因之一。巨人集團在 1990 年初進軍保健品市場，開發了巨人腦黃金，在市場上火爆一時，接著巨人集團又迅速推出了「巨不肥」、「吃飯香」等 10 多個保健品。這些保健品借助腦黃金的信譽，也都取得了不錯的銷售業績。但隨著保健品市場競爭的日趨激烈以及自身廣告運作的失誤，腦黃金市場佔有率一滑再滑，其他保健品也因此受到株連而紛紛落馬，巨人集團由此步入了舉步維艱的低谷。

3. 強調規模，忽視差異

所有的產品使用同一品牌，在理想的規模度內，會大大降低銷售費用，增加企業收益。但是消費者的需求是多層次的，具有較大的差異性，低品牌忠誠者和無品牌忠誠者常常發生品牌轉移。在這種情況下，就要求市場能提供多個品牌，並要求品牌之間具有差異性。如果以同一品牌延伸，企業就需要用更多的費用宣傳產品、說服消費者，刺激其購買慾望，這樣就難以取得理想的規模效益。美國寶潔公司進入中國市場後，10 多年時間推出了 7 大類 17 個品牌的產品，其中光洗髮水就開發了海飛絲、飄柔、潘婷等品牌，還開發出汰漬、舒膚佳、玉蘭油等產品，都受到了市場的歡迎。如果僅以其中的某一品牌開拓市場，很難取得如此效益。

(三) 如何實施品牌延伸策略

儘管實施品牌延伸策略過程中存在各種各樣的陷阱，但只要企業選擇方向正確、措施得當，就可以避開陷阱，達到預期目的。

1. 正確進行品牌定位

品牌定位對企業及其產品開拓市場具有十分重要的意義。在現代社會，同一市場上同一種類的產品日益增多，要使自己的產品在眾多產品中得到顧客的認可，企業必須通過各種方式培養和塑造自身的產品特色，以符合顧客的慾望和需求。如娃哈哈營養液對大人小孩都有益，但杭州娃哈哈公司卻放棄了成人市場，把品質定位放在兒童身上，以「喝了娃哈哈，吃飯就是香」來打動天下父母心，結果市場需求得到大幅擴大。品牌一旦定位，市場拓展、產品開發等方面都要與其保持一致，以合力擴大市場覆蓋面。實施品牌延伸，儘管可以向不同產品領域延伸，但延伸絕不能天女散花、八方出擊，搞無度延伸，偏離產品定位。TCL從彩電延伸到手機、電腦、洗衣機等產品，但仍沒有偏離家電、信息產品這一定位。

2. 切實提升品牌檔次

實施品牌延伸的首要目的是要利用自己已有品牌的聲譽和影響，迅速將新產品推向市場。因此，提升現有品牌的檔次、培育品牌帶動力，是實施品牌延伸策略的關鍵。首先，培養和形成企業的良好信譽。企業信譽包括多重內容，無論是什麼類型企業，其共性是將信譽排在首位，這是企業籌融資和正常業務得以開展以及業務擴大的基礎，對於企業而言，產品質量信譽、售後服務信譽、交貨信譽，對品牌的影響較大。其次，在為客戶提供產品的同時提供多方面的服務。服務質量好壞是品牌提升快慢的催化劑，服務概念的外延很廣，不僅包括產品銷售的服務，而且包括投資、融資信息及市場信息、用戶意見反饋處理等多種綜合性服務。最後，在經營和管理活動中融入企業形象的塑造。如企業在某一個經營領域長期居主導地位，形成獨具影響的經營特色；企業在管理上達到很高的水準，形成自己的管理特點；企業在社會公益活動中樹立起服務和回報社會的形象。

3. 科學選擇品牌延伸領域

實踐證明，品牌延伸能否取得成功，取決於以下幾個條件：第一，是否有技術創新能力，是否具備品牌延伸成功的技術基礎和人才保障；第二，企業管理、行銷能力是否具備條件和能力；第三，是否有比較充足的資本承受品牌延伸時帶來的資金壓力。這些條件基本全部具備，那麼實施品牌延伸策略才有成功的可能。如果某一項不具備，其他幾項要特別強，具備很強的互補性；否則，盲目實施品牌延伸，反而會

株連其他產品，那麼就完全失去了品牌延伸的意義。中國許多企業實施品牌延伸沒有取得成功，歸根究柢就在於這些企業沒能科學地進行品牌評價，盲目進入自身所並不熟悉的領域。

4. 實行主副品牌策略

在主品牌不變的前提下，為延伸的新產品增加副品牌，是規避延伸風險的有效手段之一。這樣可以使各種產品在消費者心目中有一個整體的概念，又在各種產品之間形成一定的比較距離，使產品在統一中保持著差異性。如海爾集團在品牌延伸時，為各個型號的冰箱、洗衣機分別取一個優美動聽的副品牌，如大王子、小王子、雙王子和小小神童等。還有長虹集團所開發的紅太陽、紅雙喜等系列彩電，樂百氏公司推出的健康快車等。實施主副品牌策略，在廣告宣傳中必須以主品牌為重點，副品牌則處於從屬地位。如「海爾──小小神童」洗衣機，副品牌小小神童傳神地表達了該洗衣服電腦控制、全自動、智慧型的特點和優勢，但消費者對「海爾──小小神童」洗衣機的認可、購買，則主要是基於對海爾的信賴，如果在廣告宣傳上以小小神童為主進行宣傳，要打動消費者的心是比較困難的。

第三節　品牌核心價值的塑造

勞斯萊斯貴嗎？貴！對於一般消費者來說簡直就是天價。路易斯‧威登（LV）貴嗎？貴！而且貴得大眾難以高攀。可是它們這麼貴，為什麼人人都想擁有呢？甚至有的白領節衣縮食好幾個月也要攢錢去買一個 LV 包。就因為它們是奢侈品，是名牌。然而，高端消費人群是不會覺得貴的，因為品牌價值占據了他們消費觀念的主導地位。

品牌是產品的烙印。品牌行銷是 21 世紀市場行銷的主流。但嚴格地說，市場上沒有好品牌與壞品牌之分，只有強勢品牌與弱勢品牌之別。所謂強勢品牌，是由企業通過長期的品牌戰略管理在顧客心中形成的品牌認知與識別，它表現為高知名度、高美譽度以及顧客的高忠誠度。當然，強勢品牌的創建並非一朝一夕之功，更不是單純的廣告轟炸所能成就的，回顧中國企業的發展歷程，曾經的中央電視臺標王「秦池」、「愛多」等早已風光不再。因此，企業強勢品牌的打造，應該是一個長期而複雜的系統工程。

品牌核心價值一旦確定，企業的一切行銷傳播活動都應該以滴水穿石的定力，持之以恒地堅持維護它，這已成為國際一流品牌創建百年金字招牌的秘訣。

一、運用整合行銷傳播演繹品牌核心價值

菲利普‧科特勒指出：「解決定位問題，能幫助企業解決行銷組合問題，行銷組合——產品、價格、渠道、促銷——是定位戰略戰術運用的結果。」20 世紀 90 年代以來，新興的整合行銷傳播理論（IMC），則將企業的每一項行銷活動，都看成是一次品牌的傳播，它

將向企業、同行、關係者和最終的消費者傳遞著品牌信息。因此定位時代的傳播，應該圍繞設立的定位，多方位地整合起來宣傳品牌，立體地豐滿建設定位，使傳播達到最大的效果。

企業在塑造品牌核心價值的過程中，所採用的策略、方式或平淡無奇，或出奇制勝，可謂五花八門，各有所長。但是，無論手段多麼繁復，都萬變不離其宗，行銷傳播形式的多樣化與創新應始終圍繞品牌的核心價值展開，才能使消費者在不同場合、不同時間對品牌信息的感知中深刻記住並認同品牌的核心價值。

品牌核心價值一旦確立，就應保持相對的穩定性。企業的行銷戰略、廣告傳播、公益活動、軟文炒作等都要能演繹其品牌的核心價值。名牌轎車沃爾沃的品牌核心價值是「安全」。多年以來，「安全」成了企業一切經營活動的靈魂。20世紀20年代以來，沃爾沃在這個目標上鍥而不舍，受到世界各國廠商及車迷的推崇，有人曾經統計過，從1945年到1990年，沃爾沃公司在各式新車上配置了32項主動或被動安全裝置。在國際汽車工業界有許多安全技術是沃爾沃首創的。在傳播上，沃爾沃的廣告、公關活動也始終圍繞「安全」而展開。

從整合的角度看，要建立消費者對品牌核心價值的信任，企業任何形式的傳播工具都需要有一致的信任度，任何一個環節的不信任都有可能導致品牌受損。如康佳就因長虹的價格壓力改變行銷策略從而損害了品牌形象。一直以來以技術力、工業設計力、品牌傳播力為基礎支撐起「高科技、時尚感、現代感」這一品牌核心價值與高檔形象，而長虹通過總成本領先戰略建立起價格優勢。但康佳在長虹的價格攻勢下並沒有堅持和培育自己的核心價值，使戰略發生了遊離。康佳也頻頻推出大量的普通機、中低檔機、特價機，使其已建立的「高科技、時尚感、現代感」的品牌核心價值受到破壞。結果，價格戰打不過長虹，高精尖的產品又由於品牌形象受損致使消費者不信任。

從整合行銷傳播角度塑造品牌的核心價值，具體來講應做到以下幾個方面：

（一） 通過視覺識別設計體現

對企業而言，創造性標示，精美包裝，尤其是包裝色彩的運用僅僅起到易於記憶和識別作用，這是遠遠不夠的。隨著市場競爭的激烈，人們十分注重運用識別系統去反應或捕捉消費者的心靈渴望與意念，美國心理學家路易斯·切斯金認為：形狀、圖案、顏色是一種沉默的誘惑。

從品牌形象塑造角度看，把產品的機能性、情感性（個性）、社會性（身分、地位和生活方式）巧妙地融合在一起，是當今品牌至尊

時代的必然要求。成功的品牌視覺識別系統設計應符合四個準則：第一，簡明易認。即容易識別，產生聯想，不論是具體的還是抽象的，均應一目了然，便於記憶。第二，個性突出。圖形的含義或色彩的象徵，必須能正確傳達特定產品或企業個性。第三，獨具一格。設計造型新穎獨特，別具匠心與眾不同，有鮮明的形式美和時代感，能給人以美的享受。第四，永久性。即具有時間上的長期性和使用上的廣泛性，可以在不同場合使用，只有這樣才加深消費者記憶，在消費者心目中建立牢固的品牌形象。

(二) 廣告與公關活動傳達

　　品牌的核心價值是一個品牌的精神實質，這種本質在相當長一段時間內不會改變或消失的，除非隨著時間的流逝，消費者已不再認同這種本質。長壽品牌的成長表明，在品牌核心價值保持穩定和不變的同時，表現其核心價值的手段和方式應與時俱進，進行適當調整。只有這樣，才能使消費者在耳目一新的感受中記憶和認同其品牌的核心價值。

　　應當承認，品牌是無國界的，但廣告跨越國界時往往具有濃鬱的地域和民族特色。如萬寶路電視廣告表達「豪邁、陽剛」男子漢氣概時，在西方國家使用的是牛仔和馬，但在中國請張藝謀拍的「威風鑼鼓舞獅篇」沒有用牛仔和馬，其喧天的鑼鼓和震撼性的壯觀場面照樣演繹了萬寶路「陽剛、豪邁」的核心價值。在中國香港，原來被西方人看做是男子漢的牛仔形象，在港人心目中的地位卻不高，不少港人覺得牛仔外表污濁，是失敗者的形象。對此，廣告公司對牛仔形象進行了調整，將他扮演成一個英武俊秀、衣著整齊的牧場主人，身邊有助手前呼後擁，並乘私人飛機視察牧場，與親朋好友分享萬寶路，共度好時光，受到了港人的歡迎。

　　因此，企業任何一次行銷和廣告活動中都體現、演繹品牌的核心價值就能使消費者任何一次接觸品牌都感受到核心價值的信息，這意味著每一分的行銷廣告費都在加深消費者大腦中對核心價值的記憶和認同。如果不這樣做，就意味著企業的行銷傳播活動沒有中心和目標，大量行銷廣告費用只能促進短期銷售，無法累積品牌資產。

(三) 通過試用、優質服務、終端展示讓消費者感受和體驗

　　有的品牌光靠廣告這個手段去演繹品牌核心價值顯得比較單調，而通過試用、企業特色服務、現場展示等方式給消費者以真切感受和體驗創造的效果並不亞於廣告的作用。海飛絲的核心價值是「去頭屑」，上市之初採用了小包裝的試用贈送，讓消費者從試用中去感受

其價值；寶馬車「駕駛的樂趣」，經無數駕駛者親自駕駛後的感受與口碑傳播達到深度溝通效果。美國連鎖便利店「7-11」迄今已有70多年歷史，該連鎖店除經營日常必需品外，為真正便利顧客，將營業時間定為早上7點至晚上11點。同時，該連鎖店還特別推出了為附近居民收取電話費、煤氣費、保險費、水費、快遞費、國際通訊費等，對附近居民切實起到了便利作用。「7-11」通過自身的良好服務讓消費者切實體驗到了企業所提出的「便利顧客，提升價值」的核心理念，才得以步入輝煌。

總之，在現代激烈競爭中，僅停留在以廣告為主演繹品牌核心價值層面是不夠的，要讓消費者發自內心地認同，要將通過種種手段讓消費者真真切切地體驗核心價值和搶占消費者心智作為品牌建設的重中之重。

二、以顧客忠誠為目標全面推進品牌核心價值建設

著名行銷專家菲利普‧科特勒明確指出：行銷的本質不是賣，而是買，即買顧客忠誠。因為在激烈的買方市場時代，沒有消費者對品牌的忠誠，就談不上企業的持續健康發展。

顧客忠誠是指由於質量、價格等諸多因素的影響，消費者對某一品牌產生感情，形成偏愛並長期重複購買該品牌產品的行為。提高品牌忠誠度的方法，就是設法加強消費者與品牌之間的關係。

(一) 適時創新產品

產品是聯繫企業與消費者的實物媒介，消費者對產品的肯定是單純廣告傳播無法達到的，它不僅需要品質穩定，更需要在產品發展過程中根據顧客需求變化不斷創新，包括產品的式樣、色澤、技術含量、文化附加值等。如美國麥特爾公司的「芭比」娃娃在全美家喻戶曉，這個金髮碧眼的小東西在美國3~7歲的小女孩中，95%的小女孩擁有它。該公司董事長約翰‧艾默曼在談到成功秘訣時說：「芭比」常比常新，年年出新。「芭比」的著裝打扮和形態儀容隨社會潮流的變化而變化，以適應孩子們新的價值觀和審美觀。當孩子們感興趣的是搖滾樂時，就有了愛跳搖滾樂的「芭比」；當女孩子熱衷於鑽石項鏈等漂亮飾物時，「芭比」就開始雍容華貴、珠光寶氣起來；當社會上興起保護野生動物的熱潮時，「芭比」又成了一位野生動物的保護神，懷抱一只未成年的大熊貓親密無間，極為純真可愛。「芭比」隨時代變化的產品創新，既符合了時代潮流，也把「芭比」「時尚可愛」的

品牌核心價值演繹得淋灕尽致。

(二) 合理的價格水準

一定的價格是產品品質、服務、信譽等的反應，一個品牌的產品價格為多少，沒有一個固定的標準，但有一點是肯定的，那就是產品的價格應讓消費者感到物有所值。相反，漫天要價，即使是名牌產品，也很難讓人問津。同時，價格也是影響品牌形象的重要因素。價格策略的濫用會使一個已經建立起來的品牌形象受到致命的傷害。

(三) 物超所值的額外利益

顧客忠誠體現在顧客對產品的重複購買上，要保持較高的重複購買率，沒有高水準的服務是不行的。經常提供一些意想不到的利益給消費者，消費者對品牌會由認同上升到摯愛。如海爾維修人員在對消費者的售後服務中，溫暖人心的禮貌問候，自帶礦泉水不喝用戶一口水，進門時套塑料鞋套避免把用戶家裡地板污損等，提供了超過消費者預期的滿意服務，自然獲得了消費者對海爾品牌的厚愛。

(四) 各種形式的顧客忠誠促銷手段

這些手段主要有：第一，常客獎勵計劃。常客獎勵計劃是留住忠誠顧客最直接有效的方法，它不但能提高一個品牌的價值，同時能讓消費者覺得，自己的忠誠得到了回報。第二，會員俱樂部。和常客獎勵計劃一樣，會員俱樂部也能讓忠實顧客們感覺到自己被重視。會員俱樂部能讓顧客有較高的參與感。它給消費者提供了一個渠道，抒發他們對這個品牌的想法和感受。第三，資料庫行銷。通過各種方式，得到一些常客的資料，包括他們姓名、住址、職業等，分析這些資料，將新產品的介紹、特別的活動說明、公司的特惠專案等，寄給有關常客。這些收到的人也會因自己受到這家公司的重視而加強對品牌的忠誠度。

以產品和服務為依託的顧客忠誠行銷是強化消費者與品牌關係的重要手段，我們必須走出只塑造品牌而不要產品的誤區，任何脫離產品去塑造品牌，猶如大廈建瓴沒有根基，最終必然倒塌。

三、品牌塑造應避免的主要誤區

品牌日益成為引導消費者進行購買的一個關鍵的差異化因素，企業以品牌為焦點，圍繞它來確定如何通過獨特的方式將價值傳遞給顧

客，並因此獲取利潤，從而充分地體現組織的精神和靈魂。

品牌承諾是通過企業的產品、服務和與消費者的溝通（包括全面客戶關係和全面客戶體驗）來實現的。如果品牌經過精心設計，並且企業在業務流程中、在與客戶的接觸中能始終如一地貫徹其品牌的精神，那麼這樣的企業必定能夠大展宏圖。

然而在實踐中，雖然許多企業認識到了品牌塑造的重要性，但由於對品牌的認知及品牌管理缺乏系統性，可能陷入種種誤區，需要引起企業的重視。

品牌塑造的誤區主要有以下幾個方面：

（一）界定狹窄，重視不夠

品牌定義過於狹窄，特別是將其定義為某一類產品。強大品牌的主要優勢之一，就是這樣的品牌可以被拓展應用到新的產品和服務類別上去。它是企業的增長引擎，還能幫助企業擺脫那些將要過期的產品。

企業應該以品牌將要傳遞給消費者的主要利益（而不是具體的產品或服務）為指導，確定品牌內涵和品牌承諾。然後，堅持不懈地尋找新的方法來實現這些內涵和承諾。通用電氣（GE）就成功地拓寬了其品牌的內涵和承諾，公司口號曾經從「電力讓生活更美好」轉變為「GE 帶來美好生活」，而最新採用的口號則是「夢想啓動未來」。

重視不夠就是在產品開發過程的末期才開始應用品牌策略，而不是把品牌管理當成企業所有營運活動的推動力。你可能是在一家根本不知品牌管理和市場行銷為何物的製造型企業裡工作，公司的人沒有品牌行銷的意識。或者說，即使他們在做所謂的品牌行銷，也只不過是把這部分工作丟給廣告部或公關部，甚至是廣告代理商。

品牌是對消費者的一種承諾，而企業所做的每一件事都必須保證這一承諾的實現。從鎖定目標消費者到品牌設計（內涵、承諾、個性及定位），再到決定合適的產品和服務，缺一不可。這些需要在組織設計和人員配置等方面做好安排。

（二）品牌定位變化不定

一個品牌一旦在消費者心目中占據相應的位置，短期內不會輕易改變，但如果企業不負責任地隨意變動，可能會使已建立起的品牌個性受損。

Lee 牌牛仔雖然比牛仔褲鼻祖李維斯（Levi's）晚了近 40 年，但在激烈競爭的牛仔褲市場中迅速崛起並贏得廣大女性消費者的青睞，就是因為品牌定位正確。Lee 對 25～44 歲女性消費者研究分析發現，

这一龐大的消費群體對牛仔情有獨鐘，緣於牛仔見證了她們的青春，而且還是他們成長的伴侶，而「貼身」又是她們最關心的價值。因為絕大多數女性都需要一件腰部和臀部合身且活動自如的牛仔服，但她們要平均試穿 16 件牛仔服才能找到一件稱心如意的，鑒於此，「最貼身的牛仔」就成為了 Lee 的品牌定位。但因 Lee 盲從於零售商的建議，追求產品的時尚和品味，Lee 放棄了最初「最貼身的牛仔」的定位，將原定位改變為了「領導潮流、高品位、最漂亮」宣傳說辭，從而使 Lee 在改變定位兩年後就陷入困境。Lee 的決策者們總結了經驗與教訓後，使 Lee 定位重新回到原點：「最貼身的牛仔」。隨後就持續不斷的宣傳原定位，到今天 Lee 終於在強者林立的牛仔服市場中樹立起「最貼身」的形象，並最終獲得全球牛仔第二品牌的地位。

　　在現代市場競爭中，品牌定位應該是一個不斷調整和優化的過程。但值得注意的是品牌定位的調整和優化應該是漸進的，絕不能過於頻繁地調整。因為任何品牌的重新定位都是另一次品牌定位形成過程的開始，如果品牌定位變化過於頻繁，一方面，加大品牌建設的成本，損害品牌資產的累積；另一方面，過於頻繁的變化會使品牌形象模糊不清，等於沒有定位。比如青島啤酒十幾年來的定位轉化和調整就證明了這一點。從「中國最早的啤酒」，到「不同的膚色、共同的青島」，再到「激情無處不在」。隨著定位主張的每次變換，企業都要規劃不同的溝通傳播方案，運用不同的溝通手段和價值符號與市場進行交流，期待大家的接受和認同。每一次的定位都不是相互連續的，「中國最早的啤酒」強調的是歷史，「不同的膚色，共同的青島」強調的是國際化，「激情無處不在」強調的是激情、時尚。每一次品牌定位的核心不同，造成每次品牌輸出的信息不同，使用的元素不同，從而導致消費者對品牌形象缺乏清晰的認識。

　　因此，品牌定位的變化是相對的，如果絕對不變化，就有可能跟不上消費者的需求，被市場所淘汰。相反，過於頻繁的定位變化也不利於顧客對品牌形象的接受和認同。

(三) 要麼投入不足，要麼曝光過度

　　強勢品牌的塑造，當然離不開廣告、公關活動傳播的力量，然而在實際的傳播活動中，往往會呈出現兩個極端。

　　削減品牌廣告投入或撤銷品牌廣告。當企業要「勒緊腰帶過日子」的時候，總是最先拿廣告預算開刀。如果撤銷廣告預算，通常都能省下相當大一筆費用，而廣告投入所產生的效果又恰恰是很難判斷的。退一步來講，即使因此產生不良後果，品牌也不會因為宣傳投入的減少或撤銷就立即受損。

然而，最近有研究表明，廣告投入和收入、利潤、市場份額等都有正相關關係。有關市場調研機構認為，有兩個方面的原因導致品牌忠誠度的降低：一是廣告投入不穩定或投入的廣告跟不上激烈的競爭；二是因品牌延伸而導致自相殘殺。

　　曝光過度是指品牌曝光率過高，以至於令人厭煩。有時候，強勢行銷和分銷會導致品牌過度曝光，隨處可見。這樣雖然能夠大幅度提高品牌的知名度，但卻會使品牌失去其曾經擁有的獨特性和神祕感。於是這個品牌就不再能夠帶給它的顧客與眾不同的感覺，它變成了一個普通品牌，人們開始煩它。如果某個品牌在宣傳的時候，給人留下的主要印象只是一個誇大的廣告、隨處可見的商標、一再被強調的特性，背後卻沒有深具說服力的內容支持，那麼這種品牌的過度曝光就會更加惹人厭煩。

第六章

點石成金

※廣告運作策劃※

「今年爸媽不收禮，收禮只收腦白金。」腦白金大家都非常熟悉，2002年及2003年，它連續兩年「榮登」中國「年度噁心廣告」之首的寶座，但它卻給史玉柱帶來了數億元的財富，市場銷量十分可觀。一個令消費者十分討厭的廣告為什麼能帶來良好的銷售業績呢？

筆者認為，單純從廣告藝術的角度看，腦白金的廣告水準的確不高，再加上它的曝光過度自然會讓消費者感到心煩。但是從廣告策劃的角度看，腦白金掌門人史玉柱的確可以堪稱行銷界絕對頂尖級專家，因為腦白金的策劃體現了廣告策劃的精髓。

先定位，再做廣告。與眾不同的定位不僅是塑造品牌個性的基礎，而且是提高廣告效力的關鍵，在這方面，史玉柱非常成功。腦白金本來是一種有助於改善中老年睡眠的保健品，但他沒有當保健品賣，而是別出心裁地打「送禮」這張牌，按某些說法，送禮是具有中國特色的一項活動，自古以來，相當盛行。中國人可以自己不吃好，不穿好，但逢年過節，求人辦事的時候都少不了送禮這一節骨眼。腦白金是保健品，史玉柱知道中國人自己不喜歡吃保健品，但是在逢年過節的時候喜歡給老人、親戚送保健品。因此，史玉柱這張送禮牌絕對高明，還因為他的廣告轟炸，腦白金還真成為人們送禮必不可少的東西，大有成為約定俗成的一項習俗之勢。

其次，腦白金在獨特定位基礎之上，為了便於傳播，記憶點饒有興趣，「今年爸媽不收禮，收禮只收腦白金」與當年新飛冰箱做的

「廣告做得好，沒有新飛冰箱好」有異曲同工之妙。廣告的目的無疑是吸引消費者的注意力，並且能在消費者的心目中留下深厚的印象，抓住消費者的眼睛和耳朵。腦白金廣告，以卡通的形式出現，形成與其他廣告不同，可以吸引消費者眼球，「送禮就送腦白金」簡短，但多次重複宣傳，也能抓住觀眾的耳朵，在觀眾心中留下印象。

最後，攻心為上，讓消費者心悅誠服地接受廣告，這也是廣告策劃的最終目的，腦白金做到了。因為史玉柱完全抓住的是過節送禮，孝敬父母，尊敬長輩，關愛老人等一系列在中國社會中已經刻下深厚印記的感情習俗，這則廣告無處不注入濃濃的情感因素，所以腦白金的廣告在消費者心裡自然能留下難以磨滅的記憶。

廣告運作策劃是一項在市場調查基礎之上，明確廣告目標，擬定廣告主題，實施廣告傳播以及測定廣告效果的系統工程。因篇幅所限，我們只對廣告運作關鍵環節進行分析。即廣告定位（主題）策劃，主要解決說什麼；廣告創意策劃，它是廣告主題的藝術化過程，主要解決怎麼說；廣告媒體策劃，主要解決通過什麼途徑將廣告信息傳達給目標受眾。

第一節 廣告定位（主題）策劃

　　管理大師餘世維講過這樣一個故事：他曾去一家燒鵝店，其老板要他吃鵝肉，而當時他是不大愛吃鵝肉的。但那老板又講了一句：你知道世界上哪種動物不得癌嗎？一種是海裡的鯊魚，另一種就是陸地上的鵝了。聽了這番話，他胃口大開，一口氣吃了兩盤。

　　這則故事的確發人深省。一方面，老板的話點中了就餐者內心的核心利益——健康，使其對產品產生了好感；另一方面也就是由於這番簡短的話，推動了消費的完成，達到了宣傳的終極目的。這就是廣告主題，即激發消費者的潛在需要，形成或改變消費者的某種態度，告知其滿足自身需要的途徑，促使其出現所期望的消費行為。廣告訴求若一語中的，則會像上述故事般四兩撥千斤，促進消費，有效拉動銷量增長。

一、廣告主題確立的原則

　　一個廣告主題怎樣才算好？我們首先就應明確優秀廣告主題所遵循的基本原則。

（一）差異原則

　　所謂差異原則，就是廣告傳播的核心價值點（訴求點）與同類產品的不同之處，是既能區別於競爭對手，同時又能感動消費者的賣點，是既能讓消費者記住又能讓消費者購買的理由。

　　例如補鈣產品，第一個品牌說補鈣能使腿腳好、腰好；這時第二個品牌再這樣說，就沒有賣點了，所以他們說「補鈣要用高鈣片，一

片頂五片」；這時，第三個品牌說補鈣關鍵在吸收；到了第四個，又說補鈣要均衡。這些品牌都有獨特賣點，所以才能賣得好。在當今中國白酒爭霸戰中，知名品牌各顯神通，其背後的支撐仍然離不開各自所提出的訴求點。國窖1573告訴消費者他有400多年歷史，茅臺告訴消費者他們是中國醬香型酒中最好的。另外一些品牌則把情感訴求做足了，沱牌「悠悠歲月久，滴滴沱牌情」，香泉的「人生百年，難忘香泉」，青酒的「喝杯青酒，交個朋友」。

(二) 簡潔原則

定位要精，就是說應簡潔明瞭，即一目了然，重點突出，不用面面俱到。而在現實生活中，有些企業往往存在一個誤區，他們希望自己的產品對人人都有用，既適合男性又適合女性，既適合成年又適合青年和少年，並且能滿足各種需求。這不僅會造成消費者的不信任，而且也會使自己的商品缺乏個性，失去了自己的品牌形象，從定位角度看，就是不懂得如何給自己的產品定位。

理論和實踐表明，在今天這個廣告信息激增的時代，廣告定位應少而精，「多則感，少則得」。一般來說，最好是一則廣告一個主題。如派克墨水強調「暢」，海尼根啤酒聲稱「新鮮」，高露潔牙膏則宣稱「奮戰蛀牙」，中外合資的碧浪洗衣粉強調能把「衣服上的污漬、油漬瓦解乾淨」，海飛絲則強調能「去頭屑」等。這些簡潔鮮明的定位，就像錐子一樣以其特有的銳利，一下子切中了消費者記憶深處，巧妙地傳達了本企業及其品牌最引人注目的利益點，具有極強的穿透力，給人留下難以磨滅的印記。

(三) 關注原則

定位策略的實施，主要是在消費者心目中占據一個有利的位置。因此，必須把握本廣告的定位與消費者心理的吻合程度。衡量其吻合程度主要看：第一，所選擇的廣告主題在消費者心目中有無這樣的位置；其二，所選擇的定位是否有足夠的銷售潛力；其三，所選擇的位置是否容易被競爭對手一攻即破等，廣告訴求的主題與消費者的關聯度越高，就越容易受到消費者的關注。

M&M's公司是巧克力糖的生產商，產品問世後，該公司聘請了很多廣告專家為其產品樹立品牌形象。以「只溶在口，不溶在手」來為其品牌定位。當廣告活動開展後，M&M's巧克力立即以鮮明的形象呈現在消費者面前。因為這個廣告定位正好切中了消費者的心態和關心點，巧妙地打消了消費者的種種憂慮和擔心。就年輕媽媽而言，既可以讓她的寶貝暢快地吃巧克力，又不會弄髒衣服。對於年輕人來說，

則可以在享受好味道的巧克力糖的時候，免去使手裡黏黏的困擾。M&M's巧克力這一品牌形象與其他的產品拉開了檔次，其銷量大增，不吃巧克力的人開始吃了，怕吃巧克力弄髒手的人不怕了，喜歡吃巧克力的人轉而來吃這種新品種了⋯⋯使該公司數年來在市場上佔有很重要的地位。而這一品牌形象的樹立，全賴於「只溶在口，不溶在手」這一定位概念的巧妙運用。

(四) 個性化原則

廣告主題的個性化，指廣告主題的訴求與眾不同，策劃如能提出一個令顧客耳目一新的概念，能極大地引起消費者內心的共鳴，不落俗套，超越常規。

一位著名的廣告學家說過，在廣告裡與眾不同是偉大的開端，隨聲附和是失敗的起源。廣告定位如果千篇一律，那就會使消費者感到乏味。最明顯的是中國洗髮香波電視廣告，絕大多數洗髮香波都是展示某洗髮香波使用後頭髮是如何烏黑、亮澤、柔順，並且表現的大都是明星和美女形象，這就使消費者看了以後很難記清到底是誰在給哪種洗髮香波做廣告。要讓消費者記住你的品牌，以及與其他品牌的區別，就必須有明晰且具有個性的廣告主題及定位。

以星巴克為例。星巴克咖啡公司是零售、焙制特色咖啡的世界一流公司。星巴克也是世界著名的咖啡品牌。7,000多個星巴克咖啡店分佈在北美洲、拉丁美洲、歐洲、中東和環太平洋地區。當它進駐上海後，經營非常成功，至今已經開設多家連鎖店。它的成功之處在於實施星巴克多元化的市場戰略，最重要的是星巴克提出的第三空間理論：「人有兩個空間，第一個是辦公室，第二個是家，如果你厭倦了你的辦公室，煩透了你的家，快請到星巴克第三空間，去享受你的生活。」這就是星巴克文化。把星巴克定位為能夠提供快捷、使人輕鬆（通過裝飾、擺設、燈光、背景音樂等表現出來）、自由（提供自助式服務選擇、隨便閱讀的報刊和網絡瀏覽）、方便（提供各種小吃如甜點）的第三空間，深深吸引了廣大的消費者。星巴克咖啡店目標市場是追求小資情調，追求品位時尚生活的新新人類。「如果我不在辦公室，就在星巴克；如果我不在星巴克，就在去星巴克的路上。」不知從何時起，這句話儼然成了都市白領的流行語。

(五) 廣告主題留心變化

成功的品牌定位絕非一蹴而就，這是一項長久的工程，是一個不斷創新廣告形象的過程。任何一種品牌，如果不能隨科技的變化和消費心理的變化適時更新自己的品牌形象，就難免遭遇冷落和被遺忘。

因此，廣告定位應根據不同情況進行某些必要的調整，以使廣告主題與消費者的關注保持一致。

從國外汽車廣告定位發展來看，從開始說不用馬拉的車，到強調交通便捷，又到強調安全、溫暖，再到家常使用、經濟實惠，再轉到強調休閒，強調高檔豪華的氣派感，強調一種速度的優越感，強調一種發揮自我的成就感。廣告定位的遞變，隨著商品生命週期更換，又反應著社會經濟的變遷和消費心理的變化發展。又如寶潔公司剛生產出一種能浮於水的象牙香皂時，其廣告主題強調「象牙香皂——輕浮於水」，使象牙香皂迅速在消費者心中樹立了獨特的印象。現在隨著健身運動的勃興，象牙牌香皂又創意出以「美國的象牙姑娘——展露你健康的肌膚」為主題的廣告運動，強調象牙香皂對人的肌膚無刺激、無副作用等特點，與當今人們的興趣巧妙的融合起來，從而使象牙牌香皂繼續保持了暢銷的勢頭。

二、產品定位、廣告定位與品牌形象

應當指出的是在廣告定位以前，必須有正確的產品定位。產品的定位失策，也難以建立起獨特的品牌形象。典型的經驗和教訓是應該吸取的。

美國廣播唱片公司（RAC）是擁有百億美元資產，在傳播業中具有領導者位置的著名大公司。1969 年後，美國廣播唱片公司進軍電腦市場，試圖與當時在電腦市場占領導地位的國際商業機器公司（IBM）決一高低。但僅兩年時間就以 2.5 億美元的損失敗下陣來。從邏輯上看，一個實力雄厚的公司要開拓一個新市場似乎是很容易的，但事實並非如此。其主要原因是這種邏輯是從公司本身出發的，而忽略了消費者因素。比如你是一個消費者，購買電腦時首先想到的是處於領導者地位的國際商業機器公司而不是美國廣播唱片公司，所以即使像美國廣播唱片公司這樣的大公司也不可能從正面「打垮」國際商業機器公司，美國廣播唱片公司的電腦只可能在市場上有很小的佔有率。這既涉及產品定位，又涉及廣告定位，是值得深思的問題。

但是，在某些情況下，錯誤的產品定位和含混不清的產品定位可以被正確的廣告定位所挽救。

一是錯誤的產品定位有時可以被正確的廣告定位予以糾正。萬寶路香菸原是女士香菸，但銷路不佳。後來，萬寶路公司通過塑造一位英俊粗獷、充滿陽剛之氣的美國西部牛仔形象，使萬寶路香菸成為男士香菸後，才躍上了世界香菸銷量第一的寶座。

二是當企業的產品定位在消費者心目中易於產生混亂或模糊時，通過廣告定位可以強化和突出企業的品牌形象，消除消費者對企業品牌的認知誤區。如深圳海王食品公司生產的海嬰寶，其功能是與牛奶相伴，補充牛奶中牛硫磺成分，使炮制出來的牛奶接近母乳的營養成分。但該公司調查消費者時發現，儘管該產品的包裝上標有「牛奶伴侶」字樣，但人們理解起來卻十分含混，把海嬰寶視為營養奶粉。針對這一點，該公司提出了一個鮮明的定位口號「創造第二母乳──海嬰寶」，從而消除了消費者的認知誤區，突出了海嬰寶與眾不同的品牌形象。

三、廣告訴求策略

所謂廣告訴求方式，是指廣告製作者運用各種方法，激發消費者的潛在需要，形成或改變消費者的某種態度，告知其滿足自身需要的途徑，促使其出現廣告主所期望的購買行為。廣告訴求方式對整個廣告的運作都是至關重要的，因為它主要是研究消費者的心理，商品的銷售量主要就是看消費者的認同。如果廣告的訴求點找錯了，將全盤輸掉。

廣告的訴求方式主要有三種：理性訴求、感性訴求和理性感性相結合訴求。

廣告要進行有效訴求，必須具備三個條件：正確的訴求對象、正確的訴求重點和正確的訴求方法。

（一）廣告訴求對象

廣告的訴求對象即某一廣告的信息傳播所針對的目標消費者。

1. 訴求對象由產品的目標消費群體和產品定位決定

訴求對象決策應該在目標市場策略和產品定位策略已經確定之後進行，根據目標消費群體和產品定位做出。因為目標市場策略已經直接闡明了廣告要針對哪些細分市場的消費者進行，而產品定位策略中也再次申明了產品指向哪些消費者。

2. 產品的實際購買決策者決定廣告訴求對象

根據消費角色理論可以知道，不同消費者在不同產品的購買中起到了不同作用，如在購買家電等大件商品時，丈夫的作用要大於妻子，而在購買廚房用品、服裝時，妻子的作用大於丈夫。因此，家電類產品的廣告應該主要針對男性進行訴求，而廚房用品廣告則應該主要針對女性進行訴求。兒童是一個特殊的消費群體，他們是很多產品的實

際使用者，但是這些產品的購買決策一般由他們的父母作出，因此兒童用品的廣告應該主要針對他們的父母進行。

(二) 廣告訴求重點

廣告時間和範圍是有限的，每一次廣告都有其特定的目標，不能希望通過一次廣告就達到企業所有的廣告目的；廣告刊播的時間和空間也是有限的，在有限的時間和空間中不能容納過多的廣告信息；受眾對廣告的注意時間和記憶程度是有限的，在很短的時間內，受眾不能對過多的信息產生正確的理解和深刻的印象，這就要求明確廣告中向訴求對象重點傳達的信息。

(三) 廣告訴求方法

廣告訴求從性質上包括感性訴求、理性訴求和情理結合訴求三種。

1. 感性訴求

感性訴求關注受眾的情感動機，通過表現與訴求內容相關聯的情緒與情感因素來傳達廣告信息，在受眾的情緒變化和情感衝擊中，激發出購買慾望和購買行為。感性訴求通常通過愛情、親情、同情、恐懼、情趣以及其他能夠喚起消費者認同和共鳴，有利於激發消費者情緒的崇高感、成就感、自豪感、滿足感、歸屬感等方式來表現。

2. 理性訴求

理性訴求作用受眾的理性動機，通過一系列的邏輯認識，包括完整的概念、判斷、推理思維過程，對廣告訴求重點加以真實、客觀的評價，作出理智決定。

3. 情理結合訴求

理性訴求側重於客觀、準確和說服力，對完整、準確的傳達廣告信息非常有利，但可能顯得直白、枯燥，對受眾接受廣告信息的興趣有一定影響。感性訴求貼近訴求對象的切身感受，能以情動人，具有親和性，但過於注重對情緒和情感的描述，也會影響信息傳達。

因此，以理性訴求傳達客觀信息，以感性訴求引發訴求對象情感共鳴的情理結合訴求方式受到了企業的關注和重視，它們的結合更易提升廣告的效果。

雕牌系列產品的廣告策略就經歷了一個從理性訴求到感性訴求的轉變。初期，雕牌洗衣粉以質優價廉為吸引力，打出「只買對的，不買貴的」口號，暗示其實惠的價格，以求在競爭激烈的洗滌用品市場突圍。而其後的一系列的關愛親情，關注社會問題的廣告，深深地打動了消費者的心，取得良好效果，使消費者在感動之餘對雕牌青睞有加，其相關產品連續四年全國銷量第一。「媽媽，我能幫你干活了」，

這是雕牌最初關注社會問題的廣告。它通過關注下崗職工這一社會弱勢群體，擺脫了日化用品強調功能效果的差異和品牌區分套路，對消費者產生深刻的感情震撼，建立起貼近人性的品牌形象。

感性訴求與理性訴求的結合，往往對品牌形象提升的效果更為明顯。由此我們可以得出，針對不同的推廣階段、不同的受眾、不同的媒介和不同的目標市場，只要充分挖掘其核心和重點，並用不同的訴求方式來傳達、感染和滲透，就能有效地樹立品牌形象，加深品牌印象，從而達到提升品牌價值的目的。

四、廣告語的創作策略

廣告語是品牌向消費者傳遞的宣傳口號。廣告語是廣告主題的表達，是企業廣告傳播使用面廣、使用頻率最高的訴求點，經典的廣告語往往一字值千金，是企業塑造品牌形象的重中之重；同時，經典的廣告語經過策劃人的千錘百煉，往往濃縮成一個簡潔的短語或一句話，它不僅意蘊深刻，而且便於傳播和記憶。

（一）廣告語創作的基本要求

1. 廣告語要符合品牌所要傳播的定位或品牌內涵

廣告語是品牌與消費者溝通過程中非常重要的載體之一，對消費者起著關鍵的引導作用，要充分瞭解品牌所針對的消費群體，發現他們的需求特點，找到行業本質，以此確定宣傳定位或訴求點。

比如，「農夫山泉有點甜」七個字使農夫山泉在所有的礦泉水中脫穎而出，把「甘甜」的概念表現得淋灘盡致，到底甜不甜還得消費者體驗過才知道，但是這樣的一個定位直入消費者心理；「怕上火，喝王老吉」七個字，把王老吉是預防上火的飲料這樣一訴求點表達得十分準確，這就符合王老吉的品牌定位。早期，王老吉的廣告語是「健康家庭，永遠相伴」，這種表達顯然不夠清晰。

2. 廣告語要具備強烈的衝擊力和感染力

經典的廣告語能夠直接打動消費者，使其從感情上產生共鳴，達到認同，接受甚至主動傳播的效果，表現出較強的銷售力，使之在整個市場的宣傳推廣中總能迅速脫穎而出，搶占市場制高點。

比如，某種子公司打出「購種要細心，認準奧瑞金」，這樣一句簡單而有力的廣告語，使得在大街上的小孩都在相互傳唱，因為在紛繁複雜的種子市場上，農民不具備更多的專業知識，這樣一句廣告語極大地提高了農民購種的安全意識，同時也表達出該品牌帶給農民極

大的安全感，所以農民在購種時總能想起奧瑞金。

3. 廣告語的創作要易於傳播

廣告語創作掌握應抓住簡單、易讀、易記、易於傳播的原則，主要做到這幾點：簡短、無生僻字、易發音、無不良歧義、具有流行語潛質。廣告語切忌表達內容太多、太長，注意信息的單一性，一般以6～12個字為佳。賣點太多，語句太長，都不便於消費者記憶和傳播。

比如：某家具店的廣告語「您想擁有溫馨的家嗎？某某家具店幫您實現夢想！」這樣一句廣告語能給你帶來什麼樣的感受？以下幾個簡短的廣告語看看能產生什麼樣的效果：「白大夫就是讓你白」、「想想還是小的好，大眾甲殼蟲」等。

(二) 廣告語創作的思路

從國內知名品牌的廣告語來看，經典廣告語的創作主要有以下一些思路：

1. 公眾認可的理念、價值觀念

公眾認可的理念、價值觀念往往能盡快拉近品牌與消費者的距離，使消費者產生強勁的品牌聯想，例如「科技以人為本——諾基亞」、「真誠到永遠——海爾」、「讓我們做得更好——飛利浦」等。

2. 產品獨特賣點

這個思路主要以該產品和產品的差異性為訴求點，樹立新的消費觀念。比如：「海爾——不用洗衣粉的洗衣機」、「彈的好，彈的妙，彈的味道呱呱叫——今麥郎」、「頭屑去無蹤——海飛絲」等。

3. 細節廣告

細節廣告讓消費者對產品整個加工流程充分瞭解，從而對產品建立質量安全感。比如：「某某牛奶經過多少道高溫滅菌」，「九牧王西褲經過多少針的加工而成」等。

4. 競爭角度

這個思路是站在競爭對手的角度上樹立自己的地位，比如「廣告做得好，不如新飛冰箱好」。

5. 特殊語氣

突破常規引起消費者的注意，常用的手法有反問和挑釁等。例如：「康師傅方便面，就是這個味!」、麥當勞「我就喜歡」。

6. 滿足消費者情感需求

滿足消費者對某種情感的需求，能有效打動消費者。比如「有喜事喝金六福」，「孝敬爸媽——腦白金」，「男人的世界——金利來」，「感覺是真實的——滾石樂隊」。

7. 形象廣告

這個思路是運用場面宏大壯觀的變現手法、或者豪情壯語等體現品牌形象。比如紅河、紅塔山,「農博網——創建全球最大農業網站」等。

8. 特種定位廣告

這種思路指直接鎖定某一消費人群,引起他們的共鳴。「新郎西服——新郎西努爾」、「某幼兒園——別讓孩子輸在起跑線上」、「男士的選擇——喬士襯衫」。

9. 站在顧客立場勸導、關心

這種方式往往更能引起顧客的心裡共鳴,如「勁酒雖好,可不要貪杯喲」,既顯現了對顧客的關心,又巧妙地暗示了在消費者心目中的地位,令人叫絕。

第二節 廣告創意策劃

古時候，一批畫家雲集京城，參加繪畫比賽，主題是「踏花歸來馬蹄香」。畫家們有的畫了許多花瓣，在「花」字上下工夫；有的畫個策馬揚鞭者，打「馬」的主意；有的畫了一只馬蹄，想在「蹄」上做文章。主考官看了都不滿意。有位畫家只畫了幾只蝴蝶繞著馬蹄翩翩起舞，巧妙含蓄地把「香」字表現出來了，主考官喜出望外，連場讚嘆：「好畫！」

從上面的故事中我們可以得到啟示，主考官為什麼對後面一位畫家的畫拍案叫絕呢？關鍵在於他的畫不僅緊扣主題，更關鍵的是原創，通過蝴蝶繞著馬蹄翩翩起舞的原創把「香」字表現得淋漓盡致，這裡所說的「原創」就是我們今天說得最多的一個詞——創意。

所謂廣告創意，就是在廣告目標指導下，圍繞廣告主題，提煉組合最重要的產品和服務訊息，並加以原創性表現的過程。因此，廣告創意的關鍵是原創，說得更明白點，所謂的原創就是指創造出目標受眾從來沒接觸過的印象、感覺或概念。所謂獨闢蹊徑、獨具匠心、獨樹一幟、獨具慧眼就是說的這個意思。

創意是廣告的生命和靈魂，這一點已得到全世界廣告人士的認同。美國 DDB 廣告公司的威廉·彭立克一語道破廣告為什麼要創意。他說：「我們沒有時間和金錢，容許大量使用以及不斷重複廣告內容。我們呼喚我們的戰友——創意。」美國廣告專家大衛·奧格威說：「要吸引消費者的注意力，同時讓他們來買你的產品，非要有很好的點子不可。除非你的廣告有很好的點子，不然它就像快被黑夜吞噬的船只。」奧格威所說的點子，就是創意的意思。

一、廣告創意的特徵

廣告創意就本質而言是一種創造性思維活動，這與其他人類創造活動並沒有什麼不同，但廣告藝術作為一種實用藝術，必須服從於行銷目標，傳達廣告主題，所以廣告創意又有著自身的特殊性。

(一) 強烈的目的性

廣告創意的直接目的是為了尋找傳達廣告主題和廣告訴求的有效表現方式，使包含廣告主題和訴求的廣告信息有效地送達目標消費者，並且獲得目標消費者的共鳴、認同，以影響消費者的認知和促進購買行為。因此，任何廣告創意都是為達到企業行銷目標服務的，這是一切廣告活動的出發點和歸宿點，也是廣告創意活動的出發點和歸宿點。

廣告創意這一特徵也決定了廣告創意必須與產品、企業、品牌形象相關聯，必須圍繞著廣告的產品、服務、品牌而展開。創意的過程是對商品信息的編碼過程。任何廣告或廣告創意的存在都是為了傳播有關商品、品牌信息，幫助完成企業的行銷目標；否則廣告或廣告創意就無存在的必要。

(二) 創新性

廣告創意貴在突破常規、出人意料、與眾不同，反應在思維上，就是求新、求異，力求使廣告作品與眾不同，這是作為創造性思維活動的廣告創意的本質特徵之一。關於廣告的創新性，經常存在一些爭論，有的人認為廣告創意必須想人所未想，言人所未言，這在現實的廣告運作中是很難做到的。事實上，廣告的創新性更多的時候體現在從習以為常的兩件或多件事物、材料中發現新的聯繫並因此而合成新的事物或觀念，這就是著名的廣告學家的伯恩巴克所說的「舊的元素、新的組合」。這種從熟悉的事物、材料之間發現新的聯繫的能力，最能體現廣告創意人員的創造性。這種由熟悉到新鮮的精彩廣告創意使廣告訴求更生動、更形象、更能引起消費者的共鳴，從而也更具說服和誘導力。

例如，百事可樂減肥飲料圖畫廣告，在該廣告中使用了極其簡潔的要素。畫面的右下角是一瓶帶有百事可樂商標的空飲料罐，畫面左上部分是一個老鼠洞，老鼠洞口另外邊露出一條清晰可見的貓的尾巴，畫面正中最下方是一句畫龍點睛的廣告語「貓鑽鼠洞、享瘦快樂」。這種運用誇張藝術表現手法的圖畫廣告使人一看就過目難忘，且記憶

深刻。該圖畫廣告只字未提減肥飲料效果是如何如何好，但卻把百事可樂減肥飲料的效果表現得淋灕尽致，在廣告創意中關於貓、老鼠洞等都是人們日常生活十分熟悉的元素，只不過被廣告策劃人員創造性地加以了運用。

(三) 震撼性

震撼性是指廣告創意能夠深入受眾的心靈深處，對他們產生強烈的衝擊。沒有震撼性，廣告難以給人留下深刻印象，一個人每天都要接受大量的廣告信息，要想受眾對廣告產品留下深刻美好的印象，新穎驚奇是重要的手法，刺激越強，造成的視覺衝擊力越大，就越容易給受眾留下印象。具體來說，畫面音響，富有哲理的廣告語，溫馨的故事情節，讓人過目難忘的事實，強烈的感情等都能不同程度地造成一定的衝擊力。正如著名的廣告理論專家伯恩巴克所說：「要讓受眾在一瞬間發生驚嘆，立即明白商品的優點，而且永遠不忘記，這就是廣告創意的真正效果。」

(四) 合乎規範

廣告創意必須符合廣告發布地的法律法規和社會倫理、風俗習慣。廣告是一種一對多的大眾傳播活動，一經發布會對很多人造成影響。而廣告的目的是為了傳達有關商品的信息而展開的說服，使目標消費者接受廣告訴求，如果不符合發布地的法律法規，根本不可能允許發布。同時廣告創意必須符合發布地的道德倫理和風俗習慣，如果廣告內容觸犯了他人的道德規範和風俗習慣，必然遭到當地人抵觸，從而對廣告的商品或品牌形象產生負面影響，甚至可能造成政治上的敵意。

如日本索尼公司在泰國推銷公司音響時，曾舉行過一次大規模的現場推廣活動。在推廣現場製作了一幅巨幅廣告牌，畫面的內容是：釋迦牟尼聽到索尼音響美妙的音樂後也激動得跳起舞來了，導致了泰國當地民眾的強烈抗議，並包圍了日本駐泰國大使館。因為在當地人看來，釋迦牟尼是他們崇拜供奉的神靈，作為神靈不可能像凡人那樣手舞足蹈，索尼公司這幅廣告畫面是對他們神靈的侵犯，最後由日本駐泰國使館出面親自道歉，才平息了這場風波。

二、廣告創意的過程

關於創意的發展過程，有多種說法。有美國當代著名創造工程學家、創造學奠基人奧斯本的三階段論（尋找事實—尋找構思—尋找答

案)、英國心理學家G・沃勒斯提出的四階段論（準備期—醞釀期—豁朗期—驗證期)、還有蘇聯學者加內夫提出的五階段論（提出問題—努力解決—潛伏—頓悟—驗證）等，儘管各階段論都各有特點，但都反應出創意是一個過程，而不是一個「片段」。

著名廣告大師韋伯・楊把廣告創意過程分為五個階段：①收集原始資料；②用心智去仔細檢查這些資料；③深思熟慮，讓許多重要的事物在有意識的心智之外去綜合；④實際產生創意；⑤發展、評估創意，使之能夠實際運用。韋伯・楊的創意五部曲已獲得廣告界的廣泛認可。

(一) 收集資料

按照韋伯・楊的觀點，廣告創意需要收集的資料有兩部分：特定資料和一般資料。特定資料廣告創意的主要依據，創意者必須對特定資料有全面而深刻的認識，才有可能發現產品或服務與目標消費者之間存在某種特殊的關聯性，這樣才能導致創意的產生。韋伯・楊舉了一個肥皂創意的例子：「起初，找不出一種許多肥皂所說過的特性來說，但做了一項肥皂與皮膚以及頭髮的相關研究後，結果看到對這個題目相當厚的一本書。而從此書中，連續得到廣告方案創意達五年之久；這五年中，這些創意使肥皂銷售增長十倍之多。」這就是收集特定資料的重要意義。

一般資料是指那些一切消費者感興趣的日常瑣事，也即指創意者個人必須具備的知識和信息。這是人們進行創造的基本條件。不論你進行什麼創意，都絕不會超出你的知識範疇。廣告創意的過程，實際上就是創意者運用個人的一切知識和信息，去重新組合和使用的過程。可以說廣告創意者的知識結構和信息儲備直接影響著廣告創意的質量。

(二) 用心智檢視資料

國內外許多在創意上有傑出表現的廣告大師都是通過資料的挖掘獲得創意源泉的。例如，有一次，羅瑟・瑞夫斯在餐廳裡吃午飯。等候上菜的時候，在餐巾上用隨意塗鴉，畫了一個人頭，人頭上有三格，一格是電視，一格是一個吱吱作聲的彈簧，一格是不停敲擊的錘，這個餐巾上的意念，後來成為了「Anacin」頭痛藥的電視廣告。據說，這個廣告為其客戶美國家庭用品公司帶來的利潤，比好萊塢曠世電影傑作《亂世佳人》還要多。

在這一階段，主要是對收集來的一大堆資料進行分析、歸納和整理。從中找出商品或服務最有特色的地方，即找出廣告的訴求點，然

後再進一步找出最能吸引消費者的地方，以確定廣告的主要訴求點，即定位點，這樣，廣告創意的基本概念就比較清晰了。

韋伯·楊把這一階段稱之為「信息的咀嚼」階段，創意者要用自己的「心智的觸角到處加以觸試」，從人性需求和產品特質的關聯處去尋求創意。

(三) 醞釀階段

醞釀階段即廣告創意的潛伏階段。經過長時間的絞盡腦汁地苦思冥想之後，還沒有找到滿意的創意，這時候不如丟開廣告概念，鬆弛一下緊繃的神經，去做一些輕鬆愉快的事情，比如睡覺、聽音樂、上廁所、散步等，說不定什麼時候，靈感就會突然閃現在腦際，從而產生創意。化學家門捷列夫為了發現元素週期，連續三天三夜不停地排列組合，卻仍未解決問題，他疲勞至極，趴在桌子上不知不覺地睡著了，在夢中竟然把元素週期表排出了，他醒後馬上把夢中的元素週期表寫下來。數學家高斯為了求證一個數學定理，經反覆思考、研究，始終未能解決。一天，他準備出去旅遊（思想放鬆了），一只腳剛踏上馬車時，突然靈感降臨，難解的結一下子就解開了。後來他在回憶時說：「像閃電一樣，一下子解開了。我自己也說不清楚是什麼導線把我原先的知識和使我成功的東西連接起來。」事實上，大多數創意靈感都是在輕鬆悠閒的身心狀態上產生的。

(四) 頓悟階段

這是廣告創意的產生階段，即靈感閃現階段。創意的出現往往是「踏破鐵鞋無覓處，得來全不費工夫。」經過長期醞釀、思考之後，一旦得到某些事物的刺激或觸發，腦子中建立的零亂的、間斷的、暫時的聯繫，就會如同電路接通那樣突然大放光芒，使人恍然大悟，茅塞頓開。靈感的一個顯著特點就是從不「預約」和「打招呼」，說來就來，說走就走，來不可遏去不可留，稍縱即逝。正如大詩人蘇東坡所說「作詩火急追亡捕，情景一失永難摹」。靈感的這種突發性要求我們，當靈感突然降臨時，應立即捕捉住，並記錄在案。

(五) 驗證階段

驗證階段就是發展廣告創意的階段。創意剛剛出現時，常常是模糊、粗糙和支離破碎的，它往往只是一種十分粗糙的雛形，一道十分微弱的「曙光」，其中往往含有不盡合理的部分，因此還需要下一番工夫仔細推敲和進行必要的調查完善。驗證時可以將新生的創意交與其他廣告同仁審閱評論，使之不斷完善，不斷成熟。例如大衛·奧格

威非常熱衷於與別人商討他的創意。他為勞斯萊斯創作廣告時，寫了26個不同的標題，請了6位同仁來審評，最後選出最好的一個——「這輛新型勞斯萊斯時速60英里時，最大鬧聲來自電鐘。」寫好後，他又找出三四位方案人員來評論，反覆修改後才定稿。

三、成功廣告創意的戰略要點

創意是廣告的靈魂與生命，是現代企業塑造品牌形象、創建名牌的有力武器，那麼一個創意怎樣才算是獨特的創意呢？其關鍵是要體現以下幾個方面：

(一) 廣告創意要新

國外一些著名的廣告專家認為，廣告創意不是一般的構思，它能引導消費者以新的眼光去觀察廣告的產品或服務，創意能使消費者停下來甚至目瞪口呆，能使觀眾在一瞬間發生驚嘆，使人恍然大悟，甚至使消費者說出下面這類的話：「我以前從未想到它是那樣的……」，「嗨，他們在向我說話……」因此，成功的創意要新穎，別具一格、別開生面，只有做到這一點，才能滿足現代消費者普遍存在的求新、求奇的心態，引起消費者的注意，給消費者以意念和想像。

在傳播活動中，人們討厭假大空的陳詞濫調，但單純的信息符號又往往不夠。新異刺激物易引起消費者的好奇和興趣，易產生反響。富有特定寓意、新穎的表現方式，可以取得良好的傳播效果。有人說：「第一個把姑娘比作鮮花的是天才，第二個把姑娘比作鮮花的是庸才，第三個把姑娘比作鮮花的是蠢才。」這話是有道理的。廣告創意的新穎性具體體現在：

1. 立意要新穎

所謂立意，就是指廣告有新穎的切入點，是否選準了切入點，將直接影響廣告的效果和說服的力度。例如，對席夢思床墊而言，其彈簧的抗壓力、伸縮強度實為觀眾關心的焦點。但是怎樣讓消費者信服產品的質量，這就涉及了廣告表現的立意問題。江蘇射陽縣生產的席夢思床墊在面對產品滯銷的情況下，經過精心策劃，以現場實驗方式公之於眾，該廠將生產的蘇鶴牌席夢思床墊放在馬路上，找來一臺10噸重的壓路機，在床墊上往返10次，床墊依然如此。消費者看後讚不絕口，該廠的蘇鶴牌席夢思床墊由此聲譽大振，銷量一路上升。

2. 語言要新鮮

在廣告活動中，語言藝術是極富魅力的表現方式，那些刻意講究

的富有個性化的語言能使人一目了然，過目不忘，有盡在不言中的深刻意境。例如，「『聞』妻良母」（洗衣機廣告）、「不打不相識」（打字機廣告）、「一夫當關」（鎖廣告）、「人頭馬一開，好事自然來」（人頭馬酒廣告）、「阿里山瓜子，一嗑就開心」、「只要青春，不要痘」（治療青春痘的某化妝品廣告）、「本公司的維修人員閒得無聊」（某汽車公司廣告）等，這些語言都是頗具匠心的，給人以耳目一新之感。

3. 畫面要新奇

在電視廣告中，強烈的聲響，優美的音樂，迷人的色彩，誘人的情景，醒目的圖案，發人深省的寓意等，往往能使人印象深刻，過目不忘。中國中央電視臺播放過的一則動畫製作的「來福靈」廣告便是廣告創意的佳作。音樂悠揚，幾對「莊稼」正翩翩起舞。突然，舞廳門被踢開，隨著「我們是害蟲，我們是害蟲」的吼叫聲，一群形象猙獰的害蟲氣勢洶洶地衝了進來。眾「莊稼」舞伴大驚失色。說時遲，那時快，只見伴奏的樂師們脫去西裝，齊唱「正義的來福靈，一定要把害蟲殺死！」，並遞了上去。害蟲見了立即倉皇逃竄……這個廣告創意獨特，動畫造型與配樂有新意，情節發展緊湊，給人留下極深的印象，連孩子們都會唱，可見其深入人心，印象之深。

（二）廣告創意要準

廣告創意絕不是無中生有，也不是形式的新奇。廣告創意的表現是傳達商品信息，影響消費者購買的藝術。離開商品和廣告的目標受眾去奢談創意，即使再好的創意，其成功也是偶然的，失敗是必然的。

廣告創意是主觀對客觀的反應，它是要講究科學的，必須準確。

1. 事實準確

誠實乃廣告的生命。中國《廣告法》也明確規定廣告不得以任何形式、任何手段愚弄和欺騙消費者。因此，在廣告中，不得過分誇大商品優點，隱瞞商品的缺陷，自封名牌。具備什麼功能，應有專家證明；是創造發明的，應有專利證明。廣告創意不可信口開河，胡編亂造。

2. 結論恰當

對產品的評論和對消費者的承諾應恰如其分。只有如此才能打動消費者的心。如香港一家中成藥店在做廣告時，在介紹了本店的歷史、經營範圍及商店信譽後，結束時特別加上一句「當然大病還得看醫生」，結果不僅沒有影響生意，反而使生意日漸興隆。其道理就在於給了消費者實實在在的感覺，一般中成藥店只能治傷風、感冒等小病，真正生了大病必須到醫院去看醫生，對症下藥方能有效。時下，中國有些藥品在其廣告宣傳中，卻背離了這一點，什麼既滋陰又壯陽，既

強肝明目又延年益壽，既治失眠又對嗜睡有效，似乎無所不治，其結果適得其反。

3. 符合情理

廣告創意應合情合理，使消費者看了以後不會生疑，不感到奇怪，否則就會影響廣告的效果。如某熱水器廣告通過某明星說：「我用過很多牌子的熱水器，×××是最好的。」消費者看後就會產生疑問，熱水器為耐用消費品，照常理來說是不會經常更換的。又如某藥品電視廣告，畫面剛開始是某人一副痛苦不堪的形象，而藥一吃下，便是畫外音：「確實好多了。」這種吞下即康復的誇張表現勢必引起消費者的懷疑。

廣告創意構思要合乎情理，不僅要注意到邏輯上的可行性，而且還要注意到廣告創意表現策略要密切配合廣告策略，準確體現廣告主題及訴求方向。也許一個訴求方向可以用多種創意策略來表現，但很多時候卻只有一種最適當體現訴求的表現策略。像傳達勞力士手錶、勞斯萊斯轎車，它們的訴求特點及目標對象、商品特徵都較嚴格地規定著它們的創意顯現的表現策略，只能體現其穩重、莊嚴、權威、尊貴及信賴，不能過多地渲染其戲劇性的幽默風格。

(三) 廣告創意的表現要精

在當今廣告信息的海洋裡，必須考慮到，人們在特定時間所接受的信息是有限的，因此，廣告信息的表現應力求簡潔，簡潔不是簡單，太簡單難以表達本意。簡潔貴在精練，要言簡意賅，意盡言止。它要求做到，廣告語言雖短，但意思卻表達得完整、清楚、明確，真正做到「言不虛發」。這就是要求商業廣告在創意策劃時，既要簡練，又要在盡可能短的時間抓住人心，既要簡明易懂，又能高度概括其具體內容，用最少的文字傳遞最大的信息量，使人容易記住其精華。這就是為什麼人們說廣告語字字值千金。

美國廣告專家馬克斯‧薩克姆說：「廣告要簡潔，要盡可能使句子縮短，千萬不要用長句或複雜的句子。」像某牙刷廣告：「一毛不拔」，中國某打字機廣告：「不打不相識」……這些簡潔明瞭的廣告，都能使人過目不忘，印象特別深刻。

(四) 理性廣告創意重在明理

幾乎每個品牌在剛開始推廣時，需要解決的第一個問題都是：該產品正不正規、可不可靠。那麼換句話說，這是個專業壁壘的問題。要攻下這個壁壘，建立品牌的專業印象，除了產品本身需要過硬以外，廣告訴求就成了重中之重。這時候很多廣告側重於講道理，直敘產品

或服務對於消費者的重要性、迫切性以及該商品或服務若干優點與特點。這一點鴻星爾克堪稱高手。GDS 減震系統、360 度空氣循環系統、300 萬個活性透氣孔等一系列專業名詞和數據，引出「科技運動裝備」的差異定位。且不說此廣告訴求的真實性以及是否與其他產品的同質化，但此舉一出，確確實實讓大眾對其產品產生了較高的信賴度，由此鴻星爾克也將諸多對手遠遠地甩在後面。

廣告創意曉之以理的方式主要有兩種：

1. 要有簡短有力的論點

理性廣告創意要考慮兩個要素，第一是夠不夠直接，第二是夠不夠犀利。無論是鴻星爾克的「科技運動裝備」，還是七匹狼的「捍冬風衣」，這樣的噱頭不能很長，因為形象廣告呈現的時間很短，消費者不可能花很多的時間與精力去細品某則廣告。並且，這個說法不能隨意，應當經過反覆推敲和論證。

2. 注意闡述與論點相符的論據

人們都說，王婆賣瓜，自賣自誇。買家對賣家的感覺，持有懷疑態度好像是與生俱來的。那麼我們在說產品好的時候，我們還要不忘加上為什麼好，理性的證據比漫天說好更有說服力。

我們在做論據的時候，可以用精確的數據說話，認人聽來更為真實可信。譬如號稱西褲專家的九牧王，其論據是：108 道工序，30 次熨燙，800 萬條人體曲線，23,000 針縫製。這樣專業的西褲你會不想穿嗎？

（五）情感廣告創意旨在攻心

很多廣告通過極富人情味的訴求方式去激發消費者的情緒，滿足其自尊、自信、自強等情感需要，以喚起人們的心理共鳴，使之萌發購買動機，實現購買行為，這就是情感的訴求。

情感攻心有兩種方式：

1. 觸動並激發消費者蟄伏內心的精神興奮點

每個人的內心都會有自己的精神興奮點，如果一經觸發，其情緒必然馬上高漲。就好像有些人一談足球和政治，馬上變得滔滔不絕，思維活躍。很多廣告從消費者的角度去思考和挖掘，抓住消費者的精神興奮點去訴求，能獲得良好的攻心效果。比如 361 度的「想玩更要敢玩」和貴人鳥的「敢想敢動」，其目的就是為了喚起了年輕族群敢拼、敢闖、敢做的精神；柒牌一句「男人就要對自己狠一點」，就令都市騎士們為之動容。

2. 將產品「移情」

很多沒有生命的事物，當我們在闡述時一旦賦予它人的情感，產

生的「移情」效果馬上事半功倍。當陳毅說「大雪壓青松，青松挺且直」時，我們對青松的好感油然而生，這就是「移情」的魅力。

利郎請了陳道明後，馬上隨之而來的廣告訴求是：「商務也休閒，簡約而不簡單」，所產生的「移情」效果大致可以這樣去分析：利郎新推出的服裝改變了傳統的正規正矩、四平八穩的商務形象，用休閒的感覺重新定義商務男裝，這是產品的本身。但「簡約而不簡單」則昇華到了人們對生活的一種態度和觀念，看似簡約的產品其實包容了取捨之間的大氣、智慧和成熟。由此，利郎廣告深得人心。

（六）廣告創意體現境

所謂境即人們所說的境界或意境，意境是中國古典美學中的一個重要範疇。意境能使讀者通過想像或聯想，如身臨其境，在思想和感情上受到感染。優秀的廣告作品，往往能使情與景、景與境交融在一起，塑造鮮明的藝術形象，產生強烈的感染力。

過去歷史上流傳下來的不少詩詞佳作，都具有百讀不厭、韻味無窮的意境，可以堪稱上乘的廣告詩話。以下摘錄幾首：

杜牧的詩《清明》：

　　　　清明時節雨紛紛，
　　　　路上行人欲斷魂。
　　　　借問酒家何處有，
　　　　牧童遙指杏花村。

詩的開頭就是一幅淡淡的水墨畫似的荻雨圖。詩中「雨紛紛」、「欲斷魂」既有境，又有情。其中「牧童遙指」甚妙，有寫意的實景，「杏花村」是「遙指」，在「畫外」，又給人以一種時空的幽深感。如今這首詩成為山西杏花村汾酒廣告的千古絕唱。

李白的詩《客中作》：

　　　　蘭陵美酒鬱金香，
　　　　玉碗盛來琥珀光。
　　　　但使主人能醉客，
　　　　不知何處是他鄉。

李白的詩豪情奔放，節奏明快。前兩句是寫境，寫出了酒之撲鼻異香，酒之琥珀美色。後兩句則是寫情，前後呼應，意境躍出，使人在熱鬧的文章中領略了淡淡的哀愁。

貴州茅臺酒是當今中國「酒中之王」。1915 年首次參加國際巴拿馬博覽會，由於包裝差而受冷遇。參展中有人失手打爛一瓶，酒香撲鼻，多日不消，被評為金獎。後有人根據此情節加以創意：「空杯尚留滿室香」，這個廣告詞共 7 個字，但行文博雅清奇，雋永飄逸。其中

「滿室香」，帶給消費者的是夢幻，是想像，這就是顯現出具有意境的魅力了。

意境是廣告創意的最高體現，是情與景交融，感人至深的場景。意境的創造體現了以下兩個方面：

首先，它是一種可感的景，不是模糊的，而是鮮明的可感直觀形象。直觀形象的創造也不是一件輕而易舉的事，形象創造的巧妙有賴於想像的巧妙。它要求廣告人廣泛運用比喻、對比、聯想等手段，準確、生動、有效地傳遞商品信息。在許多情況下，直觀形象的創造不是一種寫實，而是一種造境，讓人看了以後能觸景生情。如日本的先鋒音響路牌廣告，將世界上最大的尼亞加拉大瀑布與紐約的摩天大樓群奇妙地組接在一起，畫面主要位置上最巨大的瀑布從聳立如林的摩天大樓中傾瀉而下，使人如臨其境，驚心動魄，再仔細觀看，畫面右下角有一套先鋒組合音響設備，使人感到渾厚的音響在轟鳴。

其次，意境的創造還必須融情於景之中，意境美的動人力量就在於它在情與直觀形象的融合中把情表現得具體可感，使情感力量得到充分的發揮，使之達到物不感人情感人的良好效果。如舉世聞名的萬寶路廣告，其牛仔形象不僅鮮明生動，而且整個廣告也融入了一種蕩人心懷的情，這就是牛仔形象散發出的男子漢夢寐以求的陽剛之氣，是一種男性力量的美，一種粗獷的詩意美。

蘭薇兒春夏系列睡衣廣告：

主標題：長夜如詩，衣裳如夢。

副標題：蘭薇兒陪伴你，在夜的溫柔裡。

廣告畫面：一個美麗動人的少女身著睡衣俯臥在床上，悠閒自得翻報紙。

廣告正文：月色淡柔，燈影相偎，夜的綺思悄悄升起……在這屬於你的季節裡，蘭薇兒輕飄飄的質感，高雅精致的刺繡，更見纖巧慧心，尤其清麗脫俗的設計，讓你一眼就喜歡，今夜起，穿上蘭薇兒，讓夜的溫柔輕擁你甜蜜入夢！

境界或意境是情與景的相互交融。形象和感情都是境界中不可缺少的重要因素。正如王國維所說：「喜、怒、哀、樂，亦人心中之一境界。」應當指出的是，情必須自然、真實，方能感人。所謂真實，要表現人類實際存在的情感，表現人之常情，不能憑空捏造。所謂自然，就是廣告情感設計必須與商品特點自然地結合，使情感具體化，商品情感化。只有如此，才能使你的廣告創意真正做到情景交融，創造出上乘佳作來。

第三節

廣告媒體策劃

《廣告的藝術》的作者喬治·路易斯（George Lois）說過：85%的廣告是隱形的，14%是爛廣告，只有1%是好廣告。廣告效果＝創意×媒體。媒體的運用就是用最少的錢把廣告送到最多的廣告受眾眼中、耳裡和心中，此外才是廣告信息、內容和形象的創意之爭。再好的創意，如果媒體選擇出現了錯誤，廣告費用難免打水漂。

所謂廣告媒體，又稱廣告媒介，是指廣告活動中把廣告信息傳播給目標受眾的物質技術手段，也是溝通買賣雙方的廣告信息傳播通道。

一、廣告媒體特性比較

就媒體而言，我們常說的四大媒體就是報紙、電視、廣播和雜誌。企業在選擇媒體時，首先應對各媒體的優缺點詳細瞭解，然後結合自身的產品特點及廣告目標作出正確的選擇。下面就四大媒體的優缺點作一些簡單的介紹。

（一）報紙媒體的優缺點

1. 報紙媒體的優點

①版面大，篇幅多，廣告可充分選擇；②傳播面廣、傳播迅速；③具有特殊的新聞性，可信度高；④簡易靈活；⑤印象深刻；⑥具有權威性。

2. 報紙媒體的缺點

①時效性短；②缺乏動態感、立體感與色彩感。

(二）雜誌媒體的優缺點

1. 雜誌媒體的優點

①可保存性強，沒有時間限制；②讀者集中，選擇性強；③編輯精細，印刷精美；④發行量大且廣。

2. 雜誌媒體的缺點

①時效性不強，靈活性差；②印刷複雜，成本費高；③優質雜誌少，廣告效果受一定影響；④專業性強，讀者有一定限制。

(三）廣播媒體的優缺點

1. 廣播媒體的優點

①傳播迅速，覆蓋率高；②次數多，收聽方便；③改動容易，極具靈活性；④製作簡便，費用較低。

2. 廣播媒體的缺點

①時間短，難於記憶；②聽眾分散，廣告效果難以測定；③有聲無形；④轉瞬即逝，不易存查。

(四）電視媒體的優缺點

1. 電視媒體的優點

①聲形兼備，廣告效果較好；②覆蓋面廣，收視率高；③不受時空限制，傳遞迅速；④具有娛樂性、廣泛性和家庭滲透力；⑤具有強制性廣告特點。

2. 電視媒體的缺點

①傳播信息迅速，稍縱即逝；②觀眾選擇性較低，信息不易保存；③製作費用高，播出費用相對較高；④廣告製作較複雜，對時間較強的廣告無法滿足。

二、廣告媒體優劣的價值評估

　　媒體價值可分為質和量兩個方面。媒體價值的很大一部分是可以按照一定尺度加以量化的，從而使媒體策劃人員可以選擇與廣告目標最匹配的媒體。還有一些無法通過數值去估量的價值，包括某種媒體已經建立起來的影響力和社會聲譽，以及這種媒體在表現形式上的心理效果等，這些屬於媒體價值質的方面，可以進行質的分析。

（一）報紙媒體的價值標準

1. 量化標準

①報紙媒體的發行量；②發行覆蓋區域及發行量的區域分佈；③讀者、訂購讀者和傳閱讀者；④閱讀人口的人口統計特徵及其構成；⑤目標受眾的數量及比率；⑥版面數量、頁碼和版面空間位置；⑦廣告面占總體版面的比率；⑧新聞紙的紙質及印刷質量；⑨目標受眾的傳達成本。

2. 質的標準

①報紙的形象定位；②報紙可信度；③報紙編輯風格；④報紙視覺設計風格；⑤主要內容類別及其構成比率。

（二）電視媒體的價值標準

1. 量化標準

①電視信號覆蓋範圍；②收視媒介的分佈和普及率；③家庭開機率；④電視頻道、欄目、節目的收視人數和收視率；⑤電視頻道、欄目、節目的收視人口構成；⑥觀眾對頻道、欄目、節目的滿意指數；⑦頻道、欄目、節目時段安排；⑧欄目、節目時間長度；⑨節目中插播廣告的時間長度和頻次。

2. 質的標準

①電視頻道、欄目、節目定位和頻道形象；②電視媒體的權威性；③頻道在受眾中的地位；④頻道、欄目、節目特徵與廣告、品牌特徵的吻合程度；⑤主持人的形象、名氣與風格。

雜誌媒體的價值評估可參照報紙媒體價值評估有關內容，廣播媒體的價值評估可參照電視媒體價值評估的相關內容，在此不多述，對媒體進行價值評估，有助於提高企業廣告投放的精確性。

三、廣告媒體選擇的方法

（一）按目標市場選擇的方法

無論任何產品，均有其自身特定的目標市場，因此，在目標市場已經明確後，廣告媒體的選擇即可緊緊瞄準這個確定的目標市場進行分析定奪。若以全國範圍為目標市場，就應在全國範圍內展開廣告宣傳，則媒體的選擇應要求覆蓋面大、影響面廣的傳播媒體。因此，全國性的電臺、電視臺、報紙、雜誌及交通媒體最為理想。若以特定細分市場為目標市場，則此時考慮的重點是傳播媒體能否有效地覆蓋與

影響這一特定的目標市場。因此，選擇某些地方性的報刊、電臺、電視臺、戶外及交通媒體最為適宜。

(二) 按產品特性選擇的方法

不同產品適用於不同的廣告媒體，因此，應按產品的特性慎重選擇廣告媒體。一般說來，印刷類媒體適用於規格繁多、結構複雜的產品；色彩鮮豔並需要進行技術表演的產品最好運用電視媒體，硬性產品（或稱工業產品）屬於理性型購買品，若技術性很強，用戶較少，則宜選擇專業雜誌、專業報紙。軟性產品（或生活消費品）屬於情感型購買品，那麼，它就適宜選擇電視、雜誌彩頁體。

(三) 按產品消費者層選擇的方法

一般來說，軟性產品均有其較固定的消費者層，或者說是特定使用對象，因此廣告媒體選擇應據其目標指向性，確定消費者層次的媒體。若廣告產品為新型美容系列化妝品，一般來說，其使用對象應是女性，而其主要購買者必定是青年女性，那麼，根據這一特性，必須選擇年輕女性最喜歡的傳播媒體。

(四) 按廣告預算選擇的方法

這種方法，就是按照廣告主投入廣告成本的額度進行媒體的選擇。每一廣告主的廣告預算都是不同的，有的可能高達百萬甚至更多，有的可能只有幾千元。這就決定了對廣告媒體的選擇必須力而行，量體裁衣。進行廣告宣傳是一項既有益又花錢的活動，因此，廣告主在推出廣告前，必須對選擇的媒體價格進行精確的測算。若廣告價格高於廣告後取得的經濟效益，就不要選擇高價格的廣告媒體。

(五) 按廣告效果選擇的方法

廣告效果問題是一個相當複雜的問題，一般說來，在選擇媒體時應堅持選擇投資少而效果好的廣告媒體。例如，在發行量為 75 萬份的報紙上做廣告，如廣告價為 5,000 元，經計算可知，廣告主在每張報紙上只花不到 7 厘錢，即可將自己的產品信息傳播給一個受眾，比寄信要便宜得多，接受信息的 75 萬人中，只需有 10% 對廣告作出反應，此廣告就可收回廣告費用。

(六) 按提高知名度目標選擇的方法

提高企業或產品信譽及知名度的著眼點，不在乎一朝一夕的銷售多少，而是放眼未來。它並不要求廣告即刻促使消費者購買商品，而

是要求廣告能使消費者產生對企業或產品的好感，樹立起其對企業或產品的信任感。這種選擇方法可以考慮報刊、戶外廣告、交通廣告、贊助活動的公關廣告等，會有較理想的效果。報紙以其新聞性強為其主要特點，便於企業輔以公關宣傳來提高知名度。戶外廣告，尤其是城市高層建築上的巨幅廣告，以及市區黃金地段、人口流動量大的區域，如車站、旅遊點的廣告，最易提高企業或產品在消費者心目中的地位。

四、媒體組合策略思路

　　廣告媒體組合運用是廣告傳播中經常採用的一種方法。廣告媒體組合是在同一時期內，運用兩種或兩種以上媒體發布內容大致相同的廣告。媒體組合的方式多種多樣，可以在同類媒體中進行組合，也可以不同類型的媒體進行組合，每種組合方式均有其獨特的長處，而最佳媒體組合是通過使各種媒體科學地相互協調，效果配合，試圖以最少的投入獲取最大的廣告效果。

　　一般來說，公認效果較佳的媒體組合形式，主要有如下幾種：

　　（1）報紙與廣播媒體搭配。這種組合可使各種不同文化的消費者都能接受廣告信息。

　　（2）報紙與雜誌媒體搭配。它可利用報紙廣告做強力推銷，而借助雜誌廣告穩定市場；或者利用報紙廣告進行地區性信息傳播，而借助雜誌廣告做全國性大範圍的信息傳播。

　　（3）報紙與電視媒體搭配。它以報紙廣告作先行，先將廣告信息傳播給廣大受眾，使之通過對本產品先有個較為全面詳細的理解，再運用電視媒體通過圖像進行大規模的廣告宣傳，製造聲勢，逐步擴大產品銷售市場。

　　（4）報紙或電視與銷售現場媒體搭配。這種組合方法有利於提醒消費者購買已有印象或已有購買慾望的商品。

　　（5）報紙或電視與郵政媒體搭配。它應以郵政廣告為開路先鋒，做試探性的廣告宣傳，然後利用報紙或電視廣告做強力推銷，這樣，先弱後強，分步推出廣告，可以取得大面積成效。

　　（6）電視與廣播媒體搭配。它有利於城市與鄉村的消費者能夠普遍地接收廣告信息。

　　（7）郵政廣告與銷售現場廣告或海報搭配。這種組合可以對某一特定地區進行廣告宣傳，以利於鞏固與發展市場。

　　總之，廣告媒體的組合方式還有很多，何種組合效果最佳，則需

視具體情況而定，並非一成不變。

五、微博：現代傳媒的新生力量

　　2011年的十大關鍵詞，有一個詞可上年度榜，那就是微博。2010年是社交網站快速發展的一年，同時也是微博風靡全國的一年。中國網民超過5億人，截至2011年12月，中國微博訪問用戶規模超過1.2億人。微博行銷是剛剛推出的一種網絡行銷方式，因為隨著微博的火熱，便催生了微博行銷。每一個人都可以在新浪、網易等註冊一個微博，然後利用更新自己的微型博客，每天就可以跟大家交流。「微博是地球的脈搏」，美國《時代》周刊如此評價微博強大的信息傳播功能。而在企業層面，微博公關與行銷作為網絡行銷的新配工具之一，愈加受到重視。據最新統計，國內的微博企業用戶已達到6,000家，而來自DCCI互聯網數據中心預測，中國互聯網微博累計活躍註冊帳戶數在2011、2012、2013年底將分別有望突破1.5億、2.8億、4.6億。

　　網絡上對於微博有這樣一段描述：你的粉絲超過一百，你就是本內刊；超過一千，你就是布告欄；超過一萬，你就是本雜誌；超過十萬，你就是一份全國性報紙；超過一千萬，你就是電視臺；超過一億，你就是中國中央電視臺了。企業可以通過微博建立起自媒體平臺，及時發布各類行銷信息，與消費者實現近距離互動。據調查，世界100強大企業中已有73家落戶於推特（Twitter）。而到2010年6月底已有500多家企業成為新浪微博的商業用戶。企業的微博行銷也就是利用微博平臺，宣傳企業文化理念、促銷產品、提供服務、收集市場信息、與消費者深入互動，進而不斷擴大品牌影響力，獲得低成本高傳播的理想效果。

（一）微博行銷的特徵：低成本高傳播

　　與傳統廣告動輒上千萬費用相比，利用微博傳播信息的成本可謂非常低廉。首先是信息發布成本低。企業要更新微博，新浪、騰訊等微博平臺均不收費，如果用手機發布，則只需支付由營運商收取的標準短信/彩信費。其次是信息搜索成本低。如果有人對某微博感興趣，他只需添加「關注」，就可以成為此微博的粉絲，相當於訂閱了微博的信息。微博每次更新的信息均會自動出現在粉絲的頁面上。同時，微博還提供了搜索功能，可以通過關鍵詞快速查找相關信息，對大量信息碎片進行深度發掘和整合。最後是信息傳播的成本低。粉絲

可以通過「轉發」實現信息病毒式傳播，真正實現「一呼天下應」的宣傳效果。

2010 年，伊利舒化奶「活力寶貝」世界杯微博行銷是中國企業進行微博行銷的成功範例。隨著廣告主行銷需求的轉變，常規的品牌曝光顯然已經不能滿足期待，這相應提高了對網絡媒體深入行銷的能力。網絡媒體必須分析不同行業與世界杯的不同接觸點，兼顧廣告主的行銷訴求，產品價值與需求，分別尋找它們與世界杯的最佳契合點。

新浪世界杯微博報導代言人「活力寶貝」就找到了這一契合點：在消費者消費聯想中，牛奶多是營養、健康的特徵與「活力」關聯不直接，所以需要一個機會，讓營養舒化奶和活力有機關聯起來，而世界杯是一個很好的契機，因為世界杯是最考驗中國球迷耐力的足球賽事，所有的比賽基本都是在後半夜，這個時候正是最需要有活力的時候，因為有活力才能堅持看完比賽。

世界杯期間，伊利營養舒化奶與新浪微博深度合作，在「我的世界杯」模塊中，網友可以披上自己支持球隊的國旗，在新浪微博上為球隊吶喊助威，結合伊利舒化產品特點，與世界杯足球賽流行元素相結合，借此打響品牌知名度，讓球迷產生記憶度。在新浪微博的世界杯專區，就有兩百萬人披上了世界杯球隊的國旗，為球隊助威，相應的博文突破了 3,226 萬條。同時，通過對微博粉絲的比較，選出粉絲數量最多的網友，成為球迷領袖。

伊利舒化奶的「活力寶貝」作為新浪世界杯微博的形象代言人，在將體育行銷上升到一個新的高度時，為觀眾帶來精神上的振奮，使得觀看廣告成為一種享受。如果企業、品牌不能和觀眾產生情感共鳴的話，即使在比賽場地的草地上鋪滿了企業的標示（LOGO），也不能帶來任何效果。本次微博行銷活動讓球迷活力與營養舒化奶有機聯繫在一起，讓關注世界杯的人都關注到營養舒化奶，將營養舒化奶為中國球迷的世界杯生活注入健康活力的信息巧妙地傳遞出去，收到了更好的效果。

(二) 微博行銷技巧

1. 微博的數量不在多而在於精

有的人在建立微博的時候，一開始沒有定位好主題，今天覺得這個網站的微博很不錯，就建立一個微博用戶，明天可能會覺得這類主題的微博不錯，也建立了一個。建微博就和營運網站有點類似，個人站長總是覺得這個好就換，換來換去結果一個也沒做成功。做微博時也要講究專注，因為一個人精力是有限的，雜亂無章的內容只會浪費時間和精力，所以要做精，重拳出擊才會取得好的效果。

2. 個性化的名稱

一個好的微博名稱不僅便於用戶記憶，也可以取得不錯的搜索流量。這個和個人站長取網站名稱類似，好的網站名稱如：百度、淘寶、開心網等都是很簡潔易記的。當然，我們企業如果建立微博，準備在微博上進行行銷，可以取為企業名稱、產品名稱或者個性名稱來作為微博的用戶名稱。

3. 巧妙利用模板

一般的微博平臺都會提供一些模板給用戶，我們可以選擇與行業特色相符合的風格，這樣更貼切微博的內容。當然，如果你有能力自己設計一套有自己特色的模板風格也是不錯的選擇。

4. 使用搜索檢索，查看與自己相關內容

每個微博平臺都會有自己的搜索功能，我們可以利用該功能對自己已經發布的話題進行搜索，查看一下自己發布的內容的排名榜。可以看到微博的評論數量、轉發次數以及關鍵詞的量和次數，這樣可以瞭解微博帶來的行銷效果。

5. 定期更新微博信息

微博平臺一般對發布信息頻率不太做限制，但對於行銷來說，微博熱度的關注度來自於微博的探討話題，我們要不斷製造新的話題，發布與企業相關的信息，才可以吸引目標客戶的關注。我們剛發的信息可能很快被後面的信息覆蓋，要想長期吸引客戶注意，必須要對微博定期更新，這樣才能保證微博的可持續發展。當然，長期更新有趣、新穎的話題，還可以被網友轉發或評論，有利於企業品牌宣傳。

6. 善於回復粉絲們的評論

我們要積極查看並回復微博上粉絲的評論，被關注的同時也去關注粉絲的動態。既然是互動，那就得相互動起來，有來才會有往。如果你想獲取更多評論，就要以積極的態度去對待評論，回復評論也是對粉絲的一種尊重。

7. 「#」與「@」符號的靈活動用

微博中發布內容時，兩個「#」之間的文字是話題的內容，我們可以在後面加入自己的見解。如果要把某個活躍用戶引入，可以使用「@」符號，意思是「向某人說」。比如：「@微博用戶歡迎您的參與」。在微博菜單中點擊「@我的」，也能查到提到過自己的話題。

8. 確保信息真實與透明

我們搞一些優惠活動、促銷活動時，如以企業的形式發布，要即時兌現，並公開得獎情況，獲得粉絲的信任。微博上發布的信息要與網站上面一致，並且在微博上及時對活動跟蹤報導。確保活動的持續開展，以吸引更多客戶的加入。

9. 不能只發布產品信息或廣告內容

有的微博很直接，天天發布大量產品信息或廣告宣傳等內容，基本沒有自己的特色。對於這種微博，雖然別人知道你是做什麼的，但是絕對不會加以關注。微博不是單純廣告平臺，微博的意義在於信息分享，沒興趣是不會產品互動的。我們要注意活題的娛樂性、趣味性、幽默感等。

(三) 微博行銷注意要點

1. 取得粉絲信任是根本

微博行銷是一種基於信任的主動傳播。在發布行銷信息時，只有取得用戶的信任，用戶才可能幫你轉發、評論，才能產生較大的傳播效果和行銷效果。獲得信任最重要的方法就是不斷保持和粉絲之間的互動，讓粉絲覺得你是個真誠、熱情的人。要經常轉發、評論粉絲的信息，在粉絲遇到問題時，我們還要及時地幫助他們。這樣，我們才能與粉絲結成比較緊密的關係。在我們發布行銷信息時，他們也會積極幫我們轉發。

2. 發廣告需要有一定的技巧

在發布企業的行銷信息時，在措辭上不要太直接，要盡可能把廣告信息巧妙地嵌入到有價值的內容當中。這樣的廣告因為能夠為用戶提供有價值的東西，而且具有一定隱蔽性，所以轉發率更高，行銷效果也更好。像小技巧、免費資源、趣事都可成為植入廣告的內容，都能為用戶提供一定的價值。

3. 通過活動來做行銷

投資活動或者是促銷互動，都是非常吸引用戶眼球的，能夠達到比較不錯的行銷效果。抽獎活動可以規定，只要用戶按照一定的格式對行銷信息進行轉發和評論，就有中獎的機會。獎品一定要是用戶非常需要的，這樣才能充分調動粉絲的積極性。如果是促銷活動，一定要有足夠大的折扣和優惠，這樣才能引發粉絲的病毒式傳播。促銷信息的文字要有一定誘惑性，並且要配合精美的宣傳圖片。如果能夠請到擁有大量粉絲的人氣博主幫你轉發，就能夠使活動的效果得到最大化。例如，鐘表企業依波集團的「依波金殿」微博舉辦為期半個月的「天天搶樓日日豪禮」活動，只要在依波金殿的「搶樓貼」後特定樓層回貼，博友就有機會贏得一款價值1,280元的時尚腕表，活動人氣火爆，被網友稱為「都快趕上春運搶票了」。

第七章

無網不勝

※行銷渠道策劃※

眾所周知，在中國日化品市場，大部分市場份額被寶潔、聯合利華、歐萊雅等外資巨頭占據。但是，令我們欣喜的是，本土企業通過敏銳的市場觸覺、快速的反應和對本土消費者的理解，也成就了諸如立白、納愛斯、上海家化這樣可以被外企列為主要競爭對手的企業。

以立白為例。立白經過十幾年的發展，現已成為年銷售額過百億元的企業，產品橫跨洗滌、個人護理、化妝品等多個領域，旗下名牌產品、著名商標三十幾個，非常重要的一個原因就是立白找到了市場的切入點。

1997年，立白掌門人陳凱旋創業的時候，唯一的資本是自己熟悉洗衣粉的銷售渠道。當時，做洗滌類產品的企業已有很多，前有寶潔、聯合利華，後有納愛斯、奇強、浪奇、高富力等。就是在這種內外交困的情況下，陳凱旋做對了三點，從而使得立白突圍而出。第一，立白選擇了「貼牌生產」，這種「輕公司」的觀念在當時看來是非常前衛的，讓專業的廠家生產產品，然後貼上自己牌子銷售。第二，立白選擇陳佩斯作為代言人與自己的品牌定位非常吻合，情節輕鬆詼諧，讓消費者一下記住了「不傷手的洗潔精」和「立白」，訴求清晰，產品概念與競品一下子區別開來，此乃立白爆發式增長的轉折點。第三，立白選擇了以農村包圍城市的銷售渠道差異化策略，避開與外資品牌的正面競爭，使立白在鄉鎮市場執行得非常到位，銷售通路的建設非常順暢、快速。

正因為以上三個關鍵點的對路，立白迅速擴張，其二三線市場的佔有率急速上升，品牌的終端陳列和形象展示都做得非常到位。不可否認，獨特的渠道策略為立白的突圍立下了汗馬功勞。

　　「成功的價值創造需要成功的價值傳遞」，著名行銷大師菲利普‧科特勒一語道出了渠道設計在現代行銷中的重要作用。所謂行銷渠道，是指在實現產品和服務的使用和消費過程中所涉及的相互依賴的組織，是產品和服務從生產完成後到用戶的購買和使用之間所經歷的一組路徑。行銷渠道決策是現代管理層面臨的最重要的決策之一。

第三節　廣告媒體策劃

第一節 渠道模式的選擇

在廠家與經銷商合作的背後,是富有競技性的博弈,經銷商總認為廠家的優惠條件如同海綿裡的水,要擠才能擠出來,但廠家又在想怎樣才能總讓經銷商服服帖帖跟自己走呢?在當今激烈的市場競爭中,大型零售業態的迅猛發展,給廠商之間的合作帶來了許多新的問題和挑戰,確立什麼樣的合作模式,制定什麼樣的渠道政策是廠家不得不認真考慮的現實問題。

一、銷售通路中常見的矛盾

銷售通路中常見的矛盾主要有三個方面。

(一)廠家與商家的矛盾

目前商家的經營模式大多是商場經營模式或是物業經營模式,基本上是當二房東,即自建或長期租賃一個商場,通過招商引來眾多品牌,由各品牌自己經營商品,然後坐地收租金(場地費)、收返利(點)。商家一般只做招商、商場促銷、宣傳、賣場管理等工作,由各品牌廠家對自己的商品負責,在這種商場經營模式下,廠家與商家間其實是一種「零和游戲」,雙方的關注點不是聚焦而是博弈。

在這種模式下商家最關心的是:①價格。目的是怎樣有利於爭取消費者,即要求供應商必須以最低的價格供貨,絕不能以高於競爭對手的價格供貨,因為商家認為他的規模最大,所以要最低價。與此同時,廠家當然要評估他的成本和毛利率,盡量給高一點的供價,這樣雙方就變成一種價格博弈。②返利(點)。目的是增加利潤,因為在

商場經營模式下，商家的利潤來源只有兩個，即返利（點）或合同外收取的不確定的各種費用，所以增加返利（點）就意味著增加利潤。若商家要提高返點，廠家就自然提高供貨價，這樣廠商之間又進行一種返利（點）博弈，而最終受傷的是消費者。③費用。目的是想多增加些費用種類和額度，於是進場費、促銷費、紅卡、藍卡、電費、水費、保潔費、重裝費、導購員管理費、廣告位費、樣機管理費等，真是多種多樣，千奇百怪，廠家當然要控制，盡量減少這類費用，雙方又是沒完沒了的費用博弈。由於費用是商家的重要收入，在某種程度上開店是賺錢的，而開店費用是可以從廠家手中要回來的，所以店越開越多，越開越密，單店效益當然是越來越低，而廠家對無效店就採取不進入的態度，商家則以全面停止合作相威脅，結果又是進不進場的博弈。

在這種模式下廠家最關注的則是：①控制價格。其出發點是要全國價格一盤棋，保護其他渠道的利益，保護商品的基本毛利，這樣在價格上商家要打，廠家要保，成為廠商之間的衝突之源，在節假日的敏感時點表現得最為激烈。②控制終端。終端自己做，導購員自己管，促銷自己搞，所以我們國家的賣場都比較亂，比較鬧，而撤導購員，撤終端也是廠家和商家博弈的撒手鐧，當然也是雙刃劍，運用得不好，也會導致合作破裂。③控制費用。商家要增加費用的種類和額度，廠家當然要減少，有業內人士說廠家與商家之間的帳是永遠對不好的帳，對帳流程也是永遠理不好的流程，這樣的灰色地帶也很容易滋生腐敗，商業風氣和商業道德也江河日下，查也查不了，剎也剎不住。

（二）廠家與經銷商及零售終端的矛盾

目前在產品銷售過程中，現實情況是大多數廠家因銷售費用過高和通路建設週期過長而不可能自建銷售網絡，必須依賴當地經銷商。經銷商與零售終端的矛盾表現在：一方面，大型賣場和超級終端擠壓供貨商，惡性壓價和名目繁多的收費，導致經銷商成本不斷上升，利潤空間也越來越小。另一方面，一些大型賣場和超級終端越過地方供貨商，直接與廠家打交道。由於現代大型零售業態和超級終端的發展，店大欺客的現象時時發生，如2004年發生的國美電器與格力經銷商以及格力廠家的矛盾便是其體現。

2004年2月中旬，國內家電連鎖老大國美開展「空調大戰」計劃，成都國美分公司幾乎對所有空調品牌進行大幅度促銷，其中兩款格力空調為降價之首，降幅高達40%，此舉使格力經銷商產生極大的混亂。格力認為國美擅自降低格力空調品牌價格，破壞了格力空調在市場中長期穩定、統一的價格體系，並有損其品牌良好形象，要求國

美立即中止低價銷售行為。在交涉未果後，格力於 2 月 24 日決定正式停止向國美供貨。

這次事件，格力山東銷售公司負責人給出了說明，國美要求格力給 12 個點的利潤和 45 天的帳期。「空調的利潤空間總共才幾個點呀？我們可以試著把這 12 個點作一下分配：6 個點留給商家，其中 3 個點讓利給消費者，剩餘的 3 個點用於市場的開拓，這種分配才是三方多贏的理想局面啊，都給了你之後消費者怎麼辦？到底是誰在盤剝中間利潤？再比如帳期，經銷商投款提貨是有財務費用的，而你的帳期長達 45 天，首先你的帳期有信譽嗎？第二是格力失去了一直堅持的『公平性』，特別是對其他經銷商而言更是不合理的，因為你的財務費用是『負』的，其他經銷商是『正』的，店大不能欺人嘛!」

(三) 中間商之間的衝突

這裡指的是同一渠道模式中，同一層次中間商之間的衝突。例如，某地區經營 A 產品的中間商可能認為同一地區經營 A 產品的另一家中間商在定價、促銷和售後服務等方面過於進取，搶了他的生意，造成兩家中間商之間的不滿與衝突。

從以上所述的幾種矛盾，我們不難看出，在當今激烈的市場競爭中，產品同質化以及嚴重供過於求，使廠家對商家的依賴性增大，但同時，廠家對商家的控制和管理難度也在加大。如何避免這些矛盾，尋求雙方或多方合作的共贏模式，使我們當今渠道管理工作面臨嚴峻的挑戰。

二、渠道模式的主要類型

企業渠道模式有哪些類型，是我們選擇渠道模式的前提，渠道模式類型主要有以下幾種。

(一) 直銷模式

直銷模式實際上就是通過簡化，取消中間商，降低產品成本並滿足顧客利益最大化需求的一種行銷活動。

直銷就是產品不通過各種商場、超市等傳統的銷售渠道進行分銷，而是直接由生產商或者經銷商組織產品銷售的一種行銷方式。

直銷實際上是最古老的商品銷售方式之一。早在遠古時期人們進行商品交換之後，首先學會的就是直銷。現在我們將凡是不經過中間商環節而直接零售給消費者的銷售形式，都稱之為直銷，方式包括電

視銷售、郵購、自動供貨機、目錄銷售、登門銷售等。

　　直銷能有效地實現縮短通路、貼近顧客，將產品快速送到顧客手中，加快資本運作。同時，直銷也更好地將顧客的意見、需求迅速反饋回企業，有助於企業戰略調整和戰術的轉換。因此直銷業態能夠迅速崛起就不奇怪了。

　　1. 直銷模式的優勢及不足

　　(1) 直銷方式的好處

　　①可以節省行銷和廣告費用。

　　②銷售價格可以比其他店鋪銷售的同類產品低。

　　③通過直銷可以開發出眾多的忠實顧客。

　　(2) 直銷模式的不足

　　①銷售範圍有限。

　　②直銷模式並非適用於所有商品，如日常生活用品不適合直銷。一般來說，直銷模式的運用必須具備兩大要素：優質的產品和高質量的服務。

　　③直銷模式對直銷員個人的素質要求較高。在國際上，直銷模式運用成功的當屬戴爾電腦和安利產品。以戴爾為例。戴爾公司直銷模式的精華在於「按需定制」，在明確客戶需求後迅速做出回應，並向客戶直接發貨。由於消除中間商環節，減少不必要的成本和時間，使得戴爾公司能夠有更多的精力來瞭解客戶需要。戴爾公司的直銷模式能以富有競爭力的價格，為每一位消費者定制並提供具有豐富配置的強大系統。通過平均 4 天一次的庫存更新，戴爾公司及時把最新相關技術帶給消費者，並通過網絡的快速傳播性和電子商務的便利，為用戶搭起溝通橋樑。

　　在國內，直銷方式也越來越受歡迎，戴爾公司為用戶提供電話訂購一對一諮詢服務，幫助用戶明確用途，選擇最適合機型，並為用戶設立詳細檔案，價格完全公開化，用戶購買可通過網站或免費電話下單，產品直接出廠，質量能夠得到完全保證。戴爾公司的「客戶中心」擁有精通多種語言的技術支持工程師，通過電話解決客戶技術問題成功率達 75% 以上，為直銷的快捷與便利提供了有力保障。

　　2. 直銷與傳銷的本質區別

　　(1) 直銷是企業銷售其產品的一種渠道模式，傳銷是一種詐欺手段。

　　直銷是一種無店鋪銷售方式，是行銷渠道的一種，從其產生來看，是行銷渠道的一種創新，但是它並沒有什麼神祕之處。其實踐的成功與失敗往往與企業戰略、產品選擇、市場定位以及相應的宏觀環境緊密地聯繫在一起。

傳銷不是企業銷售產品的渠道模式，而是一種詐欺手段。從形式上看，傳銷活動與直銷渠道似乎是相同的，其中也涉及產品，於是會有人以此作為證明傳銷合法性的依據。從實質上看，直銷與傳銷是截然不同的。直銷渠道中如果沒有產品，沒有使用價值，就會變得毫無意義，渠道就無法持續存在；而傳銷活動中可以沒有具有任何使用價值的產品。甚至可以是磚頭、瓦塊、人頭或符號，即使如此，傳銷活動還可以持續下去。

（2）直銷的成功關鍵在於客戶群定位，而傳銷無明確指向性。

直銷作為一種產品銷售渠道模式，其特徵在於它強烈的市場指導性。不言而喻，渠道總是引導企業的產品流向顧客，或者說是流向目標市場。作為渠道，任何一種模式都具有明確的市場指導性，但是，不同的渠道模式在市場指導性的強弱上存在著差別，各種形式的零售店如百貨店和專業店之間存在著市場指導性的差別，百貨店服務的市場對象較為廣泛，專業店服務的市場對象較為狹窄。渠道模式上的這種差別在店鋪模式與無店鋪模式之間表現得更加明顯，即店鋪模式是開門迎客，無店鋪模式是上門服務。

直銷渠道的市場指向性，來源於企業產品與顧客需要之間的互動關係，而傳銷的市場指向性則與此無關。直銷總是與有使用價值的產品聯繫在一起，直銷需要這種產品，企業提供這種產品，通過直銷渠道實現產品向消費者的轉移。從整個社會來看，實現商品的流通是直銷渠道存在的主要目的。

傳銷中的產品，如果有使用價值的話，也不是傳銷活動的主要目的，傳銷活動的主要目的與其產品無關，與市場對該產品的需要無關，它可以傳人頭、傳符號，也就無所謂市場的指向性，因此它不成其為一種產品銷售的渠道。如果傳銷也具有市場指向性，那麼，無非是說傳銷尋找的是那些容易被蒙騙的群體，絕不是以消費需要為線索的目標群體。

（二）專賣店模式

專賣店模式是企業通過在不同區域自建專賣店或通過加盟的方式建立專賣店以銷售企業產品的一種通路模式。專賣店的特徵主要有兩個方面，一是選址在繁華商業區、商業街或百貨店、購物中心內。隨著現代房地產的發展，大型小區近年來也成為專賣店開設的重要場所。二是專賣店經營一般以著名品牌為主，必須有品牌商品支撐，且商品比較豐富，同時專賣店往往在裝修上有統一風格並且別具一格。近年來，專賣店發展迅猛，服裝行業的雅戈爾、李寧，家電行業的海爾，化妝品行業的屈臣氏、資生堂等都是其典型代表。

1. 專賣店模式的優勢

（1）專賣店是品牌、形象、文化的窗口，有利於品牌的進一步提升。

（2）能有效貫徹和執行企業的經營方針，有效提高集團的執行力，突破現代企業所普遍面臨的管理瓶頸。

（3）專心專業、專賣一類產品或一個品牌，大大增強產品的終端銷售能力，真正形成「終端為王」的王者風範，而且管理方便、互利共生，易形成一大批忠誠度極高的大客戶和核心經銷商，集團可以全心全力地輔導培育。

（4）更多地創造顧客購買一類產品或一個品牌的系列產品（專賣＋優質產品＋星級服務）的機會，提升產品的銷量。

（5）銷售與服務一體化，可創造穩定的忠誠的顧客消費群體，有利於銷售網絡的穩定與發展，保持集團經營的持續性和穩定性，易於及時收集市場和渠道信息。

（6）消費者到專賣店選購產品時，該品牌有百分之百的銷售機會（店內無其他品牌），大大增加了產品的成交率。

2. 專賣店模式的不足

（1）投入費用較高。專賣店的投入對於一般的企業來說，不是個小數目，目前黃金地段的位置已經是寸土寸金，而且還不一定好找，有了好的房子光轉讓費就是很大的一筆數字，租金就可能要一年一付，甚至有的還要三年一付，還有店內的統一的設計裝修、硬件設施的配備等費用。

（2）輻射區域有限。專賣店本身的功能就是服務，很少有較遠地方的顧客會光臨，有也是偶爾發生的事。只有服務好周邊的顧客才可以讓自己的專賣店生存下去，把陣地建立在顧客家門口是好事，可是畢竟不能在每一家的門口都能建立這樣的陣地，專賣店的輻射範圍就成了至關重要的一個問題。

（3）資源配備有限。不管規模大小，在一個城市建立幾十家專賣店的企業很多，但是專賣店與店之間的關係就成了資源配備的難題，不可能所有的店都具有同樣的配備。這就決定了不同的地段、不同的區域，所配備的資源是不同的，一般的店最多需要 3 名工作人員就可以了，專業人士有 1 名也就可以了，可是這些專業人士都是人才，現在最難找的也是人才，最好的人才你不一定可以找到，就是找到也不一定就留得住。所以，只能是照顧重點，扶大扶強了。

（4）客戶生命力淺。專賣店的功能是開發新客戶，服務老顧客。但是在一定的範圍內的人口總數是有限的，對於一個城市來講，消費能力又是相對固定的，這就是為什麼一些專賣店剛剛開始的三個月時

間不用擔心顧客，三個月之後就會發現，新顧客越來越少了，老面孔越來越多了。三個月以後大家熟悉了，應該消費的已經消費得差不多了，沒有消費的也許一直都不會消費了，把目標人群整個翻了一遍，這也是為什麼一些專賣店五個月後就搬家的原因。

(三) 分銷商模式

分銷商模式指廠家借助於中間商網絡進行產品銷售的一種通路模式，這是產品銷售中最常見的通路模式。許多大眾化商品以及選購品，因考慮到消費者的分散性，在企業所不能及的市場區域，依靠分銷商的網絡模式就成了現代商家的重要選擇。

以可口可樂公司為例，分銷商模式可細分為兩種具體的運作方式：
運作方式1：廠家→大型零售終端
適應於城市運作或公司力量能直接涉及的地區，銷售力度大，對價格和物流的控制力強，如圖7-1所示。

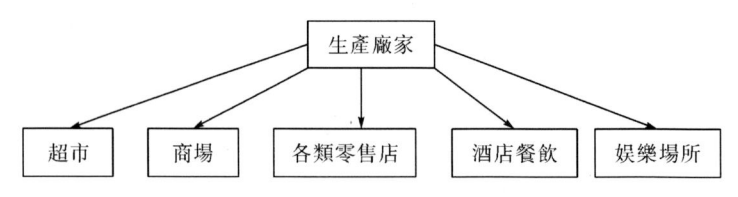

```
                    生產廠家
       ┌──────┬──────┬──────┬──────┐
      超市   商場  各類零售店 酒店餐飲 娛樂場所
```

圖7-1　廠家→大型零售終端方式

優點：渠道最短，反應最迅速，服務最及時，價格最穩定，促銷最到位，控制最有效。

缺點：局限於交通便利、消費集中的城市，會出現許多銷售盲區，或人力、物力投入大，費用高，管理難度大。

運作方式2：多環節網絡銷售
多環節網絡銷售適用於大眾化產品，對快速覆蓋農村和中小城市較為有利，如圖7-2所示。

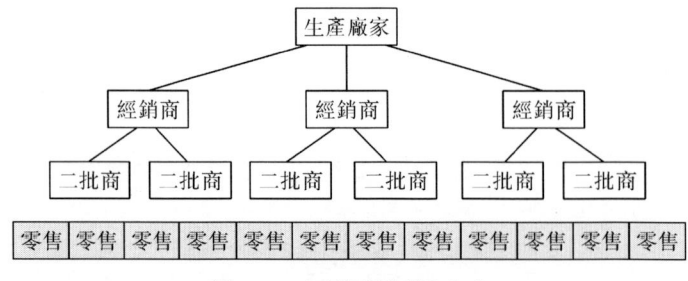

```
                 生產廠家
         ┌──────────┼──────────┐
        經銷商      經銷商      經銷商
       ┌──┴──┐    ┌──┴──┐    ┌──┴──┐
      二批商 二批商 二批商 二批商 二批商 二批商
      |零售|零售|零售|零售|零售|零售|零售|零售|零售|零售|
```

圖7-2　多環節網絡銷售方式

優點：可節省大量的人力物力；銷售面廣、滲透力強；各級權利義務分明，為共同利益可組成價格鏈同盟；借他人之力各得其所。

缺點：易造成價格混亂和區域間的衝貨，在競爭激烈時反應較遲緩，需有高明的管理者才能使之密而不亂。

(四) 自建行銷渠道模式

所謂自建行銷渠道模式，企業依靠自身實力建立銷售網絡，從而實現對終端的強有力控制的一種通路模式。自建渠道模式的優點是十分明顯的，企業對渠道有絕對的掌控力，能迅速執行企業的經營方針，有利於塑造品牌形象。當然，這種模式的不足在於耗資巨大，並且建設週期較長，非一般企業所能為。

三、如何選擇渠道模式

渠道模式的設計是否合理，將直接影響到企業的產品銷售。我們在研究渠道的時候不能只分析渠道的寬度、深度、關聯性等要素，最重要的是清楚渠道佈局的具體操作方法。

渠道模式的選擇可以按以下三個步驟來進行：

(一) 從消費者角度分析目標人群購買習慣

渠道模式是連接產品和消費者之間的一條通路，並承擔了這條通路的一些責任。因此消費者能通過某種形式接觸到產品，便利地購買到產品才是廠商真正的意圖。否則設置一條渠道，消費者卻買不到廠家商品，那麼這條渠道就是無效的，這裡面包含了 4C 中的一些因素，即購買的便利性。由於消費需求的選擇性以及分散性，就決定了企業渠道模式的多樣性。不同的通路設計就是為了滿足不同的消費者需求。

(二) 勾勒出企業的渠道模式

從這種意義上來講，分銷通路的形成與運作是一個關係到製造商、中間商和最終消費者及用戶的有機整體。在這個有機體內，製造商、中間商和消費者有著共同的目標和利益需求，即將產品傳遞給消費者，滿足其需求，並獲得最大的效用和利益。正因為這樣，他們可以通過合理而科學的分工與協作，來達到將產品和服務及時準確地傳遞給消費者的目的。此處的分工與協作，就是根據有機整體內部各個成員的條件與可能，根據消費者的不同需求特點，進行成員間的重新整合，形成新的分銷通路。在每一條通路中，既能滿足某一或某些特定市場

需求,又能發揮通路成員的最大功效。不同的通路之間通過相互補充和配合來共同滿足市場需求,從而完成整體分銷目標。由此,這個有機整體所形成的是一個包括多種分銷通路的網絡系統。以美國商業機器公司(IBM)為例,圖7-3是美國商用機器公司的個人計算機PC的產品分銷網絡。

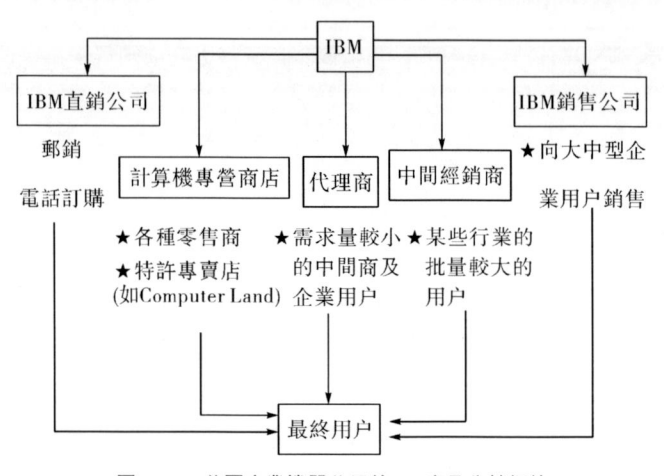

```
                        IBM
        ┌────────┬──────┼──────┬────────┐
   IBM直銷公司                        IBM銷售公司
     郵銷                          ★向大中型企
   電話訂購  計算機專營商店  代理商  中間經銷商  業用戶銷售
           ★各種零售商  ★需求量較  ★某些行業的
           ★特許專賣店   小的中間商   批量較大的
           (如Computer Land) 及企業用戶   用戶
                        │
                      最終用戶
```

圖7-3 美國商業機器公司的PC產品分銷網絡

　　美國商業機器公司是美國著名的計算機製造商,他根據不同用戶和消費者對計算機產品及相關服務的不同要求建立了上圖所示的分銷網絡。在這個網絡中,美國商業機器公司選用多條通路來銷售它的PC機,有些通路是由美國商業機器公司自己擁有和經營的,而有些通路則是獨立的經銷商或代理商。不同的通路向不同的顧客和用戶銷售產品。美國商業機器公司的銷售公司(Direct Sale Force)主要是負責向大、中型企業用戶銷售;而美國商業機器公司的直銷公司(IBMDirect)則是負責向小型企業用戶和一些個人職業用戶(如律師、會計師等)銷售計算機及其配件,銷售方式是採用電話訂購和郵銷。上述兩個銷售通路都是由美國商業機器公司所屬並直接經營管理的。美國商業機器公司分銷網絡的第三種銷售通路是一些專門向某些領域銷售計算機的中間商,他們向美國商業機器公司購入計算機及相關的軟件、硬件及配件,轉而銷售給諸如數據處理、保險、會計、審計、石油等行業的用戶。美國商業機器公司分銷網絡中最重要的通路是計算機專營商店,包括經銷計算機的各種零售商貨特許經營的品牌店,如西爾斯、Computer Land及Valcom等。

(三) 確定渠道模式

　　通過以上兩個步驟的分析,我們達到了滿足消費者需求的各種可

能的通路方案。但這些方案是不是全部作為企業的渠道模式選擇，還需要企業結合市場競爭狀況、產品的優勢、企業的資源和實力等因素進行綜合考慮。如果你同樣是一個計算機生產企業，但你並不像美國商業機器公司那樣強勢，那麼你可選擇其中一些適合於當前自己產品銷售的通路模式。

　　行銷渠道是建立和發展企業核心能力的重要源泉，而生產商通過行銷渠道向消費者提供服務正是企業建立並保持長久競爭優勢的根本。行銷渠道中多種通路模式的並存，可以做到互補。任何一種渠道都無法解決所有問題，要根據具體環境，針對行銷渠道出現的各種變化，正確選擇適合企業不同發展階段的渠道模式。

第二節 渠道管理與維護

渠道管理與維護是企業渠道暢通運行的保證。下面重點談談渠道管理的四個方面：渠道價格政策的制定、經銷商管理的主要指標、經銷商的激勵措施和渠道運作中的竄貨管理。

一、渠道價格政策的制定

價格是影響廠家、經銷商、顧客和產品市場前途的重要因素，因此，制定正確的價格政策，是維護廠家利益，調動經銷商積極性，吸引顧客購買，戰勝競爭對手，開發和鞏固市場的關鍵。

（一）渠道價格政策形式

企業通常所用的價格政策有以下幾種：

1. 可變價格政策

即價格是根據交易雙方的談判結果來決定的。這種政策多在不同牌子競爭激烈而賣方又難以滲入市場的情況下使用。在這種情況下，買方處於有利地位並能夠迫使賣方給予較優惠的價格。

2. 非可變價格政策

採取這種價格政策，那就沒有談判的餘地了，價格的差異是固定的。如大量購買給予較低的價格，對批發商、零售商不同的地點給予不同的價格。

3. 其他價格政策

（1）單一價格政策。這是一種不變通的價格政策。定價不顧及購買數量、不論什麼人購買、也不管貨物送到什麼地方，價格都是相同的。

（2）購買數量折扣。即價格根據一次購買數量多少而變化。

（3）累計數量折扣。允許由一定時期內（如 1～12 月份）的總訂貨量打折扣。許多食品企業採取這種方法銷售。

（4）商業折扣。對履行不同職能的經銷商給予不同的折扣。如對一批、二批、三批商和零售商，因其履行不同的經銷職能而給予其不同的折扣。

（5）統一送貨價格。對不同地方制定價格有兩種方法：一種是統一送貨價格，另一種是可變送貨價格。統一送貨價格是指最終價格是固定的，不考慮買者與賣者的距離，運輸費完全由賣者承擔。

（6）可變送貨價格。即產品的基本價格是相同的，運輸費用在基本價格之上另外相加。因此，對於不同地方的顧客來說產品的最終價格要按他們距離賣方的遠近而定。

(二) 企業銷售價格結構體系設計

企業銷售價格結構體系設計的首要任務是決定差別化價格結構。差別化的價格結構體系包括兩個方面。

1. 依據銷售渠道成員所在階層確定價格折扣

企業必須設計好銷售通路各環節的價格體系，即處理好出廠價、一批價、二批價、三批價、零售價之間的關係。由於銷售通路各環節的價格設計直接影響到中間商的利益，從而影響中間商的積極性，決定著產品在市場上的前途，因此企業必須重視。

2. 按照客戶的重要程度來確定價格

這是指按照現有客戶實際或潛在實力而將客戶分為 A、B、C 三個等級，分別確定不同的價格折扣率。如 A 級大客戶價格折扣率是 X%，B 級客戶價格折扣率是 Y%，C 級客戶折扣率為 Z%。銷售價格體系設計解決的是讓利如何分配。讓利就是出廠價和最終零售價之間的差額。誰得到這些差額以及得多少，就是價格體系設計所要解決的問題。

一級批發商是靠加價和返利來賺錢，零售商是靠批零差價來賺錢，二者的利益都能夠得到保證，而二批、三批處於中間環節，往上有一批決定著他不可能得到更多的利潤空間，往下由於消費者的作用，零售商要以最優惠的價格拿到產品，這樣二級、三級批發商的利益如何維護，就成了價格設計的一個重要方面。企業必須給二級、三級批發商一個利潤空間，並能讓他們以銷售量來賺錢。

二、經銷商管理的主要指標

在現代行銷中，作為載體的行銷網絡，越來越被廣大企業，特別

是民用消費品的企業所倚重。而網絡能否正常的營運，有一個很關鍵的要素，就是網絡中承上啓下的經銷商們。他們能否在理念上、利益上與廠家保持一致，這是產品能否制勝的關鍵，所以我們必須管理好經營商。經銷商管理的主要指標有：

（一）銷售額增長率

這個指標主要分析銷售額的增長情況。原則上說，經銷商的銷售額有較大幅度增長，才是優秀經銷商。對銷售額的增長情況必須做具體分析。業務員應結合市場增長狀況、本公司商品的平均增長率等情況來分析比較。如果一位經銷商的銷售額在增長，但市場佔有率、自己公司商品的平均增長率不升反降的話，那麼可以斷言，業務員對這家經銷商的管理並不妥善。

（二）銷售額統計

這個指標主要分析年度、月份的銷售額，同時檢查所銷售的內容。如果年度銷售額在增長但各月份銷售額有較大的波動，這種銷售狀況並不樂觀。經銷商的銷售額呈穩定增長態勢，對經銷商的管理才稱得上是完善的。平衡淡旺季銷量，是業務員的一大責任。

（三）銷售額比率

此指標即檢查本公司商品的銷售額占經銷商銷售總額的比率。如果本企業的銷售額在增長，但是自己公司商品銷售額占經銷商的銷售總額的比率卻很低的話，業務員就應該加強對該經銷商的管理。

（四）費用比率

銷售額雖然增長很快，但費用的增長超過銷售額的增長，仍是不健全的表現。打折扣便大量進貨，不打折扣即使庫存不多也不進貨，並且向折扣率高的競爭公司進貨，這不是良好的交易關係。客戶對你沒有忠誠，說明你的客戶管理工作不到位。

（五）貨款回收的狀況

貨款回收是經銷商管理的重要一環。經銷商的銷售額雖然很高，但貨款回收不順利或大量拖延貨款，問題更大。

（六）瞭解企業的政策

業務員不能夠盲目地追求銷售額的增長。業務員應該讓經銷商瞭解企業的方針，並且確實地遵守企業的政策，進而促進銷售額的增長。

一些不正當的做法，如擾亂市場的惡性競爭、竄貨等，雖然增加了銷售額，但損害了企業的整體利益，是有害無益的。因此，讓經銷商瞭解、遵守並配合企業的政策，是業務員對經銷商管理的重要方面。

（七）銷售品種

業務員首先要瞭解，經銷商銷售的產品是否是自己公司的全部產品，或者只是一部分而已。經銷商銷售額雖然很高，但是銷售的商品只限於暢銷商品、容易推銷的商品，至於自己公司希望促銷的商品、利潤較高的商品、新產品，經銷商卻不願意銷售或不積極銷售，這也不是好的做法。業務員應設法讓經銷商均衡銷售企業的產品。

（八）商品的陳列狀況

商品在經銷店內的陳列狀況，對於促進銷售非常重要。業務員要支持、指導經銷商展示、陳列自己的產品。

（九）商品的庫存狀況

缺貨情況經常發生，表現在經銷商對自己企業的商品不重視，同時也表明，業務員與經銷商的接觸不多，這是嚴重的業務員工作失職。經銷商缺貨，會使企業喪失很多的機會，因此，做好庫存管理是業務員對經銷商管理的最基本職責。

（十）促銷活動的參與情況

經銷商對自己公司所舉辦的各種促銷活動，是否都積極參與並給予充分合作。每次的促銷活動都參加，而且銷售數量也因此而增長，表示對經銷商的管理得當。經銷商不願參加或不配合公司舉辦的各種促銷活動，業務員就要分析原因，制定對策了。沒有經銷商對促銷活動的參與和配合，促銷活動就會只花錢沒效果。

三、經銷商的激勵措施

美國哈佛大學心理學家威廉·詹姆斯在《行為管理》一書中認為，合同關係僅能使人的潛能發揮20%～30%，而如果受到充分激勵，其潛力可發揮到80%～90%。

經銷商手中一般都會有很多品牌代理，他們不可能將所有精力平均分配給各個品牌，甚至有的經銷商也在賣競爭對手的品牌。對經銷商來說，做誰的銷售都是一樣，除非你能提供比競爭品更好的利潤或

更好的產品。但這種情況又非常的少，這時對經銷商運用有效激勵機制便可使經銷商發揮潛能，更好地為本品牌服務。

(一) 物質獎勵

物質獎勵主要包括返利、促銷方式等金錢或物質方面的獎勵，這對經銷商來說是比較喜歡的，因為自己得到了實實在在的利益。這種方法不可常用或要設定門檻，讓經銷商感到拿到這個獎勵不容易，只有通過自己努力才能拿到。企業領導根據經銷商所在區域實際情況結合企業實際年度投入費用比，明確返利政策，既不能高不可攀，也不能唾手可得。

當然，以返利為主的物質激勵只是調動經銷商積極性的方式之一，但不是唯一的方式，更不能片面認為返利越高效果越好。很多企業在設計行銷政策時，往往將激勵設計成了高額返利，結果造成了兩種結局：一是經銷商將返利當成了利潤，而不向市場要利潤，廠家成為了經銷商的「利潤源」；二是一部分投機的經銷商為了獲取更多的返點，而拿出返利的一部分衝擊市場，以獲取更大的市場份額及返利，造成竄貨、倒貨、價格倒掛等擾亂市場秩序的行為。因此，企業應重視其他獎勵方式的運用，以便取得更好的激勵效果。

(二) 功能獎勵

所謂功能獎勵，主要是指企業從渠道建設與維護的角度所實施的獎勵方案設計。通過某方面的獎勵措施，以引導經銷商的經營行為，以促進企業渠道的健康發展。功能獎勵具體形式主要包括：

1. 數量品種獎

在設計各種獎勵之初，必須考慮市場狀況和階段性操作目標，明確在通路上要保護何種形態、何種銷量地位、何種層次的經銷商和各層次空間，使其與長短期戰略相一致。每個商家都有其特殊的市場設計，以配合各階段的市場策略，例如，前期的入市需求，中期狙擊某品牌、品種和強化佔有率，後期的利潤中心主義，必然會對不同階段的經營數量和品種做有計劃的調整。因廠家各個產品的設計目的不一樣，所以就需要在不同階段的目的下，巧用持續性和批次性的數量獎勵和特殊的品種操作獎勵，使商家與廠家在市場各個階段，達成佔有率與利潤的一致性，同時也適應市場的變化。

2. 鋪市陳列獎

在產品入市階段，必須評估市場容量、網絡容量和管理容量，協同經銷商主動出擊，迅速將貨物送達終端。同時廠方根據情況應給予人力、運力的適當補貼，特殊的鋪貨獎勵應該是經銷商將產品陳列於

合適位置的獎勵。

3. 網絡維護獎

為避免經銷商的貨物滯留和基礎工作滯後導致產品銷量萎縮，除了派員跟蹤等措施外，也可以獎勵形式刺激經銷商，維護一個適合產品的有效、有適應規模的網絡。

4. 價格信譽獎

現在諸多暢銷產品都出現了倒貨、亂價等情況，導致各經銷商喪失獲利空間，所以除了打貨碼、合同約束、合理的價格設計和嚴密的市場監察外，也可在價格設計時設定價格信譽獎，作為對經銷商的調控。本獎設置應考慮價格差異、地域運費、人力和銷量等因素。

5. 合理庫存獎

經銷商的庫存一定要適合當地市場容量，考慮運貨週期、貨物週轉率和意外安全儲量，保持適當數量與品種。另外，合理庫存還起著調控經銷商資金並為我所用的作用。

應當指出的是，上述各種功能獎勵形式很多，企業在設計激勵政策時，可結合自身渠道建設的具體情況有選擇性地運用。並且獎勵應以解決企業目前面臨的現實問題、有利於渠道建設為宗旨，不能片面地認為獎勵形式越多越好。獎勵太多，一方面增大企業的負擔，另一方面也顯得企業的獎勵沒有目標和重點。

(三) 精神激勵

針對經銷商的精神激勵可以採取的措施是：

1. 培訓

培訓是對經銷商最好的精神激勵方式。「授之以魚，不如授之以漁」，傳授經銷商及其人員掙錢的經營、管理、銷售技能，比單純的物質激勵更重要。

2. 旅遊

這也是對經銷商的一種很好的激勵方式，在生意繁忙之餘，給他們一次放鬆身心的機會，勞逸結合，他們會更有忠誠度，更有凝聚力，更可以激發他們口碑傳播的良好效果。

3. 大客戶會

有的企業通過定期召開大客戶會的形式，邀請客戶代表參加企業的新產品說明會、培訓會、政策會等，促使這些核心客戶深刻領悟企業行銷戰略及其策略，明晰企業發展方向，更好地廠商攜手，打造共贏的良好局面。

4. 客戶經理制

一些企業，為了激發大客戶的「參政議政」作用，採取了客戶經

理制這種激勵方式，通過頒發聘書，給予一定的補貼待遇等，讓他們參與到企業的產品研發、市場管理、政策制定等方面來，由於他們親身參與，因此執行力更強，而企業由於抓住了這些能夠帶動一方的大客戶，銷售更為穩固。

5. 專業顧問

有的企業為了體現對經銷商的支持，採取了派駐專業顧問的形式，幫助經銷商深度分銷或者協銷，這些專業顧問，往往是企業的行銷精英，技能高超，策劃力強，能夠幫助經銷商做更大的提升。

四、竄貨的成因、危害及治理措施

沒有竄貨的銷售是不紅火的銷售，大量竄貨的銷售又是很危險的銷售。竄貨是一種極易被忽視，卻對品牌和企業經營殺傷力很強的行銷病症。特別是對有深厚品牌累積的企業，忽視竄貨，有可能「千里之堤，毀於蟻穴」。竄貨指的是企業的分公司、分部、代理商、經銷商不經銷售中心和銷售區域的分公司同意，擅自將公司產品銷售到非其所屬區域。

（一）竄貨的原因

1. 經銷商利益驅動

一些經銷商、業務員為獲取最大份額的年終獎勵，拼命做銷售，當本地市場無法滿足銷量時，就會越區銷售；一些經銷商為了降低損失，把過期的或即將過期的產品低價出售，導致渠道潰流；廠家促銷時由於價格相對便宜，經銷商就大量進貨，待活動結束後，又以相對較低的價格將產品拋向市場，造成竄貨。

2. 企業不合理的渠道政策

（1）企業盲目給經銷商定銷售目標。

企業在制訂銷售計劃時，沒有充分考慮到市場實情、市場需求量，盲目地給經銷商加大銷量。經銷商如果在本地區無法完成銷量，則只有竄貨一條路來保證自身利益。

（2）企業過度重視硬指標。

企業過度重視硬指標（銷售量、回款率、市場佔有率），而忽視了軟指標（品牌知名度、客戶忠誠度）。企業依據硬指標來確定返利的大小，各地經銷商和業務員為了獲得高返利，會想方設法完成企業規定的各項硬指標。若本地區完成不了，自然會將產品延伸到其他地區。

(3) 價格體系管理混亂。

開發新產品市場時，會有一些優惠政策。如果對享受此優惠政策的經銷商管理不好，很快他們就會竄貨。此外，許多經銷商利用廠家管理不嚴，大膽利用價格差價進行竄貨。

(二) 竄貨的危害性

1. 造成市場價格混亂

在銷售區域格局中，由於不同市場發育不均衡，一部分市場供不應求（甲），另一部分市場銷售不旺（乙），為了增加銷售量獲取高返利，乙地區的經銷商會想方設法完成銷售份額，將貨以低價轉給甲區域的經銷商，甲貨過多後，又會以更低的價格轉給第三方，如此循環下去，就會造成整個市場價格混亂。或者是對於一些有明顯使用期限的商品，在到期前，經銷商為了避開風險，採取低價傾銷策略將剩餘產品傾銷出去，擾亂了價格體系。

2. 經銷商積極性受挫

一旦價格出現混亂，經銷商的正常銷售就會受到嚴重干擾，利潤的減少會讓經銷商對品牌失去信心，最後會拒售商品。

3. 廠家利潤下滑

一旦價格出現混亂，渠道的價格體系被搞亂，一些低價傾銷將會直接導致渠道的利潤下降。另外，價格下降，經銷商的積極性受挫，會讓競爭品牌乘虛而入，影響了銷量，也會導致廠家利潤下滑。

4. 消費者對品牌的忠誠度下降

竄貨現象導致價格混亂和渠道受阻，嚴重威脅著品牌無形資產和企業的正常經營。在品牌消費時代，消費者對商品購買的前提是對品牌的信任。由於竄貨導致的價格混亂會損害品牌形象，一旦品牌形象不足以支撐消費者信心，消費者對品牌的忠誠度就會下降。

(三) 竄貨的治理策略

從竄貨的成因入手，要有效地避免竄貨給企業帶來的損失，因此必須內外並舉，綜合施治。

1. 實施嚴格的價格管理體系

為了從價格體系上控制竄貨，保護經銷商的利益，企業應實行級差價格體系管理制度。為每一級經銷商制定靈活而又嚴明的價格，根據區域的不同情況，分別制定不同層次的價格，在銷售的各個環節上形成嚴格合理的價差梯度，使每一層次、每一環節的經銷商都能通過銷售產品取得相應的利潤，保證各個環節利益的有序分配，從而在價格上堵住竄貨的源頭。價格混亂是渠道竄貨的源頭，主要的竄貨現象

都是從價格混亂開始，逐漸侵蝕企業苦心經營的銷售體系。

2. 建立科學穩固的經銷商制度

對經銷商的選擇要慎重，放棄那種廣招經銷商、來者不拒的策略，精選合作對象，篩出那些缺乏誠意、職業操守差、經營能力弱的經銷商。企業與經銷商的合同應明確加入「禁止跨區銷售」的條款，將經銷商的銷售活動嚴格限定在自己的市場區域範圍之內，並將年終給各地經銷商的返利與是否發生竄貨結合起來，讓經銷商變被動為主動，積極配合企業的行銷政策，不敢貿然竄貨。

3. 對經銷商激勵方式多樣化

對經銷商的激勵，不能只採取單一的返利激勵計劃，除返利外，要多採取有利於經銷商長遠發展的間接激勵措施。

如通過幫助經銷商進行銷售管理，以提高銷售的效率和增加銷售的效果來激發經銷商的積極性；派專業人員指導經銷商，參與具體銷售工作；幫助經銷商管理鋪貨、理貨以及促銷等業務以激發其積極性；根據一定階段內的市場變動和自身產品的配備，經常推出各種各樣針對經銷商的促銷政策，以激發其積極性。

很多廠家以銷量作為返利的唯一標準，銷量越多，返利就越高，導致那些以做量為根本、只賺取年終返利就夠的經銷商，不擇手段地向外地市場「侵略」。除返利激勵外，企業應採取包括間接激勵在內的全面激勵措施，與經銷商建立良好的長期穩定的合作夥伴關係，從情感方面減少竄貨發生的可能性。

4. 產品包裝區域差別化

在不同的區域市場上，相同的產品包裝採取不同標示是常用的防竄貨措施。例如，娃哈哈和經銷商簽訂的合同中給特約經銷商限定了嚴格的銷售區域，實行區域責任制。發往每一個區域的產品都在包裝上打上了一個編號，編號和出廠日期印在一起，根本不能被撕掉或更改，除非更換包裝。比如，娃哈哈 AD 鈣奶有三款包裝在廣州的編號是 A51216、A51315、A51207。

產品包裝差異化能較準確地監控產品的去向。企業行銷人員一旦發現了竄貨，可以迅速追蹤產品的來源，為企業處理竄貨事件提供真憑實據。

5. 實行嚴明的獎罰制度

面對竄貨行為，必須有嚴明的獎罰制度，並將相關條款寫入合同內容。很多企業竄貨商是多年老客戶，一時下不了狠心。致使一些竄貨行為得不到嚴肅處理。獎罰制度能產生多大的效用，關鍵要看是否嚴格執行，只有在執行上嚴厲分明，才能有效地約束經銷商，防止竄貨。

第八章

轉動魔方

※價格策劃面面觀※

　　一個美國商人從國外購進了一批做工精細且質量上乘的禮帽，為了提高競爭力，商人把價格定在和其他一般禮帽一樣的標準，可銷路並沒有比別人的更好，這讓他很奇怪，因為這批禮帽真的是非常精致、漂亮，於是他降低價格來銷售。但是銷售量也沒有明顯提升。一天，這個商人生病了，他委託同樣做小生意的鄰居幫他代賣這些禮帽。但是，這個鄰居在銷售時把那個商人的價格——12美元錯看成了120美元，結果禮帽被一搶而空。原來，高價吸引來了大家的目光，而精美的商品讓大家覺得值這個價錢，這個價格又使大家更相信商品的品質——物有所值。還有一點就是他們賣貨的地點是在富人區，這裡的顧客對價值感興趣，而非價格。於是，合適的商品在合適的地點以合適的價格賣出了好價錢。

　　從這個故事中可以看出，商品定價不是越低越好，那樣不但賺不到應得的利潤，還可能費力不討好，讓顧客低估了商品價值。因此，把降價當做促銷殺手鐧的商家該反思一下了，因為你降價的同時失去了不僅僅是利潤，還有寶貴的品牌形象。

　　在我們生活周圍，當接受一個商品的價格，並不僅僅是考慮價格同價值是否相適應，而要受到許多心理的、社會的、文化的因素的影響，產品的定價不僅是一門科學，而且也是一門藝術與技巧。不但要求企業對成本進行分析、預算和控制，而且要求企業根據市場結構、市場供求、消費心理及競爭狀況等因素，作出判斷與選擇，才有可能作出合理的定價。

第一節 價格策劃的步驟

一、定價的重要性

（一）定價是影響消費者對品牌形象的重要因素

價格是商品買賣雙方關注的焦點，也是影響產品形象及銷售的一個重要因素。日本學者仁科貞文認為：「一般人難以正確評價商品的質量時，常常把價格高低當做評價質量優劣的尺度。在這種情況下確定價格會決定品牌的檔次，也影響到對其他特性的評價。」

在價格問題上，不要走入一個誤區，以為低價就能贏得消費者的認可，從而擊敗競爭對手。相反價格尺碼會讓消費者得出低價低質量的結論。對有些商品而言，消費者是偏重質量的選擇，因而最首要的是讓消費者認可質量，其次才是讓他們感受到價格優惠帶來的實惠。

在商品經濟不發達的情況下，價格是左右買者作選擇的決定因素。然而，在當今社會裡，在購買者選擇行為中，非價格因素已經變得越來越重要了。對於不同的商品，就要具體分析處理。

（二）定價是企業的利潤槓桿

美國著名的頂尖企業，通過對他們的價格做過調研分析，得出如下結論：下列企業的產品價格提高 10% 時，經營利潤可以提高——飛利浦 28.7%、福特汽車 26%、雀巢 17.5%、富士膠卷 16.7%、可口可樂 6.4%。價格的高低對企業利潤起到放大的作用。假如一件產品定價 10 元，成本是 8 利潤是 2，如果價格上漲 10%，那就是 11 − 8 =

3，11 和 10 的比例是 10%，而 2 和 3 的比例是 50%，也就是說價格若上漲 10%，利潤就提高 50%。

相反，如果價格下調 10%，那就是 9－8＝1，利潤則下降 50%，如果企業要達到降價前的利潤，那麼銷量必須上漲 100%，由此可見，價格對企業利潤的影響是致命的。

(三) 定價意味著競爭力

今天，隨著經濟的發展，消費者購買力的增強，人們的消費觀念也在發生變化，在許多消費者看來，便宜無好貨，好貨不便宜。如果我們的企業仍然抱著薄利多銷的傳統思維，恐怕再難以迎合消費者了。

在現實生活中，一些經營者有這樣一個誤區，認為商品越便宜，購買者就越多，其實並非如此。比如對經常買飄柔洗髮露的顧客來說，如果你給他們打折促銷，顧客會多買。如果本身這個產品不是顧客所使用的，顧客也不會買。因為不同的目標消費者，對產品品牌的喜好度、認知度及忠誠度，是有重大差別的。從國際品牌的價格策略來看，不管市場競爭多麼激烈，卻從不輕易降價。

二、價格策劃的步驟

價格策劃是指企業為了實現既定的戰略目標，協調處理各種價格關係的活動。其不僅局限於產品價格的制定，而是包括在一定的經濟環境下，為實現既定的行銷目標和行銷戰略，而在實施過程中調整價格戰略和策略的全過程。定價不僅十分講究藝術和技巧，而且也是一門科學，如何定價？企業必須遵循科學的思路，才能制定出合理的價格。

(一) 定價的目標和戰略

定價目標是價格策劃的靈魂，一方面它服務於產品的行銷目標和企業經營戰略，另一方面，它還是定價策略和定價方法的依據。

企業價格方案的策劃，必須以定價目標為的指導。通常有維持企業生存，爭取當期利潤最大化，保持和擴大市場佔有率，保持最優產品質量，抑制或應付競爭等定價目標。不同的目標和戰略，定價策略是不同的。

高科技產品也不一定必然賣高價，關鍵要看企業的戰略思路是什麼。蘋果 Ipad2 推出後就保持低價位，在喬布斯看來，Ipad2 的任務就是要讓 Ipad 趕上主流平板的配置。其目的是將競爭對手和跟風都限制

在門外。幾乎沒有人料到蘋果公司 Ipad2 上市時價格僅為 499 美元，正因為這樣，Ipad 一度拿下平板電腦95.5%市場份額。

蘋果不但搶先進入了市場，而且，採取的是限制性定價，價格已經低到讓別人進入這個市場時，難以賺錢了。很明顯，平板電腦市場上，蘋果在用成本領先的策略（Cost Leadership）：靠低價不斷擴大規模，期望達到臨界容量，引爆市場；同時利用規模壓低成本，加強競爭力，靠低價阻止對手入場。到目前為止這個策略很成功。Ipad 之前沒有平板電腦如此便宜，也沒有平板電腦一年能賣出 1500 萬臺。

(二) 洞察消費者心理及認知價值

企業進行價格策劃時，還應對消費者進行分析。因為價格能否實現，最終取決於消費者是否接受。通常消費者會在心目中樹立對某產品的認知價值，並據此判斷價格是否合理，如果定價不高於該認知價值，消費者就會接受該價格。當然，企業可以通過一些非價格手段，如廣告宣傳等來提高消費者的認知價值。

此外對消費者心理也應進行分析。消費者心理是一個很複雜的因素，購買同一商品，不同消費者其心理是不同的。所以企業應針對不同的消費者和消費心理進行價格策劃。比如麥當勞在美國市場的顧客，以中下階層為主，其心理多為求廉，所以價位不高。在中國香港，因為是世界各國商品貨物的轉口地，舶來品並不稀奇，加上香港免稅的關係，故麥當勞在香港定價也比較便宜。但在臺灣和大陸，在消費者或多或少崇洋的心理下，麥當勞則以舶來速食的形象，採取高價策略，且銷售業績奇佳。

(三) 研究競爭者的產品和價格

在商品經濟條件下，競爭無處不在。尤其是產品的價格，是市場上較為敏感的競爭因素之一。因此在競爭的條件下，競爭者的價格以及它們對本企業定價作何反應，也是企業價格策劃的依據之一，甚至是很重要的依據。如果本企業產品與競爭者產品質量水準差距不大，那麼價格也要接近，否則會失去市場；如果本企業產品質量低於競爭者，那麼定價就不可能仿效競爭者而只能低得多；如果本企業產品質量高於對手，則可把定價提得高些，同時注意對手作何反應。

分析競爭者的產品和價格方法很多。一般而言，企業可以通過市場調研，直接從消費者那裡瞭解他們對價格的態度，對本企業產品與對手產品的質量感覺。這樣做的目的，是便於企業利用價格給自己的產品定位，以與競爭者抗爭。

(四) 估算成本

成本是商品價格構成中最基本、最重要的因素，也是商品價格的最低經濟界限。任何企業都不能隨心所欲地制定價格。商品的最高價格取決於市場需求，最低價格取決於這種產品的成本費用。從長遠看，任何產品的銷售價格都必須高於成本費用，只有這樣，才能以銷售收入來抵償生產成本和經營費用，否則就無法經營。因此，企業制定價格時必須估算成本。

(五) 選擇定價方法

在影響定價的幾種因素中，定價目標、成本因素、需求因素與競爭因素，是影響價格制定與變動的主要因素，企業通過考慮這幾種因素的一個或幾個來定價。但是，在實際工作中通常側重於考慮某一方面的因素，並據此選擇定價方法。

定價方法分為成本導向定價法、需求導向定價法和競爭導向定價法三類。成本導向定價法是主要依據產品成本來制定價格的一種方法。根據成本形態不同，又分為完全成本加成定價法和變動成本定價法。安全成本加成定價法應用簡便，但缺乏競爭性，難以適應市場競爭的變化趨勢。變動成本定價法是以單位變動成本作為定價基本依據，加入單位產品貢獻，形成產品售價。

需求導向定價法是依據買方對產品價值的感受和需求強度來定價，而不是依據賣方的成本定價。這一類定價方法主要是感受價值定價法。所謂「感受價值」，是指買方在觀念上所認同的價值，而不是產品的實際價值。因此，賣方可運用各種行銷策略和手段，如塑造品牌形象、提供高質量的服務等，影響買方的感受，使之形成對賣方有利的價值觀念，然後再根據產品在買方心目中的價值來定價。顧客對產品價值的感受，主要不是由產品成本決定的，例如，一瓶50毫升的法國香奈爾（CHANEL）香水，其成本不過十幾法郎，而售價高達五百多法郎，就因為它是名牌貨，其他牌子的香水即使質量已趕上並超過該名牌貨，如果名氣不夠仍然賣不了那麼高的價格。感受價值定價法如果運用得當，會給企業帶來許多好處，可提高企業或產品的身分，增加企業的收益。但是，這種定價法必須正確地運用，關鍵是找到比較準確的感受價值，否則，定價過高或過低都會給企業造成損失。如果定價高於顧客所感受的價值，產品就無人問津，企業銷售就會減少；定價低於顧客感受的價值，又會使企業減少收入。這就要求企業在定價前認真做好行銷調研工作，將自己的產品與競爭者的產品仔細比較，從而對感受價值作出準確估測。

競爭導向定價法就是主要依據競爭者的價格來定價，或與主要競爭者價格相同；或高於、低於競爭者的價格，這要視產品和需求情況而定。這類定價法主要有隨行就市定價法和投標定價法。隨行就市定價法是以本行業的市場主導者的價格為企業定價的基礎。這種方法應用很普遍。因為有些產品的需求彈性難以計算，隨行就市定價可反應本行業的市場供求情況，也可保證適當的收益，同時還有利於處理好同業者之間的關係。投標定價法是指買方指導賣方通過競爭成交的一種方法，通常用於建築包工、大型設備製造、政府大宗採購等。一般是由買方公開招標、賣方競爭投標、密封遞價，買方按物美價廉的原則擇優選取，到期當眾開標，中標者與買方簽約成交。

（六）確定最終價格

根據某種定價方法所制定的價格常常並不就是該產品的最終價格，而是該產品的基本價格。在實際的價格決策中，為了提高產品的競爭力及對顧客的吸引力，企業應根據自身的經營實力，並結合需求變化、競爭態勢、政府宏觀政策等因素，對基本價格進行適當調整。價格調整的方向有升有降，調整時間有長有短，調整幅度有大有小，調整方法靈活多樣，一切都要以市場為依據。

第二節　定價的技巧

一、價值定價

價值定價就是要分析消費者的購買動機，消費者買什麼？消費者給你的錢就是價格，這錢是消費者的成本，當消費者花這個成本買你的產品的時候，消費者想得到什麼？消費者想得到價值，消費者會先衡量買這個東西，對他的價值何在，消費者不是針對成本，如果成本高，價格就高，消費者可能就無法接受，所以消費者會進行價值判斷。價值應該理解成兩層意思，一是衡量產品作為商品交換角色的「價值和價格」，具體對產品在市場流通過程中獲得的比較結論；二是代表被公眾公認的符號，具有象徵意義的標籤，代表了地位、身分、職業等，即常說的品牌價值。因此，價值型需求分成兩種情況。

（一）物有所值

價格體現價值。這個價值是經濟學意義上的詮釋，是相對於產品在經濟交換過程中的作用而言。價值等同價格，就是「物有所值」，價值高於價格就是「物超所值」，這類群體往往對價格敏感，通過不斷比較做出選擇，品牌忠誠度相對較低。所以，中國市場經常出現直接將價格作為廣告主要元素的例子，如「汰漬洗衣粉 2.5 元」「只選對的，不買貴的」「多潘立酮一天只要 8 毛錢」等，就是通過價格訴求來贏得此類消費者的青睞。

（二）品牌價值定價

價值的最高體現是品牌價值，綜合體現在品牌上。因此，企業欲使產品走高價路線，還必須注意價值塑造，以獨特的價值吸引目標消費群體。品牌價值塑造可以從功能性價值、情感價值、文化價值等不同角度去挖掘，價值塑造對價格的影響是不可低估的。

以感冒藥為例，在中國市場上，國內企業推出了克感敏、白加黑等，外資品牌主要有美國強生公司的泰諾、中美史克的康泰克。而就感冒藥而言，其基本功能是大同小異的，都可以緩解感冒，去除打噴嚏等症狀，然而它們在市場上的售價差距卻十分大，形成差異的關鍵在於它們在價值塑造上的不同。泰諾宣稱它能「快速緩解感冒」；康泰克說「早一粒、晚一粒、遠離感冒困擾」；白加黑感冒片以「白天吃白片不瞌睡，晚上吃黑片睡得香」受到了消費者的關注。就市場的售價而言：一瓶克感敏4元，100片，4分/片；泰諾10元，10片，1元/片，它的價格是克感敏的25倍；康泰克是12元，12片，1.2元/片，價格是克感敏的30倍；白加黑是8元，10片，0.8元/片，價格是克感敏的20倍。所以，通過價值塑造形成產品區隔，能使產品價格大大提升。

而以精神、情感和文化價值「包裝」的品牌，往往成為高檔名牌商品、奢侈品品牌追求的目標。如哈根達斯的冰激凌，因定位於愛情冰激凌，一句「愛我就請我吃哈根達斯」而使得其價格扶搖直上，成為冰激凌中的奢侈品，就連哈根達斯冰激凌的原料也充滿了柔情蜜意。哈根達斯在宣傳中這樣描述自己的原料：馥鬱的馬達加斯加香草，觸動你的心靈；香甜飽滿的俄勒岡草莓，甜蜜至心，難以忘懷；香濃的巴西和哥倫比亞咖啡豆，怡神的味覺感受；精選一級的夏威夷果仁，帶您邁進鬆脆新境界……此外，店鋪的選址十分講究，一般都選在繁華路段，人流量大，廣告效果明顯，不惜重金裝修，力求營造一種輕鬆、悠閒、舒適、具有濃鬱小資情調的氛圍，難怪青年情侶們對它情有獨鐘。

二、差異化定價

差異化定價方法是根據購買者對產品要求強弱的不同，定出不同價格的一種方法。需求較強，價格定得高些；需求較低，價格就定得低些，差異化定價可以分為以顧客、產品、空間和時間為基礎的四種方法。

(一) 以顧客為基礎的差別定價

企業可對同一種產品根據顧客的需求強度不同定出不同的價格。如電力企業所發的電，民用電收費高而工業用戶收費低，這是因為民用電量需求彈性小；而工業用戶需求彈性大。同一產品對集團購買和對個人購買定價則不同。

(二) 以產品自身為基礎的差別定價

企業根據對顧客所提供的產品形式的不同，而分別制定不同的價格，這樣既體現了產品形式的區隔，同時也滿足了顧客的多樣化需求。如美國一家五星級酒店，它把酒店分成9類18種價格，房間的價格從1,500元遞增到12,800元，不同的價格形成差異化，它通過酒店的房間等級，有普通房、豪華房、行政套房、行政豪華套房、總統套房、副總統套房，它們的配置、裝修、環境、房間的大小以及物品的配置，包括服務的配置都是不一樣的，還有他們同時根據房間的朝向，有面海的、面山的、沒有風景的、還有樓層高低，這些都是差異，該酒店綜合這些差異化要素，成功制定了不同的價格。

(三) 以空間為基礎的差別定價

同一種產品在不同的空間位置或地理位置出售，如果存在不同需求強度，就可以定出不同的價格，而成本並無大的差別。如出口的茶葉、生絲、桐油等產品，國際市場需求強烈，那麼在國際市場上的定價就應該比國內市場高。

(四) 以時間為基礎的差別定價

這種定價方式即企業對於不同季節、不同時期，甚至不同鐘點的產品和服務分別制定不同價格。例如：健身房、健身院，就是提供設施給男士和女士，主要是男士跑步、鍛煉肌肉，健身房有各種定價，雖然是在一個房間，但是它的定價模式完全不一樣，也就意味著它的差異化。比如說：按小時、按月、按年，標準不一樣、收費不一樣，年費是最便宜的，月費次之，小時收費最貴。同時還可根據白天、晚上還有週末實行差異化定價。除了這個以外還可以聘請教練，不同的訓練目的如增加肌肉、減肥，可以通過教練量身定制訓練計劃。同時也可按課程，有瑜伽、健身操，同樣的產品，不同的服務，有明顯的差別，而且給消費者不同的價格。

三、目標客戶定價

目標客戶定價是指企業針對鎖定的目標消費群體的不一樣，分別制定不同的價格，針對目標群體的定價不同，意味著企業的資源匹配應有不同，所以目標客戶定價對企業具有十分重要的戰略意義。

針對鎖定的客戶不同，當然定價模式有所不同。客戶分為高端客戶和低端客戶兩類。就高端客戶群而言，他們對價格不敏感，但對價值很敏感，毫無疑問針對這類消費群體，應該針對的是價值訴求，價格相對較高，同時匹配的資源也是相對高的，服務和品質相對較高；假如針對的是低端客戶群，價值並不是排在第一位，所以對這樣的消費群體，需要的是價格定價，需要的是低成本，甚至戰略是需要規模化戰略，因為量大成本低，最後獲取利潤。所以高端、低端是完全不一樣的定價模式，比如說大眾，它針對高端有賓利，那是最貴的頂尖品牌，同時它的中端有奧迪，它的低端有捷達、桑塔納，完全不一樣，所以我們針對不同的消費群體，應該有不同的消費群體的定價模式。

四、心理定價策略

心理定價策略是針對消費者的不同消費心理，制定相應的商品價格，以滿足不同類型消費者的需求的策略。心理定價策略一般包括尾數定價、整數定價、習慣定價、聲望定價、招徠定價和最小單位定價等具體形式。

（一）尾數定價策略

尾數定價又稱零頭定價，是指企業針對消費者的求廉心理，在商品定價時有意定一個與整數有一定差額的價格，這是一種具有強烈刺激作用的心理定價策略。

心理學家的研究表明，價格尾數的微小差別，能夠明顯影響消費者的購買行為。一般認為，5元以下的商品，末位為9最受歡迎；5元以上的商品，末位數為95效果最佳；百元以上的商品，末位數為98、99最為暢銷。尾數定價法會給消費者一種經過精確計算的、最低價格的心理感覺；有時也可以給消費者一種是原價打了折扣，商品便宜的感覺，同時，顧客在等候找零期間，可能會發現和選購其他商品。

尾數定價法在歐美及中國常以奇數為尾數，如0.99，9.95等，這

主要是因為消費者對奇數有好感，容易產生一種價格低廉，價格向下的概念。但由於 8 與「發」諧音，在定價中 8 的使用率也較高。

(二) 整數定價策略

整數定價與尾數定價相反，是針對的是消費者的求名心理，將商品價格有意定為整數，由於同類型產品，生產者眾多，花色品牌各異，在許多交易中，消費者往往只能將價格作為判別產品質量、性能的指示器。同時，在眾多整數定價的商品中，整數能給人一種方便、簡潔的印象。

(三) 習慣性定價策略

某些商品需要經常、重複地購買，因此這類商品的價格在消費者心理上已經定格，成為一種習慣的價格。許多商品尤其是家庭生活日常用品，在市場上已經形成了一個習慣價格。消費者已經習慣於消費這種商品時，只願付出這麼大的代價，如買一塊肥皂、一瓶洗滌劑等。對這些商品的定價，一般應依照習慣確定，不要隨便改變價格，以免引起顧客的反感，善於遵循這一習慣確定產品價格者往往受益匪淺。

(四) 聲望定價策略

這是整數定價策略的進一步發展。消費者一般都有求名望的心理，根據這種心理行為，將有聲望的商品制訂比市場同類商品價高的價格，即為聲望性定價策略。它能有效地消除購買心理障礙，使顧客對商品或零售商形成信任感和安全感，顧客也從中得到榮譽感。

微軟公司 Windows98（中文版）進入中國市場時，一開始就定價 1,988 元人民幣，便是一種典型的聲望定價。另外，用於正式場合的西裝、禮服、領帶等商品，且服務對象為企業總裁、著名律師、外交官等職業的消費者，則都應該採用聲望定價；否則，這些消費者就不會去購買。

聲望定價往往採用整數定價方式，其高昂的價格能使顧客產生一分價格一分貨的感覺，從而在購買過程中得到精神的享受，達到良好效果。

(五) 招徠定價策略

招徠定價又稱特價商品定價，是一種有意將少數商品降價以招徠吸引顧客的定價方式。商品的價格定的低於市價，一般都能引起消費者的注意，這是適合消費者求廉心理的。從促銷的角度看，招徠定價實際上就是一種價格促銷手段，特別是大型商品賣場，像沃爾瑪、家

樂福等深諳此道。特價品的選擇當然是十分講究的，這些特價品一般是消費者經常購買，對價格十分敏感的產品，就是我們經常說的柴米油鹽醬醋茶。依靠特價品吸引消費者眼球，帶動商場的人流，只要大量消費者進入商場，企業就能依靠其他商品來賺錢，現在的大賣場所經營商品一般不低於 3 萬件，而用來作特價品的商品也不過占其中 10% 左右。

（六）最小單位定價策略

最小定價策略是指企業把同種商品按不同的數量包裝，以最小包裝單位量制定基數價格，銷售時，參考最小包裝單位的基數價格與所購數量收取款項。一般情況下，包裝越小，實際的單位數量商品價格越高，包裝越大，實際的單位數量商品的價格越低。

如對於質量較高的茶葉，就可以採用這種定價方法，如果某種茶葉定價為每 500 克 150 元，消費者就會覺得價格太高而放棄購買。如果縮小定價單位，採用每 50 克 15 元的定價方法，消費者就會覺得可以買來試一試。如果再將這種茶葉以 125 克來進行包裝與定價，則消費者就會嫌麻煩而不願意去換算每 500 克應該是多少錢，從而也就無從比較這種茶葉的定價空間是偏高還是偏低。

五、折扣定價策略

折扣行銷定價策略是通過減少一部分價格以爭取顧客的策略，在現實生活中應用十分廣泛，用折讓手法定價就是用降低定價或打折扣等方式來爭取顧客購貨的一種售貨方式。

日本東京銀座美佳西服店為了銷售商品採用了一種折扣銷售方法，頗獲成功。具體方法是這樣：先發一公告，介紹某商品品質性能等一般情況，再宣布折扣的銷售天數及具體日期，最後說明打折方法，第一天打九折，第二天打八折，第三、四天打七折，第五、六天打六折，以此類推，到第十五、十六天打一折，這個銷售方法的實踐結果是，第一、二天顧客不多，來者多半是來探聽虛實和熱鬧的。第三、四天人漸漸多起來，第五、六天打六折時，顧客像洪水般地擁向櫃臺爭購。以後連日爆滿，沒到一折售貨日期，商品早已售缺。這是一則成功的折扣定價策略，妙在準確地抓住了顧客購買心理，有效地運用了折扣售貨方法銷售。人們當然希望買質量好又便宜的貨，最好能買到兩折、一折價格出售的貨，但是有誰能保證到你想買時還有貨呢？於是出現了頭幾天顧客猶豫，中間幾天搶購，最後幾天買不著者惋惜的情景。

在實踐中，折扣定價有以下具體形式。

(一) 數量折扣策略

數量折扣策略就是根據代理商、中間商或顧客購買貨物的數量多少，分別給予不同折扣的一種定價方法。數量越大，折扣越多。其實質是將銷售費用節約額的一部分，以價格折扣方式分配給買方。目的是鼓勵和吸引顧客長期、大量或集中向本企業購買商品。數量折扣可以分為累計數量折扣和非累計數量折扣兩種形式。

(二) 現金折扣策略

現金折扣策略，又稱付款期限折扣策略，是在信用購貨的特定條件下發展起來的一種優惠策略，即對按約定日期付款的顧客給予不同的折扣優待。現金折扣實質上是一種變相降價促銷，鼓勵提早付款的辦法。如付款期限一個月，立即付現折扣5％，10天內付現折扣3％，20天內付現折扣2％，最後十天內付款無折扣。有些零售企業往往利用這種折扣，節約開支，擴大經營，賣方可據此及時回收資金，擴大商品經營。

(三) 交易折扣策略

交易折扣策略是企業根據各類中間商在市場行銷中擔負的不同功能所給予的不同折扣，又稱商業折扣或功能折扣。企業採取策略的目的是為了擴大生產，爭取更多的利潤，或為了占領更廣泛的市場，利用中間商努力推銷產品。

(四) 季節性折扣策略

季節性折扣策略是指生產季節性商品的公司企業，對銷售淡季來採購的買主所給予的一種折扣優待。季節性折扣的目的是鼓勵購買者提早進貨或淡季採購，以減少企業倉儲壓力。合理安排生產，做到淡季不淡，充分發揮生產能力。季節性折扣實質上是季節差價的一種具體應用。

(五) 推廣讓價策略

推廣讓價是生產企業對中間商積極開展促銷活動所給予的一種補助或降價優惠，又稱推廣津貼。中間商分佈廣，影響面大，熟悉當地市場狀況，因此企業常常借助他們開展各種促銷活動，如刊登地方性廣告，布置專門櫥窗等。中間商的促銷費用，生產企業一般以發放津貼或降價供貨作為補償。

六、高開低走定價

所謂高開低走定價，就是新產品上市時，盡可能定高價，以使在產品生命週期的初始階段獲取厚利，然後隨著產品進入成熟期再逐步降價，像現實生活中新上市的手機、數碼產品等往往採取這種價格策略。

高開低走定價運用相當靈活，對於一些新產品而言，有意識定個高價，然後再給消費者打折，既可以達到宣傳自身，又迎合了消費者占便宜的心理。因為高開再打折，給消費者的心理感覺是不同的，比如說 5,000 元，打 7 折 3,500 元，和直接定價 3,500 元給消費者感覺完全不一樣，為什麼？因為顧客以 7 折的價格成交，他（她）覺得占了便宜。

如深圳一家定位於高端消費群體的 KTV 剛開業時，因知名度不高，考慮到品牌塑造有一個累積的過程，就採取了高開低走定價方法，取得了很好的效果。該企業為產品價格定得很高，但開業初期則是低走，價格打到兩折，消費者感覺占了便宜，再加上設施好、歌曲多、環境好、服務好，所以口碑馬上出去了。緊接著消費者來了後，價格就開始慢慢地恢復，到黃金時間，價格開始調整到七折、八折。雖然都是折扣，但是價格在開始回升，這是完全不一樣的。第一，消費者是占便宜不是買便宜，他首先覺得便宜划算。第二，消費者再買的時候，他是有一個參考值，買什麼東西都有一個參考，一個高開，然後再打折，實質這就是一個參考價值，消費者是針對參考值來做選擇購買，所以你給了他一個參考點，讓他作了一個購買的決定。第三，因為你的高開，意味著你的獲利空間完全不一樣。我們設想，這家公司定價低，如果生意好了後他再來漲價，消費者則無法接受。

與高開低走定價相反的是低開高走定價，這種策略意味著新產品一投入市場就走低價，以吸引廣泛的消費者，用大量生產、廉價傾銷爭取市場，盡快擴大佔有率。這種策略也用於擴大市場，造成影響，然後再伺機從低價策略轉入高價高質量的階段，這種策略難度很大。

第三節　降價與漲價策劃

　　企業處在一個不斷變化的環境中。為了生存和發展，企業有時需要主動降價或提價，有時又要對競爭者的變價做出適當反應。

一、降價策劃

（一）降價的主要原因

　　1. 產能過剩

　　生產能力過剩，需要擴大銷售，又不能通過產品改進和加強銷售等擴大市場，在這種情況下，企業就需要考慮降價。

　　2. 在強大競爭壓力下，企業市場佔有率下降

　　例如，美國的汽車、消費用電子產品、照相機、鐘表等，曾經由於日本競爭者的產品質量較高、價格較低，喪失了一些市場。在這種情況下，美國一些公司不得不降價競銷。在國內市場上，1996年彩電行業的降價風潮也說明了類似問題。當時，長虹降價幅度高達30%，TCL曾試圖以保持原有價格、提高產品質量、加大宣傳力度、擴大與競爭者的差異等方式來應對，但因產品價格彈性較強未能奏效。為保持市場佔有率，TCL被迫採取降價策略。

　　3. 成本費用降低

　　企業成本費用比競爭者低，企圖通過降價掌握市場或提高市場佔有率，從而擴大生產和銷售量，進一步降低成本費用。

　　在實踐中，有實力的企業率先降價，往往能給弱小競爭者以致命打擊。例如，格蘭仕一直信奉「價格是最高級的競爭手段」，以確立

成本領先優勢，其價格目標十分明確，就是消滅散兵遊勇。每當其規模上臺階，就要打一次價格戰。當其生產規模達125萬臺時，它立即把出廠價定在規模80萬臺的企業成本價以下；達到400萬臺時，又把出廠價調到規模200萬臺的企業成本線以下；當生產力達1,200萬臺時，它又再次調低價格，出廠價定在規模500萬臺的企業成本線以下。這使微波爐行業的「成本壁壘」站到了「技術壁壘」之前，讓很多年產幾萬臺、幾十萬臺的家電企業對「微波爐生意」失去興趣，甚至連海爾、榮事達這樣的大集團在它面前也一籌莫展。

(二) 降價的利弊分析

1. 降價的好處

(1) 降價在一定程度上可推動行業自身發展。

一個行業在發展之初，由於其技術上的不成熟和資源配置、利用不合理會導致成本偏高，致使價格居高不下，而一些壟斷行業更是在國家的保護之下壟斷價格。隨著壟斷的打破，技術的進步，資源的合理配置利用，規模的擴大，生產成本會逐漸降低，也給降價提供了空間。隨著價格逐漸逼近成本，企業無利潤可賺時，其他的競爭形式，包括品牌競爭、質量競爭、服務競爭、產品品種競爭以及技術競爭等就成為了企業競爭的主體，企業的品牌、服務、質量、技術的提高同時就會促進整個行業的提高和進步。

(2) 降價有時能有效提高市場佔有率，爭取顧客。

當競爭日益激烈時，降價就成為了爭取顧客和占領市場的必然，企業為提高市場佔有率，價格往往是首選的利器。在物質不是極大富裕的今天，低價是相當有吸引力的，企業通過低價策略，迅速占領市場，提高市場佔有率，爭取顧客資源，以使企業在市場上佔有一席之地。中國聯通在進入市場之初其資本、實力、技術都比不上中國移動，但其採用了低價策略，從中低端市場入手，使市場份額從最初的百分之幾迅速增長到30%，企業逐步發展壯大。

(3) 降價可以給消費者帶來一定的實惠，促進消費。

許多產品最初的價格都是居高不下，利潤很大，在老百姓並不是非常富裕的情況下，消費需求很低。當企業為促進產品銷售，獲取市場份額而降低生產成本、減少利潤，就會給消費者帶來一定的實惠，引起消費慾望。企業相互降低價格其最終受益者是消費者，消費者可以以更優惠、更實際的價格買到合適的商品。

(4) 降價可以實現企業的優勝劣汰。

價格是賣方與買方的利益均衡點，賣方競相削價是因為其內部的相互競爭所致，競爭的原因在於資源有限、市場有限、機會有限。競

爭實際上也是一種優化選擇，有實力的企業留下，沒實力的企業淘汰，實際上，每一次的價格戰都會造成整個行業的重新洗牌，並導致社會資源的重新配置和社會利益的重新分配。「價格戰」其實也反應了企業優勝劣汰的要求。

2. 降價的弊端

（1）降價會增加企業成本，影響企業發展，降低企業利潤水準。

商品價值規律告訴我們，價格是由成本決定的，無論市場怎樣競爭，價格不能低於成本。而惡性價格戰，顯然已經到了不計成本、不顧效益的地步。惡性價格戰帶來的大都是低端用戶，致使企業「增量不增收」的矛盾日益突出。這樣勢必影響企業的利潤水準。

（2）降價有時是以犧牲產品質量和服務為代價的。

產品質量和服務水準是產品能夠銷售出去的重要因素，企業必須保持一定的產品質量和服務水準才能保證產品的銷售，產品銷售出去才有利潤可談，才能保證企業的生存。而降價實際上是降低了企業所獲得的利潤，當價格大戰展開時，企業就像旋轉的陀螺停不下來，價格越降越低，利潤越降越少，甚至是虧本。一些企業為了維持成本獲取利潤，便在產品質量和服務上打主意，降低產品原有的質量標準和服務水準，以低劣的商品和低下服務來充斥市場，以此來降低企業成本，獲取短期利益。

（3）降價有時並不能有效提高市場份額。

價格戰的理論基礎是以贏利換市場，或犧牲短期利益來換取長期市場地位。當競爭對手瓜分市場奪取顧客，企業的市場佔有率下降時，企業首先考慮的就是降價。無疑，降價會推動市場的擴張，但實際上情況往往非常複雜。降價在短期內可能會提高企業的市場佔有率，但當價格大戰激烈起來，各家企業相繼降價以占領市場、保住或提高自己的市場佔有率時，往往會分散消費者的注意力。降價產品多了，消費能力必然被分散，各家企業的市場佔有率可能又會回到降價之前的狀態，企業是白忙了一場。有些企業雖然取得了一定的市場份額，但也付出了相當大的代價，那就是企業的利潤，企業沒有利潤支持進行產品改進和技術提高，所獲的市場份額很快又會被更新的產品、更新的技術、更低的價格所侵占。因此，企業在需要市場份額的同時，同樣需要利潤。

（4）降價在一定程度上影響企業定位和企業形象。

企業降價有時會提高企業的知名度，使消費者因其低價、大眾化產生一定印象的記憶，但也會因為使企業定位在較低的層次上。一般來說，企業的定位往往決定了企業的形象。一個以品牌的品質、品位定位的企業會投入大量成本用於提升產品品質和品牌的宣傳維護；以

服務為主的企業也必然會花大力氣建立完善高效的服務體系，因此產品價格自然較高。實際上，定位主要反應的是企業為顧客提供的讓渡價值，即企業以什麼定位和手段滿足顧客現實的或潛在的需求，並由此形成企業的核心能力。對於那些已經建立起自己品牌形象和市場地位的企業來說，進行價格戰也許在短期內可以保住自己的市場份額，但卻會導致品牌定位的模糊和品牌形象受損，不利於日後產品和品牌的延伸。

(三) 降價的技巧

1. 為降價找出一個合適的理由

在現實生活中，消費者對降價商品始終有一種戒備心理，是不是商品不好賣才降價，是不是因為質量不好才降價等。因此，降價要能推動消費，必須要有讓消費者信服降價的理由。

現實中的商家降價的理由通常有：季節性降價；重大節日降價酬賓；商家慶典活動降價，如新店開張、開業一週年、開業100天等，都可以成為降價的理由；特殊原因降價：如商店拆遷，商店改變經營方向，如租賃期滿等。

2. 降價時機的選擇對促銷效果影響極大

當某一類商品嚴重供過於求或受國家宏觀調整影響。降價已是大勢所趨、不可避免時，率先降價者能取得極大的市場優勢。誠如古人所言：「先發制人，後發制於人。」

如近年來，國家出抬了多項措施，堅持房地產調控不動搖，目的是促進房價的合理迴歸，因此，樓市降價成為全國的熱門話題，當許多房產開發商在降與不降之間徘徊時，恒大地產捕捉了先機，從2011年1月份開始，對全國各地的樓盤作出了降價舉措。2011年初，恒大宣布全面降價，1月份恒大在全國數十個項目推出7.5折優惠，恒大也因此成為新政出抬後率先採用降價策略的品牌企業。11月14日，恒大集團發布的最新業績顯示，截至2011年10月31日，恒大累計實現合約銷售額778.7億元，完成全年合約銷售目標的111.2%，成為首家宣布完成年度銷售目標的大型上市房企。由此可見，恒大的降價策略已顯成效。恒大集團董事局主席許家印在業績發布會上表示，恒大的價格永遠是隨行就市，讓中國普通老百姓都買得起，這是主要的原則，也是恒大能夠逆勢快速跑量的關鍵。

3. 率先降價要精心策劃，高度保密，才能收到出奇制勝的效果

1988年，安徽古井酒廠廠長王效金召集本廠科研人員、銷售人員秘密開會，研究古井酒的降價問題。他要求銷售人員根據市場情況，盡快拿出古井酒「降度降價」的風險分析報告。因為國家對名酒規定

了一個計稅基準價，企業不能隨意降價，要避開這一價格束縛，只有開發一個降價酒精度數的新產品。王效金還要求科研人員立刻研製55度的古井貢酒。一開始，科研人員和銷售人員還不理解為什麼要這麼做，因為當時古井酒廠的產品還供不應求。但到1989年新春之後，酒類市場由賣方市場逐漸轉向買方市場，大批白酒賣不出去，廠裡的科研人員和銷售人員這才認識到半年前王效金這一措施的英明。1989年7月底，在全國白酒黃山訂貨會上，王效金突然宣布古井酒降價銷售，即55度的新產品古井貢酒比較過去60度的古井酒，降價60%，很快與到會的客商簽訂了5,100噸古井貢酒的銷售合同。這一突然降價觸怒了國內八大名酒生產廠家，他們聯名上書國家主管部門，狀告古井酒廠的不正當「傾銷」行為。1989年11月，中國白酒廠家聚會太原，經過最後審議，對古井酒的「降度降價」在法律上認可為「技術性處理措施」，不屬於不正當傾銷行為。無奈之下，其他白酒生產廠家也紛紛跟進降價，但古井酒廠已贏得了半年的寶貴時間，搶占了大面積市場。

古井酒廠降價成功的基本經驗有兩條：一是策劃周密，不但避開了國家對名酒計稅基準價的束縛，同時也使八大酒廠聯名告狀歸於無效；二是高度保密，整個過程沒有讓競爭對手得到一點風聲和消息，使得對手在毫無防範和準備的情況下措手不及，收到了出奇制勝的效果。

4．降價要取信於民

信譽好的商場降價顧客信得過，信譽不好的商場降價顧客信不過，所以在現實中不同的商家同樣搞降價促銷，效果會大不相同。因為降價，就在品質和服務上打折扣，其結果將失信於民。

香港一信譽好的精品高檔商店每年都要定期搞商品打折，往往人山人海，顧客在商場開門前就已擠滿在大門之外，有的顧客甚至全家出動前去採購。正如一位顧客所說：「關鍵是商場的信譽好，不比有些小店，說降價20%，沒準還往上調了10%呢。」

5．在降價的操作技巧上，要注意以下問題

（1）根據市場經驗，降價幅度在10%以下時，幾乎收不到什麼促銷效果；降價幅度至少要在15%至20%以上，才會產生明顯的促銷效果。但降價幅度超過50%以上時，必須說明大幅度降價的充分理由，否則顧客會懷疑這是假冒偽劣產品，反而不敢購買。

（2）一家商場少數幾種商品大幅度降價，比很多種商品小幅度降價促銷效果好。

（3）知名度高、市場佔有率高的商品降價促銷效果好，知名度低、市場佔有率低的商品降價促銷效果差。

（4）在降價標籤或降價廣告上，應註明降價前後兩種價格，或標明降價金額、幅度。有的商家會把前後兩種價格標籤都掛在商品上，以證明降價的真實性。向消費者傳遞降價信息有很多種辦法，把降價標籤直接掛在商品上，最能吸引消費者立刻購買。因為顧客不但一眼能看到降價的金額、幅度，同時能看到降價商品，兩相比較權衡，立刻就能作出買不買的決定。

（5）消費者的購物心理有時候是「買漲不買落」。當價格下降時，他們還持幣觀望，等待更大幅度的降價；當價格上漲時，反而蜂擁購買，形成搶購風潮。1988年下半年至1989年初，國內各種商品價格大幅上漲，結果引發了全國規模的搶購商品風潮，有的人連食鹽都買了幾十斤放在家裡。近年來絕大多數商品價格穩中有降，有的商品甚至價格大幅下降，消費者反而不買，國內市場難以啟動。商家要把握時機利用消費者這種「買漲不買落」的心理，來促銷自己的商品。

6. 降價必須考慮競爭者的反應，並作好應對的可能措施

一般地說，市場領導品牌率先降價時，其他競爭品牌會跟進降價；當同行中某個無足輕重的小品牌率先降價時，其他品牌會置之不理，或採取其他手段對其進行打擊遏制。

同行競爭對手對率先降價者進行打擊報復的手段有時是明的，有時是暗的；有時是合法的，有時甚至會採取非法手段。為了避免降價引發同行之間的價格戰，商家也可以採取一些變相降價措施，如贈品、特惠包裝、退費優待、折價券、以舊換新等，把價格明降變為暗降。

關於降價促銷的規律與技巧，企業應根據自己所處的具體情況和具體條件，靈活地加以運用，才能達到預期的目的。

二、漲價策劃

在中國這個市場環境下，價格是影響消費者購買產品的重要因素之一，不是迫於企業生存發展的需要，企業是不會主動漲價的。大部分企業的漲價，都是迫於自身生存與發展的需要而採取的行為。

企業漲價的原因綜合來看，有三個方面的因素：一是原材料成本增加。近年來食品行業的各類輔料價格都在不斷增加，導致生產成本增加。比如白糖，從2010年的4,500元/噸漲到了2011年的5,500元/噸，漲幅都達到了20%。二是人力成本的增加。由於新的勞動合同法的實施，企業的用人成本開始增加，另外就是整個社會的個人消費成本增加，比如房價、物價等，都會造成員工的生活成本增加，這直接會導致企業的人力資源成本增加。三是市場投入成本的增加。這裡

面的深層次原因是消費者由於受促銷的不斷影響，已經產生免疫力，要想達到更好的效果，就要在市場投入上增加費用。

對於企業來說，只有不斷的參與到市場競爭中去才能夠獲利和發展，面對成本的增加，是要市場還是要發展，是漲價還是不漲價，這是企業面臨的一種兩難選擇。面臨現狀，企業可以通過漲價來參與市場競爭，但要有策略。

(一) 產品漲價前應注意的問題

企業雖然受成本增加的煎熬，但在漲價之前，必須要通盤考慮市場形勢、競爭對手和自身的承受能力，並根據這些情況做出準確的漲價行為。

1. 市場趨勢

所謂的市場發展趨勢受國家政策、金融政策、區域消費環境、消費者支出成本等因素的影響，如果國家有行業發展的支持性政策，則可以通過獲得國家的補貼而暫時不漲價，維持市場現狀。比如三聚氰胺事件後，直接影響國內各類奶粉企業的生產與銷售，庫存擠壓嚴重，如果國家不通過政策調控，則可能影響到整個行業的發展，於是國家相關部門出抬政策，給予企業補貼，企業由於有國家的政策補貼，從中獲得了短期的喘息機會，這就是國家政策帶給行業的變化，價格維持著這個行業的穩定。

2. 競爭對手

市場經濟的特點就是自由競爭，其過程就是打擊對手，在企業漲價與否這個問題上，還會關注競爭對手的表現，因為競爭對手就是自己的參照物，規模相同的企業之間的成本差異很小。觀察競爭對手的價格變化，其實就是完成「知己知彼」的過程，為自己制定價格策略提供依據。

3. 成本增加情況

成本的增加情況是否在自己的承受能力範圍之內，企業規模的大小決定著企業的邊際效益的利用率。如果一個飲料企業的年生產規模是 50 萬噸，則會比一個年生產能力 10 萬噸的企業在採購成本上具有更強的優勢，因為採購量大，其相對採購成本就會低（理論上是這樣的）。如果企業的成本增加情況已超過企業的承受能力，則可以通過降低供應商的供應價格來達到降低成本的目的，如果不能夠降低供應商的供應價格，則必須通過漲價的方法來達到企業經營系統的平衡。企業無論通過什麼樣的方法，都是要保持一定的利潤空間，只有如此才能夠達到長久發展的目的。

(二) 企業漲價的主要技巧

對於企業來說，維持現狀和降低成本都會對企業的發展產生影響，維持現狀就意味著企業的利潤降低，甚至出現無利可圖的情況，而降低成本看似可以解決問題，但開源節流並不是短期內能夠見成效的，企業唯有採取不同的漲價策略，來降低企業的市場風險，達到利益最大化。對於大部分企業來說，主要採取兩類漲價的策略。

1. 試探漲價

部分產品先行漲價。在成本無法降低的情況下，企業為了減少由於漲價而出現的不可預知的問題，為了穩妥，可以採取部分產品進行試探性漲價的策略。

首先企業要對產品線進行梳理，進而對這些產品分為兩類：一類是敏感型產品，另一類是不敏感型產品。所謂的敏感型產品，是消費者日常消費的產品，同時也是企業的走量型產品，價格低，銷量大，消費者特別關注價格，並且這類產品的消費者不夠忠誠。所謂不敏感型產品，是在消費人群中具有較高消費能力的消費者組成的消費群體，他們對品牌忠誠度較高，同時，這類消費者所選擇的產品必然是相對小眾的產品，由於產品的高品質高價位的特點符合消費者群體的心理需求，目標消費群體不會因為價格的發生變化而改變消費習慣，因此這類產品稱之為價格不敏感型產品。當企業把這兩類產品確定後，即可對不敏感的產品進行試探性的提價。因為這些產品所面對的消費群體較小，即使漲價後消費者發生消費者轉移，也不會影響到企業的整體現金流和整體的營運。

2. 跟隨漲價

企業在面臨成本增加的情況下，特別是重要生產要素（比如原材料漲價）的時候，則完全可以根據競爭對手的漲價情況，而進行跟隨。此策略雖然被動，但風險相對較小，當所有的企業都面臨成本增加，進而開始漲價的時候，企業完全可以採取跟隨的方法，融入到市場的變化中去。但跟隨漲價也面臨另一個問題，如果競爭對手的漲價策略是有備而來，同時配合相關的促銷活動、廣告宣傳、渠道費用支持等行銷要素，跟隨企業如果沒有進行全面的策劃，只是在價格上進行跟隨，則可能受到競爭對手的影響，甚至是漲價的最終失敗，丟了市場。

企業在確定漲價的決策後，可以選擇不同的漲價方法來實施：

方法一：一步到位型，全線漲價。

企業的品牌影響力如果是行業內數一數二的，具有行業標杆的形象。在市場大環境的影響下，市場的相關產品都由於成本的增加而引

起消費者的普遍關注，甚至是消費者不得不接受事實的情況下，則可以通過一步到位的方法，全線產品漲價。

全線產品漲價其優點是強勢、乾脆利落，由於其品牌的影響力大，消費者的認可度高，受整個行業環境的影響，其一次性全線漲價後，消費者也會接受。但全線漲價也容易造成短期內整體的銷售情況下滑，消費者發生消費轉移的現象。要想杜絕此類現象發生，企業必須做好漲價前的準備工作：①輿論工作，讓漲價的理由更充分一些，可以轉移消費者的注意力；②市場的配套措施工作，讓漲價的行為有更多的支持，比如促銷，可以讓消費者短期內接受市場的現實情況。

方法二：循序漸進型，不同產品，不同漲價幅度，不同漲價時間。

此為穩妥的漲價方法，通過不同產品的試探性漲價，如果獲得消費者的認同，市場銷售沒有受到影響，則可以繼續對其他產品進行適當的漲價。在整個漲價的過程中，要分步驟的完成漲價工作。

步驟一：產品分類。對各類產品的敏感度進行研究，通過研究進行分類。

步驟二：漲價的節奏。根據產品的敏感度分類，進行漲價產品的先後順序排序。

步驟三：漲價幅度。每一類產品在消費者心中都有不同的價格定位，超越消費者的心理預價格，消費者就會尋找替代品，因此每類產品的漲價幅度要根據消費者對價格的敏感程度確定。對於漲價幅度而言，不同的產品有較大差異，對於銷量較大的生活用品漲價幅度不應太高，否則規模銷量就會受到影響。而對於高端名牌，奢侈品漲價幅度可高一些。以奶粉為例，2011年6月，外資品牌奶粉雅培、惠氏等先後宣布漲價，但它們的漲價幅度一般在10%左右。為什麼漲價幅度在10%左右呢？這就是他們精於對消費心理的深入研究，雅培中國市場負責人說：「由於消費慣性，消費者不會因為10%的漲價而輕易更換奶粉品牌，而10%的漲價基本上是消費者能接受的心理價位。」

步驟四：漲價的時間。每類產品漲價時間的間隔是其漲價成功與否的關鍵，如何把握這個時間度？判斷方法：觀察第一輪產品漲價後市場的表現，如果市場沒有出現較大的波動，則說明消費者認可漲價，則可以進行第二輪是產品漲價；如果出現較大的市場波動，則要觀察市場表現，尋找原因，直到市場相對穩定，再行第二輪的漲價。總之，漲價時間的選擇會直接影響到消費者的決策。

第四節

提升品牌溢價能力的策略

　　同樣的產品比競爭品牌賣出更高的價格，稱為品牌的溢價能力。一件普通的襯衣也許只要 100 元左右，如果將這件襯衣貼上 Prada、杰尼亞、登喜路等服飾品牌，價格就會是 400 元以上；耐克從中國鞋廠花 120 元人民幣買走的運動鞋，因為打上了耐克的商標，所以售價就竄到 700 多元一雙；海爾品牌的電器總比一般電器貴 15%～30%，有的甚至比松下、三星等國際品牌都貴，但許多消費者仍然選擇購買海爾。這些都是具有很高的溢價能力的品牌。總之，在當今激烈的市場競爭中，中國企業以前那種靠價格戰、促銷戰取勝的思維應該轉變了，以提高品牌溢價來獲取更多利潤的方式才是中國企業能夠長期發展的戰略轉變。探討產品的溢價能力，通俗地說就是企業在市場競爭中如何使自己的產品賣個好價錢。

一、塑造獨特的品牌價值

　　品牌核心價值是品牌資產的主體部分，它是讓目標消費者明確、清晰地識別並記住品牌的利益點與個性，是消費者認同一個品牌的主要力量。品牌核心價值可分為三個層面，即功能性價值、情感性價值及象徵性價值。品牌核心價值既可以是功能性價值，也可以是情感性價值或象徵性價值，還可以是其中二者或三者的和諧統一。比如，使用洗滌、洗髮用品，消費者更關注的使用功效，所以這類品牌大都選擇了功能性品牌核心價值，如海飛絲「去頭屑」，汰漬的「領乾淨，袖無漬」等；像轎車、手錶、服飾、香水、酒等產品，消費者更希望體現自己的身分，尋找精神寄託，所以這類品牌大都定位於情感性或

象徵性品牌核心價值，如寶馬的「駕駛樂趣」、登喜路服飾的「貴族的、經典的」、人頭馬 XO「人頭馬一開，好事自然來」等。

究竟品牌核心價值選擇哪種模式能為品牌帶來更高的溢價呢？這需要結合企業產品優勢、消費心理與競爭產品定位進行綜合分析，以品牌核心價值能否對目標消費群體產生最大感染力，並同競爭品牌形成有效差異為原則。換句話說，只要企業能夠規劃，提煉出一個令消費者怦然心動的核心價值是消費者願意付出溢價進行購買的主要驅動力和理由。由此，我們可以得出結論，企業的品牌與同類競爭品牌相比，差異化越大，那麼品牌的個性化就越鮮明，享受的溢價就越高。

二、加強品質管理，適時產品創新

縱觀全球，商品要成為名牌，名牌要成為高溢價的品牌，在價值取向上，必須牢牢抓住兩個關鍵因素：一是質量為本，二是開拓創新。高質量是名牌的生命，創新則是名牌的「長壽」之道。

消費者購買商品（服務），主要是該產品能夠實現一些功能，滿足消費者的需要。只有保證卓越的品質，才能使消費者對該品牌建立長期的信心，長期的信譽是品牌溢價之本。雖然品牌的核心價值分功能性價值、情感性價值和象徵性價值三個層面，但這並不是說以情感性價值或象徵性價值作為品牌核心價值的產品可以放鬆品質管理，相反情感價值和象徵性價值只有在商品品質的強力支撐下，才更有說服力和感染力。如世界名表勞力士以「尊貴、成就、優雅」詮釋其品牌內涵，但勞力士對品質的追求幾近苛刻，勞力士多個製表工藝環節都嚴格講究，除了表身質料的選擇外，寶石的鑲配位置以及做工都經過反覆的草圖設計，深思熟慮後才最終成型。

時代是不斷進步的，現代科技日新月異，使產品的更新換代越來越短。所以要打造品牌的高溢價，一定要使產品與品牌形象有成長性與銳氣和活力。現代企業欲創造品牌的高溢價，從品質管理、產品創新角度來看應該切實做好三方面工作：其一，企業內部應真正建立一套嚴格的質量管理體系，並落實到每個工序，每個環節，責任到人，才能最大限度保證產品的精細化、零缺陷；其二，加大對產品創新的研發投入，投入過低，企業的創新能力必然受到制約；其三，準確把握產品創新的關鍵環節，產品創新的重點應是品質改進、功能創新。總之，從品質管理與產品創新的角度看，品牌的高溢價可以理解為技術含量高、智能含量高、經濟效益高。

三、塑造大品牌與業內領先地位的形象

一個區域小名牌溢價能力不如全國性大名牌，一個中國名牌不如國際名牌，如娃哈哈、樂百氏酸奶要比地方小品牌高20%。雀巢奶粉要比一般國產品牌貴25%以上，所以要盡量塑造出大品牌形象。

近年來，國內香皂市場的競爭情況值得人們深思。有關調查顯示，「舒膚佳」、「力士」、「花王」、「夢幻」等外資品牌香皂占據了中國香皂市場90%的市場份額，其中「舒膚佳」和「力士」占據了70%的市場份額。在這些銷量名列前茅的品牌中無一是國產品牌。儘管外資品牌比國產品牌價格高出許多，但消費者仍然樂於購買。業內人士認為，國產香皂過去的一些老名牌，如上海的「上海」牌、北京的「綠雲」牌等，在質量上與外資品牌相比，並無多大差距。造成這種情況的主要原因在品牌形象上，除「舒膚佳」、「力士」等外包裝及設計優於國產品牌外，關鍵在於他們進入中國市場後，在中央電視臺連續的巨額廣告投入，起到了先聲奪人、先入為主的市場效應，建立了較高的品牌形象，持續投放也鞏固了品牌領導地位。而國產香皂很少借助全國性的媒體做廣告宣傳，更談不上做大、做強品牌了。

儘管中國企業總體實力趕不上國際大企業，但這並不妨礙我們逐漸做大、做強品牌。海爾從一個當年虧損的小企業發展成今天具有一定國際影響力的知名品牌，也不過30年左右的歷史。近年來，在中國保健品市場崛起的「腦白金」便是非常有價值的啟示。腦白金1998年5月上市，上市時公司創造人史玉柱還是靠向朋友借了50萬元做行銷。然而僅僅用了10年左右的時間，便實現了從一個地方品牌到區域品牌最後到全國性大品牌的快速蛻變，創造了一個強勢品牌神話。這也充分說明中國許多企業真正缺乏的是品牌建設的長遠規劃。

四、賦予品牌稀缺性、高價值感

中國古代有句著名的商諺，叫做「物以稀為貴」，也就是越稀缺的東西，價格會越高。當然，存在的基礎首先要有市場需求。從一般意義上來說，一個產品只要是稀缺的，就能賣出高價。但在實際經營中，有些產品的價格超越了產品本身價值，比如黃金首飾，因為本身稀缺，所以高價，但同樣是黃金首飾，義大利卡迪亞品牌的黃金首飾比上海老鳳祥的黃金首飾高多少個百分點甚至多少倍，而上海老鳳祥

的黃金首飾又要比街邊的老楊打金店貴許多。為什麼會出現這種情況呢？其實這就是品牌的溢價能力。如果你的品牌給予消費者越是稀缺的聯想與識別，你的品牌與同類競爭者相比其溢價能力就越高。

要打造一個品牌的溢價能力，其實主要是通過以品牌核心價值為中心的整合行銷手段來進行的，挖掘那些有助於提升品牌溢價能力的稀缺性要素，並採取多種途徑在消費者心中建立本企業品牌稀缺性、高價值感的識別與聯想。

1. 打造高溢價品牌的產品識別

高溢價品牌產品識別可以是獨特的原材料選用，也可以是品質工藝、品質保證等過人之處，企業在經營管理中可結合自身情況加以甄別。農夫山泉在廣告中聲稱其產品製造水源來自無污染的千島湖水，因為千島湖水源的聯想比其他水的聯想要稀缺一點，所以價值比娃哈哈、樂百氏要高；又如肯德基就有並且傳播「炸雞五分鐘內沒有賣掉就丟棄以保證食品的新鮮」的產品特色識別，這給消費者的聯想也是稀缺的，所以中國消費者認同肯德基的雞塊價高。

2. 打造高溢價品牌的企業識別

品牌的企業識別主要是從企業理念與企業活動層面與競爭品牌形成區隔，企業的理念、價值觀、企業文化、社會責任感、企業家的人格魅力、精英團隊、人力資源、品牌故事等均可為創建獨一無二的品牌形象添磚加瓦。

在當今中國商界，通過企業文化與理念為品牌贏得眼球與消費者信賴方面較為成功的是海爾。「真誠到永遠」、「日清日高」、「斜坡球體理論」、「賽馬不相馬」等海爾的創新理念與文化在消費者心目中也是稀缺的。海爾不但提煉出境界高遠、對消費者與公眾很有感染力的獨特的企業文化，而且在實踐中踏踏實實地按這些理念去行動，同時生動化、積極主動、持之以恆地去宣傳這些企業理念與文化，有效地推動了海爾品牌的成長。海爾家用電器儘管比國內其他品牌要高，但仍然得到消費者的厚愛。

五、保持合理的高價格

不可否認，產品價格是品牌檔次的反應，是消費者進行檔次識別最直觀的依據。企業欲打造高溢價的品牌，保持合理的高價也能一定程度來引導消費者，否則損害品牌的檔次與價值感。如海爾電器的價格總會比同類同品質的產品品牌要高一點；上海的中華菸總會每年略有提價，並且一直保持高價格，穩穩樹立了高檔菸的形象。

茅臺酒每年都在漲價，53度飛天茅臺從2000年的200元左右一瓶，漲到2011年的2,000元左右一瓶，10年售價漲近10倍。茅臺漲價理由不外乎是，市場供應量小，品牌和資源稀缺，特殊的氣候及微生物群才能培育茅臺的醬香，容易受限的工藝和有限的產量，讓不可複製的茅臺有了「原產地保護」的概念。爾後茅臺打出健康牌提升了品牌附加值。再通過市場控量保價等手段，市場始終保持供不應求的旺銷勢態。茅臺的每次提價也都順利進行。不僅如此，茅臺集團對市場銷售中保持茅臺的高價絕不手軟，堅決封殺降低價格銷售茅臺的行為。一個典型的事件是2006年茅臺對麥德龍的「封殺令」。2006年春節前，茅臺集團禁止全國茅臺的經銷商向外資零售商麥德龍供貨，原因是麥德龍出售的茅臺價格過低，打亂了茅臺的價格體系和品牌形象。茅臺此舉體現了消費品牌的力量。在零售業越來越集中、消費終端談判能力越來越強的情況下，貴州茅臺能夠「封殺」麥德龍，充分體現了作為強勢品牌的市場定價能力。

對於電器、食品、日用品等功能性利益為主體的品牌，保持高價格意味著價格要始終比競爭對手高一點，即使降價也必須遵循這一原則。如諾基亞手機最高的上萬元，最低價的為500多元；海爾250升的冰箱最低為2,000多元，最高的為4,500元。不同價格產品的主要是由產品的功能、成本、原料造成的，但無論價格高低，都符合諾基亞、海爾品牌的基本承諾的。近年來，隨著競爭的加劇，諾基亞、海爾的一些產品有時也有所降價，但始終保持比競爭品牌貴一些，這就無損其品牌檔次。

第九章

精彩共享

※行銷活動策劃※

　　2009年世界金融危機下，澳大利亞昆士蘭旅遊局面向全世界招聘大堡礁看護員。此次被稱為「世界上最好的工作」的招聘活動因新穎創意和眼球效應吸引了世人的注意，成為世界最成功旅遊推廣案例之一。受聘者在澳大利亞大堡礁工作6個月，可獲得15萬澳元收入。只需在此游泳、潛水、駕帆船，通過文字博客、照片和視頻介紹工作體驗。「金融危機來臨還能有如此好的工作」這一疑問一時間成為全世界網民的質疑，而質疑的過程，恰恰是創意行銷發揮威力的時刻，「先全面質疑，後全面角逐」，整個招聘如火如荼，達到了行銷推廣大堡礁旅遊業的預期效果。整個活動的公關價值已經超過7,000萬美元。

　　因此，在企業的經營領域，行銷活動的創意不僅能夠吸引人們的眼球，而且能更好地推廣理念，宣傳企業品牌及鞏固和開拓市場，取得事半功倍的良好效果。一個有創意的行銷活動，既增添了行銷的娛樂性與互動性，又使企業的品牌理念在顧客的互動參與中得到了進一步的詮釋和傳播；行銷信息不再是被動地呈現在消費者面前，而是消費者在有趣新奇的傳播中主動感知的過程。正因為如此，行銷活動的策劃與開展成為當今企業關注的焦點。

　　行銷活動形式豐富多彩，在本章中，我們將對公共活動、贈送活動、抽獎活動以及品牌聯合行銷推廣活動的策劃思路作一些探討。

第一節 行銷活動策劃的優勢及要求

在行銷實踐中，一份創意突出並且具有良好的可操作性的活動方案，無論對企業的知名度還是對品牌的美譽度，都將起到積極的作用。

一、行銷活動策劃的優勢

（一）行銷活動策劃具有大眾傳播性

一個好的策劃活動一定會注重受眾的參與性及互動性。有的活動策劃會把公益性也引入活動，這本身既與報紙媒體一貫的公信力相結合，又能夠激發品牌在群眾中的美譽度，甚至活動的本身就具有一定的新聞價值，能夠在第一時間傳播出去，引起公眾的注意。

（二）行銷活動策劃具有深層闡釋功能

廣告本身所具有的屬性，決定了它不可以採取全面陳述的方式來表現；但是，通過活動策劃，可以把客戶需要表達的東西說得明明白白。因此，活動策劃可以把企業要傳達的信息傳播得更準確、更詳盡。

（三）行銷活動策劃具備公關職能

活動的策劃往往是圍繞一個主題展開的，這種主題大多是有關環保、節約能源、社會公益等貼近百姓生活、能夠獲得廣大消費者美譽度的。通過這些主題的開展，最大限度地樹立起品牌形象，從而使消費者不單單從產品中獲得使用價值，更從中獲得精神層面的滿足與喜悅。廣告宣傳尤其是公益廣告的宣傳優勢也能夠取得公關效益，但遠

不能與活動策劃公關職能的實效性、立體性相比。

(四) 行銷活動策劃的經濟性優勢

傳統的廣告宣傳形式已經進入成熟期，廣告宣傳費用也越來越透明，價格折扣餘地很小，企業通過廣告宣傳動輒需要成百上千萬的廣告費。與此相比，一次有創意的促銷活動成本遠遠小於廣告費用，但又能夠很快取得效果，同時更直接地接觸到消費者，及時獲得市場反饋。

(五) 行銷活動策劃具有延時性

一個好的活動策劃可以進行二次傳播。所謂「二次傳播」，就是一個活動發布出來之後，別的媒體紛紛轉載，活動策劃的影響被延時了。而我們很少看到這樣的情況：一個廣告因為設計得好被別的媒體轉載了。活動策劃在具備諸多優勢的同時也具備一些不足：一方面，活動策劃往往不能脫離廣告宣傳獨立展開；另一方面，活動策劃操作不當容易引起受眾排斥。

二、行銷活動策劃的要求

現在許多企業都熱衷活動的開展，成功者受益匪淺，但也有一些企業因不得要領，草草收場，效果並不理想。這就需要企業把握一個成功的行銷活動的關鍵點。

(一) 主題要單一

在策劃活動的時候，首先要根據企業本身的實際問題（包括企業活動的時間、地點、預期投入的費用等）和市場分析的情況（包括競爭對手當前的廣告行為分析、目標群體分析、消費者心理分析、產品特點分析等）作出準確的判斷，並且在進行 SWOT 分析之後，揚長避短地提取當前最重要的也是最值得推廣的一個主題，而且也只能是一個主題。在一次活動中，不能做完所有的事情，只有把一個最重要的信息傳達給目標消費群體；正所謂「有所為，有所不為」，這樣才能把最想傳達的信息最充分地傳達給目標消費群體，才能引起受眾群關注，並且使他們比較容易地記住你所要表達的信息。

(二) 利益明確且具有誘惑力

時下，企業開展活動豐富多彩，尤其是在週末和節假日，消費常

常被各式各樣的活動所包圍。很多活動消費者雖然知道，但是卻沒有形成購買衝動。原因有兩個方面：一是他們沒有看到對他們有直接關係的利益點；二是企業活動策劃給出的利益點雖有，但對顧客沒有吸引力。顧客參與活動熱情的高低與這兩個方面是密不可分的。在行銷活動策劃時，策劃者應該認真研究活動的誘因及誘因大小。

2010年廣東佛山新中源陶瓷公司開展了一次「包機團購」活動。顧客購物，生產廠家不但提供超值實惠的低價，還免費包機讓顧客直飛工廠所在地，一探企業實力和品質，直接選貨、驗貨。千萬別以為是開玩笑，這就是新中源陶瓷在2010年開展的涉及多個省市的「包機團購」活動。以北京為例，北京是新中源「包機團購」活動的首站，共吸引了700餘名業主報名參加，於2010年3月20日抵達佛山。業主們在歷經了五星級食宿、知名景點旅遊等接待，參觀工廠後紛紛訂貨，創下日銷售最高紀錄。在商家牟利不擇手段的時代裡，像新中源這樣肯花血本讓顧客吃好、玩好、買好的企業顯得有些另類，包機費不過是做了一回品牌宣傳罷了，賣出了產品才是最實在的。而新中源通過此次活動，到2010年底銷量已經在北京獲得了同比5倍以上的增長。

(三) 圍繞目標群體和活動主題進行

一些企業在策劃活動的時候往往希望執行很多的活動，認為只有豐富多彩的活動才能夠引起消費者的注意，其實不然，反而容易造成主次不分。很多市場活動搞得很活躍，也有很多人參加，似乎反響非常熱烈，但是在圍觀或者參加的人當中，有多少人是企業的目標消費群體？而且即使是目標消費群體，他們在參加完活動之後是否紛紛購買產品？目前一些策劃者經常抱怨的一個問題就是圍觀者的參與道德問題，很多人經常是看完了熱鬧就走，或者是拿了公司發放的禮品就走了。其實這裡的問題就在於活動的內容和主題不符合，與目標顧客聯繫不緊，所以很難達到預期效果。在目前的市場策劃活動中，有一些活動既熱鬧，同時又能達到良好的效果，就是因為活動都是緊緊圍繞主題以及目標群體進行的。2008年暑期，英特爾（Intel）在中國開展了「這個暑期有點不一樣」大型推廣活動，專門針對暑期中的大中小學生、高考完的高三學生、大學入校學生以及其他年級學生這個目標群，推出超線程（HT）組合、盒裝正品組合、迅馳組合的優惠活動供選擇。以「放飛你的好心情」、「不和爸爸搶電腦」、「安心學習的假期」、「你的宿舍有迅馳嗎」四大部分構成整個活動，富有針對性的內容使處在不同階段的學生均能感受到非同尋常的驚喜，實現了迅馳產品的旺銷。因此，活動策劃如何鎖定目標群，是應該重視的問題。

(四) 可操作性、可執行性強

　　一個合適的產品，一則良好的創意策劃，再加上一支良好的執行隊伍，才有成功的市場活動。而執行是否能成功，最直接和最根本地反應了策劃案的可操作性。策劃要做到具有良好的執行性，除了需要進行周密的思考外，詳細的活動安排也是必不可少的。安排活動的時間和方式必須考慮執行地點和執行人員的情況進行仔細分析，在具體安排上應該盡量周全。

第二節 公關策劃

公共關係是指企業為宣傳或者保護企業形象或單個產品而設計的活動。公關與廣告對品牌的塑造各自起到不同的作用。如果廣告先行，那麼品牌在達到知名度這個階段就會止步不前。要產生影響力與美譽度，則依然要把公關的課補上。二者對品牌塑造的作用是不同的，廣告只能讓別人知道你，公關才能讓別人喜歡你。

公關有助於樹立良好的社會形象與企業聲譽，創造品牌的美譽度。通過開展公關專門活動進行社會行銷，這既是一種短線投資，又是一項長期投資。它可以與各種社會力量（如政府、行業協會、媒體、專家、消費者甚至競爭對手）建立良好的關係，使企業有一個良好的成長環境。尤其是企業通過社會公益事業資助，樹立企業良好社會形象，這為產品創造了一個融入市場環境的良好機會，是公關行銷的妙處。如可口可樂中國有限公司已為中國希望工程捐款 3,000 萬元人民幣，捐建 52 所希望小學，使 6 萬多名失學兒童重返校園。在中國實施「希望工程遠程教育計劃」之後，該公司又在中國貧困地區建立 20 所「希望學校——可口可樂網絡學習中心」，幫助貧困地區青少年獲得「數字時代」教育和發展的機會，這為可口可樂品牌建立良好的社會形象起到了重要作用。

一、公關活動策劃的程序

（一）分析企業形象現狀及原因

企業形象現狀及原因的分析工作，實際上就是要求在公關策劃之

前，對企業形象現狀進行診斷，為選擇公關活動目標和方法提供依據。

(二) 確定目標要求

一般來說，要解決的問題就是公關活動的具體目標，它服從於樹立企業形象這一總體目標。在策劃時，公共活動目標應明確、具體，具有可行性和可操作性。

(三) 設計主題

公關活動的主題是對公關活動內容的高度概括，它對整個公關活動起著指導作用。主題設計得是否精彩、恰當，對公眾活動成效影響很大。公關活動主題的表現方式是多種多樣的，它可以是一個口號，也可以是一句陳述或一句表白。如日本精工計時公司為使精工表走向世界，利用在東京舉辦奧運會的機會，進行了以「讓世界的人都瞭解：精工計時是世界第一流技術與產品」為目標的公關活動，活動的主題是：「世界的計時——精工表」。公關活動的主題看似簡單，實非易事。設計一個好的主題一般要考慮三個因素：公關活動目標，公關活動的主題必須與公關活動的目標相一致，並能充分表現目標；信息特性，公關活動主題的信息要獨特新穎，有鮮明的個性，突出本次活動的特色；公眾心理，公關活動主題要適應公眾心理的需要，主題要形象，詞句能打動人心，具有強烈的感召力。

(四) 分析公眾

公關活動是以不同的方式針對不同的公眾展開的，而不是像廣告那樣通過媒介把各種信息傳播給大眾。不同的公眾群體有著不同的要求。因此，只有確定了公眾，才能選定哪些公共活動方案最為有效。

(五) 活動方式選擇

公關活動方式的選擇是策劃的主要內容。通過什麼方式開展公關活動關係到公關工作的成效。選擇活動方式是創造性的工作。公關活動是否新穎、有個性，關鍵取決於策劃人員的創造性思維是否活躍。因此，在選擇活動方式時，要充分發揮策劃人員的獨創能力和潛力。

二、行銷公關的策略

企業在開展行銷公關活動時，應採取靈活機動的策略。善於抓住最有效的策略手段，才能充分發揮公關的魅力，實現公關的目標。

（一）選擇最佳時機

我們說，好的開始是成功的一半，對公關活動的開展，選擇最佳時機切入，就能夠事半功倍。最佳時機可從六個方面尋找：①有市場需求而市場空白時；②有事件發生時；③有重要節日來臨時；④旺季來臨時；⑤市場競爭程度較弱時；⑥企業新產品上市或某某週年慶典時等。對於這些時機，企業如能結合自身情況進行精心設計，就能取得良好效果。

2010年國慶節前夕，家具品牌紅星美凱龍精心策劃了一場「護照行銷公關」活動。作為上海世博會民企館唯一入駐的家居企業，紅星美凱龍從「世博護照」中得到啓發，專門製作了一個「家居護照」，購買它僅需20元錢；但該護照在購買產品時就升值10倍，可以抵扣200元，這實際上就是借用「世博護照」運用於家具品牌上而給消費者的一種優惠或饋贈。結果，在2010年國慶節前夕，紅星美凱龍演繹的這場「護照行銷公關」使營業額在一天內突破了1億元，創下中國家居賣場單日銷售量最高紀錄。有同行如此評價，「世博護照」弄不到，弄個「家居護照」也讓人覺得樂趣無窮，買得開心刺激。

（二）抓住重大事件

事件行銷是近年來國內外十分流行的一種公關傳播與市場推廣手段，集新聞效應、廣告效應、形象傳播、客戶關係於一體，並為新產品推介、品牌展示創造機會，建立品牌識別和品牌定位，形成一種快速提升品牌知名度與美譽度的行銷手段。20世紀90年代後期，互聯網的飛速發展給事件行銷帶來了巨大契機。通過網絡，一個事件或者一個話題可以更輕鬆地進行傳播和引起關注。通過策劃、組織和利用具有名人效應、新聞價值以及社會影響的人物或事件，可以引起媒體、社會團體和消費者的興趣與關注，以求提高企業或產品知名度、美譽度，樹立良好企業形象，並最終促成產品或服務銷售目的。

一次轟動的事件在人們心目中會產生難以磨滅的印象。要善於抓住企業內外的有利事件，借機造勢，這樣可能會產生奇效。企業應充分利用各種機會策劃新聞事件，引起新聞單位的注意並對它們給予報導，以此達到宣傳企業及產品的目的。如美國一家名叫「休馬納」的股份醫院，1984年時在全國幾乎默默無聞，而在1985年2月，由於進行了一系列人工心臟移植術——該技術在全國被廣泛報導，結果有16%的美國公眾知道了這家醫院。

（三）依靠名人效應

如果企業活動與名人、明星有緊密聯繫，就有極高的新聞價值，

並能吸引媒體保證活動的效果。如企業公共關係的從業人員本身社會關係廣泛，或本身就是演員、運動員等，企業就會有很高的知名度。

2010 年，居然之家策劃了一場低成本明星攻勢活動，取得了轟動效應。2010 年 4 月 3 日，居然之家「家之尊」國際家居館亮相北京北四環。開業當天，出現在消費者面前的不僅有 15 個國家的 300 多個國際頂級家居品牌，還有陳寶國、張鐵林、濮存昕、湯燦、鄧婕、王剛、馮小剛、陳曉東等 13 位演藝界明星。他們在嘉賓臺上一字排開，形成一道靚麗的風景。有意思的是這些明星並沒有拿到居然之家的「出場費」，而是手持居然之家的購物券走進了賣場，成為居然之家「家之尊」裡價格不菲的家具消費者。明星捧的不僅是人場，更是生意場，居然之家做得不落俗套。

(四) 協助全民活動

借助藝術、體育、環保或社會責任的名義開展全民活動具有非商業性質，所以容易受到重視而具有新聞價值，不僅能塑造企業形象，還能增強消費者信心。日本菸草公司在臺灣推廣產品時，以「世界地球日」為號召，贈送綠色盆景及環保手冊，使公司的環保形象大為改善。

(五) 參與有爭議的爭論

當社會生活湧現重大主題或觀念更新時，企業針對社會關心的熱點問題參與辯論，展示企業的膽識與靈感，表明企業造福人類的態度，可提高企業知名度，容易引起公眾關注，起到宣傳效果。如在報刊上協辦大討論，與電視臺合辦交通問題討論，可以使人們通過關注媒體轉為關注企業。

(六) 躍入流行之潮

不入潮流是無法吸引大眾的，商業賣點經常抓住流行之潮，在短期內獲取高額利潤。所以流行也是企業公關聚集的內容，要積極投身並拉動流行趨勢，達到宣傳企業的效果。如由某汽車製造廠發起組織賽車愛好者協會，定期舉辦使用本廠出品的賽車比賽，既能在社會上造成廣泛的影響，刺激賽車銷售，又能提高本企業和該產品的知名度。

(七) 追蹤體育比賽

追蹤體育比賽，借某一時期人們關注的體育問題擴大影響，往往能得到意想不到的效果。廣東健力寶公司善於抓住重大體育比賽來提高企業和產品的知名度和美譽度，它曾向參加第 23 屆奧運會的中國體

育健兒贈送「健力寶」飲料。當中國女排以 3：0 戰勝日本女排之後，日本記者發現，中國女排飲用的是「健力寶」飲料，於是他們要了幾罐認真研究。隨後，日本《東京新聞》爆出了特大新聞：中國靠「魔水」加快出擊，「健力寶」也在一夜間紅遍世界。

三、危機公關策略

任何企業都有可能遇上突發和意想不到的情況，這些突發事件會破壞企業的形象，使企業的生存和發展面臨危機，如果不能有效化解危機，將會使企業受到長期乃至永久的影響，因此危機處理是行銷公關的一個特殊工作領域。然而，在現實生活中，由於商業誠信的缺失，一些企業對利益的追求，對危機的危害及重視程度不夠。2011 年先後發生的雙匯集團的「瘦肉精」事件、有毒血燕窩等深深刺痛了消費者的心。然而，這些事件迄今為止並沒有一個良好圓滿的結果。

(一) 危機公關處理的原則

當企業危機出現時，企業如何化解危機，就成了關注的重點。如果處理得當，就能夠轉危為安，重塑企業良好品牌形象。反之，則會使危機進一步擴大，為企業的長遠發展蒙上陰影。

1. 保證受眾的知情權以及保持坦誠是危機公關的基本原則

很多企業在危機公關時容易走入一個誤區：那就是掩蓋危機。普林斯頓大學的諾曼・R. 奧古斯丁教授認為，每一次危機本身既包含導致失敗的根源，也孕育著成功的種子。發現、培育以便收穫這個潛在的成功機會，就是危機處理的精髓。在塗料行業就有一個成功危機公關的案例。2011 年 10 月 5 日，《長江商報》報導了漢口的王先生購買的「雙虎」油漆在保質期內變質一事。武漢雙虎塗料有限公司對此事高度重視，並隨即對此事展開調查，確認投訴人王先生購買的油漆並不是由雙虎塗料生產，以實際行動捍衛了質量優良的美名。

因此，企業在危機公關時需坦誠地告訴公眾事實的真相，敢於承擔責任，以重新取得公眾的信任和諒解。

2. 要保持態度的一致和信息的真實性

在市場經濟條件下，誠信是企業重要的經營資本。在危機公關中，敢於直面事情的真相，勇於承擔責任，不僅能夠獲得社會公眾的同情與理解，還有助於重新樹立良好的企業形象。例如在 2004 年長安鈴木就因「油管夾脫落可能導致油管磨損」共招回 15.7 萬輛長安奧拓。這種高調招回策略既擴大了企業知名度，又在市場上樹立了負責任的

企業形象。

在危機公關中，企業的態度與信息的真實性非常重要。企業如果處理危機的態度及信息前後矛盾、出爾反爾，其結果只能是搬起石頭砸自己的腳，最終將被公眾唾棄。

3. 與媒體保持良好的溝通

真實性是新聞的生命，媒體也是企業發布真實信息的「擴音器」，引導輿論是其一項基本功能。因此，媒體在危機公關中扮演了非常重要的角色，它既是信息的傳遞者，也是危機事件的監督者，所以保持與媒體有效的溝通直接影響了危機公關的走向和結果。因此，企業在危機公關中應重視媒體的傳播效應，與他們保持良好的溝通。

4. 把危機公關上升到一個戰略高度

現在很多企業危機公關失利的主要原因就是沒有把看起來並不大的事件當回事，但「千里之堤，毀於蟻穴」，這樣的態度將導致事件的影響與危害不斷蔓延，直至不可收拾、完全失控的地步。正確的做法是當企業發生危機時不論事件大小都要高度重視，站在戰略的高度來謹慎對待；其具體處理方式要具有整體性、系統性、全面性和連續性，只有這樣才能把危機事件快速解決並把危害控制到最小。危機發生後企業要由上至下全員參與其中，尤其是最高領導要非常重視，所有決策都要有最高領導親自頒布或帶頭執行，以確保執行的有效性。

5. 危機公關的成功需要良好的創意策劃

當企業面臨危機時，如果領導重視不夠，企業缺乏誠信，那麼這樣的企業可能很難對危機事件進行精心策劃，更談不上解決危機的創造性思路了。但是，如果企業領導對危機高度重視，並且有視危機為轉折的良好心態，那麼良好的創意溝通就十分重要。這時，如果企業自身的公關策劃能力欠缺的話，可考慮與專業公關策劃機構進行合作。

美國雪茄聯合會的危機公關就是與專業公關策劃機構合作成功的範例，值得中國企業借鑑。近年來，由於政府立法明確禁止香菸製造商在許多公眾媒體上刊登廣告，同時民間反對吸菸的呼聲也日益高漲，一場又一場規模浩大的反對吸菸的示威活動將雪茄製造商推到進退維谷、四面楚歌的境地。雪茄在公眾心目中的負面形象不斷加強，而新產品的良性信息卻無法向公眾傳達。整個美國雪茄的銷售量下降了三成，行業面臨著全面萎縮的危險。

作為媒體最大的廣告商之一，雪茄製造商多年來一直都是依靠巨額的廣告量去打開市場銷路、建立產品的優勢。但現在，他們忽然間發現一直賴以生存的道路越來越窄，不僅信息宣傳渠道銳減，同時社會反對的呼聲不斷上升。整個行業要何去何從？美國雪茄聯合會臨危出馬，與本土一家優秀的廣告公關公司合作，通過一系列的公關宣傳

方案力挽狂瀾，將這種不利的局勢扭轉過來。雪茄聯合會明白，決定雪茄製造商未來生死的不是政策、法規、競爭等其他因素，而是人們對雪茄的看法以及雪茄在人們心目中的形象。要改變人們對雪茄一向的負面印象、建立雪茄良好的社會與產品形象，當務之急就是要在雪茄與社會公眾之間建立起某種情感的聯繫，而這就要依靠活動、傳播、事件等一系列的公關方案，完成與社會公眾之間的情感溝通。

在公關方案中，雪茄聯合會首先突出了雪茄與人生幽默之間的本質聯繫，表現吸雪茄者在面對人生逆境時，那種敢於自嘲、坦然面對的勇氣，同時突出雪茄深層次的功能：吸雪茄是一種精神放鬆的最好表達方式。針對以上主題，他們採取了一系列主題明確但又表現巧妙的公關活動。比如舉行了「吐溫之夜」，借助模仿著名作家馬克·吐溫這個勇敢、智慧、幽默的雪茄愛好者的形象，來表現吸食雪茄者同樣樂觀勇敢的個性，引起了目標客戶的強烈共鳴。

憑藉社會公眾對馬克·吐溫的喜愛與尊敬，雪茄聯合會巧妙地將這種情感延伸到雪茄之上，極大地激發了吸雪茄者的內心尊嚴，也表達了「只有成功者才會吸雪茄」的理念，引發許多雪茄愛好者甚至非雪茄愛好者內心的共鳴。

長期以來，美國民間有一項古老的習俗：剛做父親的男性會向自己周圍的親朋好友贈送雪茄，表達自己的興奮而又緊張的心理感受，但是這項傳統正在逐漸衰落。雪茄聯合會抓住這項古老的民俗，舉辦了「放鬆點，吸根雪茄吧」與「雪茄情人節」等活動，將雪茄定位為人們情緒舒緩的最佳表達方式。這些活動不僅吸引了大批的參與者，更是喚起許多人內心潛藏著的某種懷舊的情緒。

在活動的輔助下，雪茄聯合會又通過新聞傳媒，借助雪茄愛好者之口，向公眾表達雪茄在生活中不可或缺的作用——麵包是身體的食糧，而雪茄是精神的食糧。這些宣傳得到眾多雪茄愛好者的認可。

在雪茄聯合會系列公關方案實施三個月後，不僅民間反對吸雪茄的呼聲減弱了許多，而且整個美國雪茄銷售激增近三成。在廣告失敗的時候，公共關係顯示出了驚人的作用。

(二) 危機公關處理過程

要克服危機所帶來的損失，化不利為有利，當事人除了及時發現危機事件的端倪，及早行動，還要懂得一點處理危機的程序；一旦事故發生，即可遇變不驚，從容化解。處理危機的策劃過程一般有五個階段。如圖9-1所示：

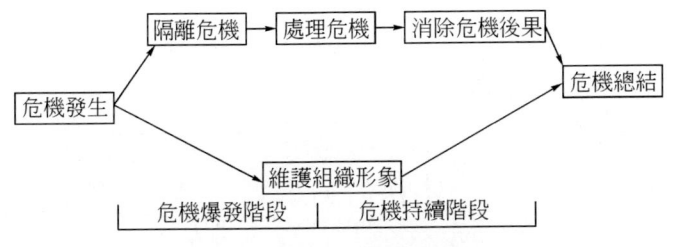

図 9-1　處理危機策劃的程序

1. 隔離危機

隔離危機的目的就是避免危機發展蔓延到企業其他部門。危機就像危害人們健康的傳染病，患有疾病固然已損失重大，但蔓延開來則更加不可收拾。企業危機往往首先在企業組織的某個部門或場所發生，由於企業是個整體，各部門之間聯繫緊密，危機管理者如只是急於平息危機而不先隔離危機，危機就有可能失去控制，從而造成更大的災難。

2. 處理危機

危機爆發後，會迅速擴張，處理時要當機立斷，找出危機的癥結，對症下藥，及時採取措施，迅速處理危機，力求在危機的危害膨脹前切斷危機的魔爪。公關人員要當機立斷，沉著鎮定，努力不懈，另外還要注意企業內部的團結，尋找支持、諒解與合作，以強大的凝聚力渡過難關。

3. 消除危機後果

危機往往會留下極大的「後遺症」，這就要求當事者做長期不懈的努力，採取措施，消除危機造成的消極後果。

4. 維護企業形象

危機的發生會給企業的外部形象造成重大的損傷。在有的危機中，這種不利影響甚至會造成對企業最主要的危害，因此，在處理危機時，要把企業形象放在一個重要地位，搞好各方面的公共關係。

5. 危機報告

危機過後，企業應當對自己在危機中的行動進行評價和總結，吸取教訓，以提高面對危機的生存力。

第三節 贈送活動策劃

　　所謂贈品促銷，是企業為了鼓勵或刺激消費者購買其產品而向消費者免費贈送獎品或禮品。根據美國有關部門促銷活動的調查測算，其平均效益比為3：10，即投入3元錢費用得到10元錢的銷售額。但事實上，由於現在贈品用得過多過濫，其效果大打折扣。因此，企業在運用贈品促銷活動時，要精心策劃，力求出奇制勝。

　　時下，「贈品促銷」在經營活動中已是屢見不鮮，高明的贈送能起到「畫龍點睛」的效果，促進產品的銷售。下崗職工李亞明就是用贈品促銷的方法把他的小生意做得紅紅火火的。李亞明每天上午在家做蛋卷或小糖人，中午和下午騎三輪車到學校、幼兒園門口現場做棉花糖。他向買棉花糖、小糖人的顧客贈送蛋卷，而對買蛋卷的顧客贈送糖人；結果買蛋卷的顧客回來買棉花糖；買小糖人的顧客又回來買他的蛋卷。每天學校一放學，他的三輪車就被大人小孩圍個水泄不通。個把小時就進帳60多元，一天下來平均收入200元，扣除成本可以純賺140元，每月可以穩賺3,500元。贈品促銷主要用於兩種情況：一是新產品上市，為打開市場，吸引消費者而免費贈送；二是提高產品的附加值。例如，買奶粉送奶瓶或水杯，買車送鎖和雨衣，買油送廚房用品，買空調送空調被等，只要贈品實用且無質量問題，一般都能起到促進銷售的作用。

一、贈品促銷的優勢及不足

(一) 贈品促銷的優勢

1. 創造產品的差異化

競爭激烈的市場環境下，消費者的背離也越來越快，而現代科技的進步，也使得同類產品間的差異化越來越小，僅依靠產品自身的質量獲得消費者的忠誠已遠遠不夠。好的贈品可以使產品增加附加價值，形成差異化，以鼓勵消費者重複購買，建立品牌忠誠度。

2. 通過贈品傳達品牌概念

消費者往往會將所附贈品與產品（品牌）相聯繫，從其所提供的贈品質量、適用對象與價值大小等表面因素來判斷產品的質量、使用者、檔次等。比如，如果某食品適用範圍廣、品牌形象較模糊時，提供一個玩具做贈品，消費者就會認為該食品是給小朋友吃的。

3. 憑藉贈品達到市場細分的目的

由於贈品可以幫助消費者分辨產品的適用者，因此，當訴求對象不同時，可以通過贈品來細分不同的市場。

4. 贈品可以吸引消費者購買或重複購買

附送贈品是吸引消費者嘗試購買的最有效方法之一，當新產品入市，或舊有產品拓展新消費群時，都屢試不爽。選擇與產品相關的贈品，可以增加產品的使用頻率，甚至讓報有成見的消費者接受新產品。

贈品同樣能夠鼓勵消費者重複購買，或增加購買量。一旦消費者認為產品所附贈品屬於多多益善的，自然願意多購買。比如「味好美」方便食品所送的調味罐是家庭中需多備幾個的；而「Fa」花沐浴露所送的雨披，由於其他產品早已送過，且每人只要備一件就夠了，因此，促進重複購買的機率就較小。

(二) 贈品促銷的不足

1. 贈品選擇不當就缺乏吸引力

不少附送贈品促銷失敗的最主要原因在於贈品太差。附送糟糕的贈品對銷售深具殺傷力。當贈品的吸引力不夠、品質欠佳時，反而會使本打算購買該產品的消費者打退堂鼓。尤其是如果消費者以前對同類贈品有不良的印象時，必然會導致銷售下降。

要確保贈品具有足夠的吸引力，除了在贈品設計時下工夫外，最好應在事先做一下贈品測試。萬一盲目推出後效果不佳，不但省不下測試花費的錢，還會使品牌蒙受損失。

即使企業所推出的贈品設計得再好，如果沒有突出醒目的廣告宣傳，也不可能激起消費者想擁有贈品的渴望。所以說，附送贈品促銷的代價也是不低的。

2. 贈品促銷在管理上有一定麻煩

第一，包裝上的贈品可能會造成貨架陳列上的困難，而包裝外的贈品由於和商品分開，零售商需增闢額外的地方陳列，會增加贈品管理上的麻煩。

第二，在結帳時，店員還必須分清促銷商品，以免將贈品也一併算錢收費，有時候還得提醒顧客某品牌附有贈品。

第三，當同類贈品在零售店內有銷售時，零售商更不願意推廣該產品，以免影響他們正常商品的銷售。

第四，贈品的供用能否真正落到實處。只要贈品一離開產品製造公司人員的手，就很難把控。如果零售商不配合，促銷很難成功。企業每次在舉辦附送贈品活動時，難免要花費不少贈品用於零售商的鋪路，而此處贈品用多了，用在消費者身上的自然就少了。

二、如何選擇設計有吸引力的贈品

無論採用哪一種贈品，都必須保證贈品對消費者具有吸引力；否則就難以起到促銷的效果。有吸引力的贈品是贈送活動成功的關鍵。

（一）贈品必須符合該商品消費對象的興趣

不管送什麼贈品，首先要考慮目標顧客的興趣所在。如兒童食品袋子中附送的小玩具、小連環畫會令小顧客喜不自禁，但若贈送一小袋奶粉則會令小顧客大失所望。

（二）贈品的價值必須讓消費者容易瞭解

消費者對贈品是否感興趣，除了取決於贈品是否新穎獨特外，還要看贈品價值的高低。因此，贈品值多少錢，必須讓消費者一目了然。

（三）贈品要具有時代特色

一是贈品價值要跟上消費水準，二是贈品本身必須富有強烈的時代特色，三是最好設計一些在市場上購買不到的物品作贈品。

（四）贈品的品質要高

不論贈品的價值高低，一定要保證贈品的質量。即使是一張明信

片，也必須保證其印刷精美、清晰，不能粗制濫造，因為贈品直接影響產品的信譽。

（五）贈品的選擇要與促銷主題緊密結合，並與產品相關聯

每次促銷活動都有其明確的促銷主題，尤其是針對特定的節日舉辦的促銷活動，更要注意贈品的選用。如母親節贈送康乃馨、兒童節送歡樂卡等。這樣做的好處主要是給消費者帶來便利和增加其消費興趣，增加贈品的吸引力。

（六）避免與競爭對手採用同樣的贈品

贈品要引起消費者的注意，就需要與其他同類企業贈品有較大的區別，給人以標新立異的感覺，並以此來突出自己的品牌。

（七）盡量挑選有名氣的產品做贈品

有名氣的產品包括兩層含義：一是市場上信譽好的名牌產品；二是與社會消費熱點有關的產品。1994年，德國漢堡公司成功地借助美國迪士尼公司推出的卡通片《獅子王》的社會影響推出玩具贈品，對購買價值1.99馬克的「兒童總匯漢堡餐」者贈送塑膠獅子、土狼等玩具，結果深得小消費者的歡心，不到一個半月就送出3,000萬個玩具。

三、把握贈品促銷的分寸

贈品促銷的活動要達到預期的效果，除贈品的選擇設計要有吸引力外，還必須把握好分寸。

（一）成本的費用

選擇贈品時除了應考慮其吸引力，還需顧及其成本是否能為產品所負擔，況且舉辦此類促銷活動還有許多贈品費用之外的無形成本。一般來講，舉辦一個贈品促銷活動需考慮以下費用與事項：

1. 贈品本身的花費

贈品數量多，可從生產廠家直接購買。如果雙方的目標消費群相同，還可以設計成聯合促銷活動，可大大節省贈品費用。如果贈品需專門設計以求獨特，則設計生產的費用及週期應做充分考慮。另外，贈品的數量計劃不當，容易造成浪費。消費者的不同喜好及喜新厭舊的心理都會導致贈品日益受冷落。如果贈品數量過多，滯留在貨架上，更會引起消費者反感，並造成巨大浪費。

2. 贈品的包裝

精美的贈品配以劣質的包裝，定會使贈品的效果大打折扣。但是，不少企業卻以為本來就是額外的贈品，就往往配以簡裝。另外，如能將產品的品牌標誌印在贈品及其包裝上，將更能增加品牌形象的宣傳機會。如一個帶有品牌標誌的水杯，在消費者每一次使用時，都可以起到品牌提示作用，並增加消費者對該品牌的好感。

據調查顯示，如果有多家公司經營同類產品，消費者往往對奉送贈品的公司評價更好。而贈品上的廣告詞語比較含蓄、不張揚，且贈品高檔漂亮，消費者更願意保存它們。

3. 廣告宣傳的配合

賣點廣告（POP）是一種較好的宣傳形式，如海報、吊旗、宣傳單頁等，事先都需要專門設計製作，並安排好張貼工作。但由於不少零售場所不允許張貼，因此企業事先應結合實際情況預算印製數量，盲目過多自然造成浪費。理論上，報紙、MD（直郵宣傳單）都是比較有效的贈品活動宣傳媒體，可是由於成本高，令不少企業望而卻步。所以，如能充分利用產品包裝本身開展贈品宣傳，那就經濟多了。

4. 通路展示的配合

在銷售現場堆箱陳列或專設促銷亭都能取得比較理想的效果，只是企業必須預留這些陳列的進場費用。那些投不起太多媒體宣傳費的企業，就不得不在這方面留較大的預算。

(二) 贈品的管理

好的贈品若包裝不妥容易引起偷盜或批發、零售商占為己有，因此對贈品的包裝、倉儲與收發管理要求較高。除了對贈品的收、發、使用等需做好庫存記錄外，如果採用將贈品與產品包裝在一起的方法，也得注意確保包裝的牢固，還有新的禮品裝與老貨在零售店的換貨工作。

而如果採用贈品隨產品附送的形式，需對零售店的老產品補充贈品，以免造成贈品斷貨現象。同時，企業也應該根據每家店的銷售量，以及公司運輸車輛的使用情況做出發放計劃，並隨時監控活動進展。

(三) 活動的時間

贈品活動籌備期較長。籌備一個贈品活動，從方案的誕生、贈品的選購到最終入市與消費者見面，這一連串的準備過程曠日費時，一般需 8～16 周；如果是利用包裝本身作贈品，則耗時更長。

一般來說，活動剛推出時，消費者會因新鮮而感興趣，隨著時間的推移，想得到贈品的顧客都已購買了，還留於市場上的贈品就很難再吸引消費者購買。因此，贈品活動不宜時間過長，一般為 8～12 周為宜；當然，也要視產品、通路狀況及市場的不同，作相應調整。

第四節 抽獎活動策劃

企業為擴大宣傳促銷活動，常會舉辦抽獎活動，以獎品來吸引消費大眾的注意力。企業的抽獎活動促銷手段，是設定一個參與者的資格辦法（常是購買商品之限制條件），再提供優惠豪華的獎品（如送汽車、洋房、招待國外旅行等），用事先言明的抽獎方式抽出中獎名單。整個抽獎活動的原始目的，仍在於鼓勵客戶購買、消費本品牌產品，以提升銷售成績。

很多企業所舉辦的「抽獎活動」失敗的原因是：①沒有充分的宣傳活動引起目標消費者的注意；②獎品誘惑力不足；③抽獎的方式稀鬆平常，消費者無心參加。

一、抽獎活動的好處及不足

(一) 抽獎活動的好處

1. 可強化產品形象

企業所規劃設計的抽獎活動，若獎品誘惑力強，而且獎品背景特性與本公司產品特性相同，可加強本公司產品所給予消費者的品牌認知。例如由新西蘭進口的奶粉廠商舉辦抽獎活動：「頭等獎 20 名到新西蘭旅行 7 天，二等獎 40 名贈送新西蘭羊毛被一條，三等獎 500 名贈送新西蘭食品特產」。奶粉廠在廣告中常標榜是特別由「清純乾淨的新西蘭」所進口的奶粉，如此「產品特性」與「抽獎活動」規劃緊密結合，使商品更引人注意。

2. 引起消費者（對產品、對抽獎活動）的注意

消費者處於廣告資訊爆炸的時代，每天面對各種產品廣告的資訊，廠商如舉辦大手筆的抽獎活動，刺激消費者的注意力，有可能突破重重困難，引起消費者對抽獎活動的興趣，進而吸引消費者對本公司產品的注意。

3. 鼓勵經銷商加強陳列本品牌產品

舉辦大規模的抽獎活動，再配合廣告宣傳，可以吸引消費者踴躍參加，而帶動經銷商的交易，提升銷售業績。因此，舉辦抽獎活動會鼓勵經銷商多進貨、加強商品陳列。

（二）抽獎的不足

1. 抽獎運氣成分較重，其吸引力不能片面誇大

似乎有些行銷人員深信：「抽獎活動對於消費者深具魅力，他們喜歡這一活動。」然而，關於這一點，沒有確鑿的數據可以證明。因為現今舉辦的促銷活動通常是由幾種促銷工具組合而成，而且媒體的選擇與投放力度、通路鋪貨率、獎品設置等因素都會影響到活動的成效，因此很難簡單評判「抽獎」發揮了多大作用。但是，如果將這些外加因素去除，僅剩最基本的抽獎活動形式（所謂最基本的形式是指現金約5,000元，並輔以兩三個報紙平面廣告做宣傳），那抽獎活動絕對不是最能令消費者興奮的活動，往往不如贈品附送、免費樣品試用更能令消費者積極投入；即使所送價值不高，只要不是廠商積壓已久的倉底貨，都能令消費者欣然接受。

導致這種認識上的差異，可能與地區文化有關。中國國內對於博彩活動向來予以管制，沒有良好的環境氛圍烘托。因此，消費者很難對這一激動人心的活動體驗出其刺激感，對於「抽獎活動」反應較為平淡，且通常會往負面結果考慮，認為肯定不會得獎。就連規模浩大的「福利彩票」仍有相當一部分人無動於衷，相比於國外民眾的博彩興趣尚屬初級。

2. 單純的抽獎活動對品牌建設作用不大

「抽獎活動」對品牌幫助不大，有時候會因未中獎的挫折感而影響對品牌的好感。由於「抽獎活動」是以利益為誘餌，消費者純粹為了額外的獲利才購買，是個人運氣的結果，無需參與者付出較多努力，因此並不會對品牌留下什麼特別的好感。至少對產品沒有什麼印象，參與只是為了贏獎而已，所以，活動主題或獎品能否與產品（品牌）特徵有機地連接就尤顯重要。

3. 抽獎活動的成功需要投入一定的宣傳費用

「抽獎活動」通常需要大量的媒體經費，廣為宣傳，才能獲得成

效。正因為普通消費者對這種憑運氣的活動興趣不高，媒體渲染程度不同，其效果就大不一樣。

抽獎活動成效如何與諸多因素相關，即使是已經獲得成功的方法，換一個時間或市場，其結果也會不大一樣，富有經驗的人員仍需謹慎對待。

二、抽獎活動的規劃

企業要成功舉辦抽獎活動，必須對影響該活動的因素進行詳細的規劃。其要點有以下方面。

(一) 參加資格

企業通常會提出參加者資格限制，符合此條件即可參加本活動。例如飲料廠商規定一次購買一箱飲料，送「抽獎單」一張；某汽車廠商可限制參加者條件為擁有駕照的人；香菸廠商則可限定年滿20歲才可參加。因此，符合參加資格條件的敘述，理應越詳盡越好。各地區均有不同的促銷法規，廠商必須瞭解並加以尊重，以免屆時惹麻煩。此外，為了避免徇私的嫌疑，廠商常嚴格規定公司員工及廣告公司或促銷公司的員工均不得參與抽獎活動。

(二) 購買要求

除了「參加資格」的基本條件，廠商也許會另外設定「購買要求」條件。例如廠商為鼓勵消費擴大消費量，特別規定「一次購買一整箱」才具備參加抽獎資格，或是「寄回產品包裝袋」才能參加抽獎活動。

(三) 活動形式

抽獎活動的方式五花八門，應以吸引消費者參加、且有利於廠商操作為原則。常見方式如下：

（1）填卡抽獎：只要填妥姓名、地址的資料卡，寄至某地址，便可參加抽獎（應詳述附寄購物憑證、產品標籤紙、產品盒蓋等條件）。

（2）幸運對號抽獎：消費者將手中的抽獎卡，與廠商公布的中獎號碼核對，如果相同即表示中獎，然後詳填姓名、地址，連同抽獎卡一併掛號郵寄至某信箱，即可獲獎。

（3）產品包裝內含有「抽獎單」，可憑此兌獎。

（4）憑廠商售貨後所開立的發票，核對發票號碼後三位，與開出獎項號碼相符者，即可對號領取獎品。

（5）反應產品意見的抽獎活動。在指定的參加表格內詳填姓名、

地址,並以規定字數完成「我最喜歡甲商品原因是……」,連同商品盒蓋一起郵寄至××信箱即可。

(四) 獎品的規劃

針對抽獎活動而言,最重要的特色,就是提供一個比實際支出金額更多優惠的活動。獎品及獎品組合的情況是競賽或抽獎活動成敗的關鍵,通常獎品組合均採用金字塔形,即一個高價值的大獎,接著數個中價位的獎品,及數量龐大的低單價小獎或紀念品。

為了讓消費者有更多的中獎機會,可以採取「連續式的抽獎」,參加者此次未抽中,可以繼續參加下一次的抽獎。例如「早買早抽獎,一共6次抽獎,獎獎不落空」。

(五) 抽獎方式

如何抽選出贏家以得到獎品,較為常見的抽獎方式有:
(1) 直接式抽獎:中獎者是由所有參加來件中抽出。
(2) 對獎式抽獎:廠商事先選定的數字或標誌,經由媒體告知消費者,參加者只要符合此已選定的數字或標誌即可中獎。
(3) 機遇式抽獎:另一種更快速的對獎式抽獎方式,就稱為「刮刮樂」的卡片。參加者獲得此卡片後,可簡單地刮去上面的塗料,再將卡片上顯示的數字或標誌與廠商事先選妥的數字或標誌比對,如若符合,即可中獎。

(六) 參加次數

要明示消費者可參加的次數,例如:
(1) 每人僅限一次。
(2) 不限次數,隨興參加。
(3) 循環參加,未抽中者,可連續參加抽獎,直到結束活動。

(七) 以誠信方式加以抽獎

為昭公平,取信於消費者以及保持廠商良好的信譽,應採用可令一般人信服的抽獎方式進行抽獎,抽獎現場宜有公證人士(律師、會計師)、消費者代表、官方人物、記者等在場監督,以避免因為「內部操作」而遭人疑忌。

(八) 時間限定

不論任何抽獎活動,均應特別標明截止日期、收件地址。而對於以郵寄參加者,其截止日期應以郵戳為憑。至於抽獎日期或評選結果日,以及中獎名單的公告與宣傳日,亦應詳細註明。

第五節

品牌聯合行銷推廣策劃

地板與紅酒,你能想到這兩者之間有什麼聯繫嗎?來自浙江的富得利地板卻通過橡木這個紐帶將地板與紅酒巧妙地聯繫在一起,在2010年4月上演了一個跨業行銷的經典案例。富得利是中國地板行業中以橡木為原料的主導品牌。張裕是中國葡萄酒行業的百年品牌,需要橡木桶進行窖藏,以獲得持久濃香。2010年4月18日,在景色優美的著名葡萄酒釀造基地——北京張裕愛斐堡國際酒莊,富得利地板宣布與張裕愛斐堡國際酒莊結成合作夥伴,通過資源共享提升雙方知名度。富得利借助張裕的紅酒文化彰顯自己高貴、典雅的品牌氣質。在隨後一場全國大招募中,富得利地板借助張裕的酒香,超過了銷售目標,數百名富得利地板的消費者獲得雙飛到張裕愛斐堡酒莊品酒的獎賞。雙方得利,共托品牌,跨業合作的魅力顯現得淋漓盡致。

一、品牌聯合行銷推廣:現代行銷新潮流

品牌聯合是指分屬不同公司的兩個或更多的品牌短期或長期的聯合或組合。品牌聯合是一種重要的品牌資產利用方式,對於品牌聯合的發起方來說,實施品牌聯合的主要動機是希望借助於其他品牌所擁有的品牌資產來提升自己的品牌形象,提升公司業績,但最終又能達到雙贏或多贏的效果。

品牌聯合很早就被運用於商業實踐中。在國外,品牌聯合行銷有許多成功案例。從1955年世界上第一座迪士尼樂園在美國加州建成開始,可口可樂與迪斯尼成功合作了50多年。所以,當香港迪斯尼樂園在2005年開業前夕,可口可樂將這一合作模式擴展到中國,並發起規

模巨大的促銷活動,在香港迪斯尼樂園開業前夕,生產了1億罐的可口可樂贈飲,更宣布有一萬多獲獎消費者可免費遊覽香港迪斯尼樂園。

為此,可口可樂僅在北京就設置了1.5萬個兌獎點。當成千上萬的幸運者在正式開業之前就帶給迪斯尼熱烈的人氣聚焦,人們在中國的大街小巷、超市商鋪更隨處可見此次盛大促銷的可樂包裝。在這場品牌聯合行銷中,可口可樂所獲的不僅是一次有紀念意義的主題行銷活動,又是50年品牌友誼的延續。迪斯尼文化在中國為可口可樂增添著更多的「歡樂、激情、享受生活」等品牌元素,正是無數次這樣的疊加,才使得120多歲的可口可樂保持著與時俱進的形象與活力。同時也使得香港迪斯尼樂園開業前夕在中國大陸獲得了超越任何常規廣告的良好宣傳效果。

最近幾年,很多行業的品牌聯合行銷迅速升溫,並逐漸發展為一種新的行銷趨勢。如中國移動的動感地帶成為NBA的戰略合作夥伴,並喊出了「NBA來到我的地盤」,又如蘇泊爾攜手金龍魚的「好油好鍋,引領健康時尚」等都是品牌聯合行銷成功的經典案例。

所謂品牌聯合行銷,是指兩個或更多品牌融入同一個行銷活動,以達到擴大產品推廣力度、增加銷售、提升品牌形象,並最終為參加品牌聯合行銷的企業增加品牌價值的目的。品牌聯合行銷的目的在於協作行銷,在合作期限上,一般是中長期商業安排。品牌聯合行銷在合作期限上與商業聯盟相近,但兩者有實質性差異:商業聯盟往往是更長期、更深層的合作,如技術創新、產品研發、渠道資源整合等方面的合作;而品牌聯合行銷更注重與消費者的互動,是不同品牌在市場層面的協作行銷。

二、品牌聯合行銷推廣的好處

(一) 實現品牌間的優勢互補

每一個品牌都有自己的優勢,對於知名品牌來說,往往代表了某種獨特的賣點和品牌形象。當品牌雙方都是具備獨特而出色的顧客認知時,品牌聯合行銷有助於強化某種品牌特色和個性,實現不同品牌間的優勢互補,提升品牌的影響力。鄂爾多斯羊毛衫與海爾家電在2004年推出了「羊毛+家電」聯合行銷,就是以異業實現優勢互補的成功案例。

鄂爾多斯在推廣「手洗羊絨系列」的時候,需要解決消費者反應的洗滌不便的問題。海爾是國內家電行業巨頭,海爾自動擋數字變頻滾筒洗衣機是一款極為適合洗滌鄂爾多斯手洗羊絨衫的高新科技洗衣

機，將有效解決羊絨衫的「機洗」問題。雙方在企業和品牌形象上十分吻合。兩者一拍即合，聯合推廣新產品，並通過終端來增加消費者體驗。在鄂爾多斯與海爾聯合搭建的羊絨精洗屋內，消費者可以親眼看到鄂爾多斯羊絨衫在海爾滾筒洗衣機裡的洗滌、甩干、烘干等整套程序。

鄂爾多斯的手洗羊絨系列有效地利用了海爾洗衣機家電市場的優勢在全國範圍推廣，為消費者留下先入為主的印象，印證了「鄂爾多斯」在羊絨領域的技術領頭羊地位；而海爾洗衣機也借助「羊絨衫洗衣機」的個性形象，向消費者展示了其出眾的技術與完善的服務。鄂爾多斯高檔、輕薄、保暖、舒適的產品特性與海爾自動擋數字變頻滾筒「羊絨洗」的賣點相結合，優勢互補，在聯合行銷中找到了各自新的銷售增長空間。

（二）通過攀附效應傳遞高品質形象，迅速提升品牌影響力

品牌聯合行銷除了能夠在短期內迅速提升產品的銷售業績以外，還能夠借助合作方的品牌帶來攀附效應，以提升品牌地位，塑造品牌形象，從而實現品牌的完善升級。而所謂的攀附效應，就是通過品牌捆綁，與強勢品牌同時出現，並攀附強勢品牌的影響力，發力於目標消費者，從而實現自有品牌形象的提升。

2004年，定位於高端的海爾酒櫃在進入美國市場時，精心策劃了與林肯的聯合行銷而迅速取得了成功。海爾在中國雖然是一個強勢品牌，但在美國消費者心目中仍是帶有「中國製造」的低檔形象。為了轉變美國消費者的觀念，2004年，海爾與林肯的聯合行銷規定：在一定時間內，如果消費者購買或租借新款式的林肯轎車，就有機會贏得海爾的名品酒櫃。與林肯轎車的合作，縮短了消費者對海爾品牌認知的時間和過程，更快地打入了美國市場。更重要的是，這一聯合行銷活動提升了海爾酒櫃在美國市場的影響力，改變了美國市場對海爾品牌的低檔次印象。

林肯作為一個強勢品牌，在市場中扮演了背書角色。海爾攜手林肯實施聯合行銷，能夠借助林肯這一成熟和高端品牌的號召力，將消費者對林肯品牌的好感轉移到自身上來，從而提升品牌向更高等級位置邁進，提升了品牌的市場影響力，快速地打開了市場，並榮登當年美國《國際酒品》雜誌的封面。不到兩年時間，海爾酒櫃從一個產品發展到12個系列，從第1代發展到第4代，目前已占據了美國酒櫃市場60%的份額，而且價格比同類產品整整高出一倍。

（三）獲得價值增值

在品牌聯合行銷中，合作雙方或多方的品牌通過聯合行銷，既能

夠有效地降低行銷成本，又能夠提高產品的單位價值。同時，產品的互相捆綁又具有一定的互補性，而這也讓產品的價值得以提升，並產生「1＋1＞2」的價值增值。價值增值是品牌聯合行銷的更高境界。

法國藍帶是一家烹飪學院，其品牌已成為最高水準烹飪的代名詞。特福是法國領先的炊具製造商，正在推出新的「整體」系列高質量炊具，品牌聯合行銷使得特福得到藍帶的認可。人們喜愛藍帶品牌，通過品牌聯合將這種喜愛轉移給了特福的「整體」系列產品，使特福「整體」系列產品和高質量聯繫起來了。每當行銷傳播活動展示藍帶學院的大廚們使用特福牌炊具，並贊賞其質量時，藍帶就為特福炊具增加了品牌資產；而藍帶通過與特福的聯合行銷，又增加了接觸市場的機會，同樣獲得了品牌增值。

三、品牌匹配度：品牌聯合行銷成功的關鍵

國際國內知名品牌的成功行銷無疑顯示了巨大威力。研究知名品牌聯合行銷的實踐，我們必須洞察成功背後的真正原因，才能從中獲得有益的啟迪。品牌聯合行銷的策劃要重點抓好兩個方面。

（一）品牌核心價值和品牌形象的匹配

在品牌聯合行銷的操作中，品牌聯合所選擇的合作夥伴必須符合「品牌匹配度」這個前提條件。所謂匹配是指不同的品牌在品牌核心價值、品牌形象以及品牌市場地位等方面的匹配。其中最為關鍵的是品牌核心價值的匹配情況，國際國內許多異業品牌聯合行銷之所以能夠成功，都蘊含了品牌核心價值匹配這個前提條件。

美國管理專家帕克（Park）的一項實驗研究表明，品牌聯合只有具有良好的匹配性，才能最大化提升品牌聯合的效果。通過實驗，他對比了一個知名的主導品牌分別與具有低知名度、高匹配性的品牌的聯合，以及與具有高知名度、低匹配性的品牌的聯合的情形，結果顯示在兩種聯合中，與前者進行聯合更受歡迎。

2008年，中國炊具業第一品牌蘇泊爾與中國食用油知名品牌金龍魚在新年前後開展了一場「好油好鍋，引領健康時尚」的品牌聯合行銷推廣活動。在全國36個城市，800家賣場掀起了一場健康烹調風暴。聯合行銷內容主要有：①顧客凡購買一瓶金龍魚二代調和油或色拉油，即可領取紅運雙聯刮卡一張，刮開即有機會贏得新年大獎，包括各式蘇泊爾高檔套鍋（價值600元）、小巧的蘇泊爾14厘米奶鍋、一見傾心的蘇泊爾「一口煎」等。②憑紅運雙聯刮卡購買108元以下

蘇泊爾炊具，可折抵現金 5 元；購買 108 元以上蘇泊爾炊具，還可獲贈 900ml 金龍魚第二代調和油一瓶。③聯合編撰了《新健康食譜》送給消費者，合作舉辦健康烹調講座，教育消費者怎樣選擇健康的油和鍋。此次聯合行銷不但極大提高了各自的品牌影響力，而且使銷量得到了大幅提升。

兩個品牌之間聯合行銷的成功，除高水準的行銷策劃外，關鍵在於兩個品牌之間的匹配性：①兩個品牌所蘊含的品牌核心價值相似。「健康與烹飪的樂趣」是兩個品牌的共同主張，這是合作的基礎。這一相同品牌內涵規避了雙方行業的差異性。②兩個品牌地位匹配。雖然與金龍魚年營業額近 50 億人民幣相比，蘇泊爾 10 億左右的規模顯得很小，但兩個品牌卻是各自行業中的第一品牌，地位匹配為成功的聯合行銷提供了條件。

（二）目標消費群體的相似性或一致性

在品牌聯合行銷的操作中，品牌聯合最好要有共同的目標消費者，這樣就能夠讓雙方的品牌文化或品牌精神為共同的目標消費者所認同，更能引發目標消費者的情感共鳴。開展品牌聯合，目的就是資源共享，優勢互補，互惠互利。從市場整合角度看，聯合行銷的品牌應該擁有直接或間接的市場行銷資源，如相似的市場、類似的終端、一致的目標消費群體等，這是不同品牌間決定聯合行銷的重要動機，也是聯合行銷獲得效果最大化的保障。

2003 年，備受「非典」煎熬而變得異常陰沉的中國大地，因一場轟轟烈烈的足球比賽而變得陽光燦爛，這場比賽叫做「紅塔‧皇馬中國行」。這場比賽，以前所未有的轟動效應，不僅讓中國人近距離領略了世界足球頂級巨星的風采，也使紅塔山品牌「山高人為峰」的精神得以淋漓盡致地完美演繹。而紅塔集團除了看重皇馬的品牌影響力以外，更看重其目標消費者與紅塔山品牌的高度匹配。

足球向來是男人的天下，而紅塔山品牌的產品目標受眾也主要是男人。正因為如此，皇馬品牌與紅塔山品牌指向共同的目標消費者，同樣代表著對成功的挑戰和渴望，這無疑對紅塔山品牌的「山高人為峰」精神推廣產生更為深遠的影響。

事實證明，2003 年這場「紅塔‧皇馬中國行」取得了巨大的成功。在活動期間，中央 5 套在同一時段的收視率遠高於中央 1 套以及中央 6 套。在互聯網方面，共有 1,300 多個中文網頁、上百個外文網頁對本次活動進行過報導。此外，更吸引了包括中國經營報、21 世紀經濟報導、南方都市報、新周刊、體壇周報、足球等上百家國內外強勢媒體對這場「紅塔‧皇馬中國行」進行了重點報導。

品牌聯合行銷作為現代行銷的利器，用得好，可以實現借力打力、優勢互補，從合作夥伴的品牌中汲取到各種有益的價值，使自己在品牌聯合中獲得利益最大化。萬一用不好，則不但對品牌行銷無利，反而有可能給品牌帶來負面的影響，甚至損害品牌的利益。因此，品牌聯合行銷的運用應在把握其精髓的基礎上進行精心的行銷策劃，才能發揮出品牌聯合行銷的真正效用。

第十章

智慧人生

※如何成為優秀的策劃人※

　　一個企業僅僅風光幾年，在全世界都是一種普遍現象。據相關資料統計，在日本經營歷史超過5年的企業不到20%。而這些消失的企業往往是那些無規劃，沒有拳頭產品，沒有先進經營理念的企業。由此可見，先進的行銷觀念和精心的策劃對企業的持續發展是非常重要的。這也需要企業有一個優秀的策劃人。

　　什麼是策劃人？顧名思義，策劃人就是專為企業戰略規劃產品、服務策劃並且在該方面有一定成就的人。從策劃人的定義可見，策劃是企業的核心功能組成部分，策劃人是為企業服務的專業人才，是影響企業成功的重要因素。

第一節 行銷策劃者素質

近年來，隨著經濟的發展，創意與策劃正越來越多地受到人們的關注，其對企業發展的推動作用已日益得到認可，策劃行業已成為一個炙手可熱的新興產業，這種令人矚目的行業升溫也帶來了策劃人需求的日益旺盛。但策劃活動畢竟是一項創造性活動，這就需要策劃人員必須明確行銷策劃的主要職能，並充分瞭解作為一個成功策劃人員所必備的能力與素養。

一、行銷策劃的職能

行銷策劃是在企業行銷系統模式中提供一套有效而可執行的行為系統，其中包括：行銷調研、行銷戰略、產品策劃、價格策劃、分銷渠道、廣告策劃、銷售促進、公關宣傳、人員推廣等範疇的策劃。企業設立策劃機構，其核心職能無疑是為企業提高生產力，在商業競爭中克敵制勝。具體來講，行銷策劃的職能有以下幾個方面。

(一) 市場調研

市場調研是指收集整理行業相關的競爭情報，提供分析報告並提出相應的措施，為公司進行重大的戰略規劃提供依據。策劃部門應建立系統的競爭情報體系，策劃人員應不定期到市場進行信息收集。

市場調研主要的項目包括：宏觀調查；市場需求調查；競爭產品調查；相關市場調查報告編寫；消費者座談會，及時掌握瞭解準客戶需求，累積收集相關信息和資料，並對產品的定位隨時進行調整。

(二) 行銷戰略策劃

行銷戰略策劃的內容包括：SWOT 分析；市場細分；目標市場選擇；產品的市場定位；品牌建設與管理。

(三) 行銷推廣策略

行銷推廣策略主要包括：客戶群定位分析；通路模式的形成與選擇；價格定位及策略；入市時機策劃；主賣點及廣告語薈萃、儲備；階段性系列公關活動策劃及組織實施；推廣費用預算、計劃；對行銷推廣效果的監控、評估及修正。

(四) 其他工作

銷售部架構策劃及組建工作；市場信息收集整理反饋；企業刊物編輯工作；公司網站建設；配合其他職能部門，充分發揮團隊精神，完成項目的各項策劃工作；完成公司布置的其他工作。

從以上所述的職能來看，要成為一個優秀的策劃人員實屬不易。事實上，立志做策劃的人也可以結合自身的情況在某一方面加以修煉，使自己成為某一方面的「專才」。策劃高手往往並非在行銷策劃的每一個領域都是頂尖的。

二、行銷策劃人的素質

(一) 人的素質描述

馬克思主義的觀點認為，人的全面發展是「人以一種全面的方式，也就是說，作為一個完整的人，佔有自己的全面的本質」。它包括人的需要的全面滿足、人的素質的普遍提高、人的價值的全面實現和人的主動性、積極性和創造性的充分發揮。人的素質是指人在生活、工作及社會活動中所具備的自身條件。人的素質是一個複雜的系統，它包含三大子系統，即身體素質系統、心理素質系統和社會系統。

身體素質系統是指人的有機體生來就具有某些生理特點。它是人的「物質」系統，是人體構造的抽象概括。它像工業經濟中的固定資本，是新價值形成的載體，是人得以發展的基礎。心理素質系統指人在改造客體、認知客體過程中的文化積澱與心理積澱。健康的心理素質是人的「安全閥門」。社會系統是指人在特定的社會環境中，通過學習、教育與灌輸所具備的與社會發展要求相一致的屬性，它還可細分為思想政治素質、科學文化素質、道德素質、審美素質以及內潛素

質（沉澱在心理深層的文化潛在意識）與外顯素質（外部表現出來的從事各項社會實踐活動的能力）等，它們既相互作用，又相互影響，共同構成人的社會素質。

　　人的身體素質相當於動力系統，心理素質相當於平衡系統，社會素質相當於啓動器，是指標和控制系統。這三者相互滲透，相互促進，相互制約，但不可相互替代，共同構成人的素質的完整圖景。人的素質正是在這樣一種相互制約、相互作用、循環往復的過程中，不斷得到豐富、發展、完善與提高。當然，人的素質的健康發展，不是某一單項素質的躍進，而是人的素質內在構成要素協調一致、綜合作用的結果。人的素質的綜合效益表現為人的主體性與人本身認識與改造世界的條件和能力。人的主體性是指人在現實活動中所表現出來的能動性、創造性和自主性。人的主體性在社會實踐中表現為具有主體意識的人通過發揮其能動性、創造性與自主性以實現人的本質力量、主體能力和主體價值。人有了一定認識世界、改造世界的條件和能力，便有了適應環境，從事某種活動的可能性。人的這種能力不是與生俱來的，而是後天取得的，因此它也是會失去的。只有當它被用來確立和增強自身的位置並能動地改造世界時，這種能力才能表現出來。人的這種能力受其身體素質、心理素質和社會素質的影響和制約。因為主體人是由身體因素、心理因素與社會因素構成的，是身體自我、心理自我和社會自我的統一。人們經常談論人的素質的高低，實際上說的就是人認識、改造世界的能力的大小。可見，所謂提高人的素質，實質上說要增強人的主體性，提高人認識、改造世界的條件和能力。

（二）行銷策劃人的素質

　　行銷策劃人作為社會的一分子，就其素質而言，有些方面與其他人沒有本質的區別，如身體素質、思想道德素質等，但畢竟策劃活動是一項智力為主的腦力活動，策劃人的能力不是天賦的，也不是一朝一夕可以形成的。要成為一名合格的策劃人才，其素質方面還有區別於一般人的特殊要求。

　　1. 健康的身心

　　健康的身心通常指個體所適應並勝任完成某種活動任務的身體、心理素質、品性、力量、本領，一般包括會健體和會健心兩個方面的能力。

　　一是會健體，即學會運用自身體能、體力、體質、體態等身體活動能力、運動能力、自我體質評價能力、身體適應能力等。一句話，就是鍛煉健康體魄的能力。

　　二是會健心，學會保持並養成健康的人格和良好的心理素質能力，

諸如心理承挫、調節、平衡以及良好的心理習慣、行為的養成能力或自我訓練能力等，其核心是學會心理調節和人際交往能力。學會健身心，是人的個體生存智慧發展的物質、精神和諧統一的集中表現。

良好的心理素質是人格魅力的重要表現，也是活動策劃人員必須具備的條件，馬克思主義哲學認為「物質決定意識，意識對物質具有能動的反作用」，而這種反作用既會促進客觀事物的發展，也會阻礙其發展。因此，良好的心理素質尤為重要，我們對活動策劃人員要求做到以下兩點：

（1）有較強的心理承受能力。

策劃過程中通常會有一些意想不到的事情發生，或許因策劃的成功，你會得到更多的鮮花和掌聲；或許是因為策劃的失敗，別人會對你橫加指責；或許是你的努力付出換來的是截然相反的效果等，但是不管怎樣，我們都要正確對待成功與失敗，辦得好與不好，對我們來說都是一種收穫，因為通過策劃我們得到的更多的是能力的鍛煉和經驗的累積，而且它會激勵和引導我們在以後的日子裡策劃出更好的東西，而一路走來不管酸甜苦辣，其實都是一種成長和成熟，這是別人所得不到的。明白了這個道理之後，在活動的整個過程中，不管出現什麼狀況，我們都能坦然面對，能夠用良好的心理素質戰勝一切。

（2）自信。

自信不是自負，也不是自大。我們要求策劃人員要建立科學的自信，克服盲目的自信，科學的自信是能夠辯證地看待有利因素和不利因素，同時要注意多看到自己的長處和優點，並在策劃過程中發揮自己的長處，鞏固自己的優點。

2. 思想道德素質

這項素質是做任何一項事情的基本素質，行銷策劃人員也不例外，必須有良好的思想道德素質。所謂思想道德素質，用我們通常的話來講，那就是學會做人。

一位母親曾經這樣教育她的兒子：「讀不好書，可以用勤奮彌補；個子不高或相貌不美，可以用誠懇與真切待人彌補；唯獨心靈如果髒了，就沒有什麼可以彌補了。心靈必須純潔，要令自己品格高尚，這樣才算是一個真正的人。」這位母親的言論質樸、深刻而富有哲理，給人啟迪，令人深思。

學會做人，是一切成功人才素質中的第一要素。事實上，任何人都未必真正學會了做人，如道德、公平、正直、廉潔、善良……誰又敢說真正做到了呢？所謂會做人，更有益於社會發展的人的能力。它寓祖國、集體主義和合作精神於做人的行為活動中，進而以基本道德養成教育為核心，把誠信、責任、善良（同情心）、勤勞、樸素、奉

獻等美德作為做人的支柱和目標，以養成學習良好的德性、人格和精神境界。人的素質最重要的是道義素質，人生第一問題就是善良和責任。也就是說，缺乏德性、缺乏道義、缺乏責任、缺乏精神境界的人，無論做什麼事情都難以成功，更會無法享受到人生的快樂的。以德為先，德智體能協調發展，這也是人們在當今科技時代、信息時代、網絡時代、全球化經濟競爭中成功地從事任何職業所必備的基本素質能力。

在行銷策劃的實踐中，良好的思想道德素質應注重以下幾個方面：
（1）誠信為本。

經營以誠信為本，行銷策劃也不例外。20世紀90年代，行銷策劃方興未艾，一些人打著「點子大王」、「策劃大師」的旗號實施坑蒙拐騙。如當時被媒體捧為「點子大王」的何陽就因騙取寧夏一企業的策劃費用後被判刑12年。他不僅讓個人身敗名裂，而且讓當時策劃行業的聲譽嚴重受損。

在實際經營中，誇大其詞的廣告，甚至以虛假廣告欺騙消費者時有發生。這也從側面反應了在市場經濟條件下，道德誠信的重要性。如前幾年的「記憶靈背書器」就是一個故意欺騙消費者的虛假廣告。

「記憶靈背書器」的廣告號稱：「向您提供現代化最新產品學習工具。」它「填補了國內空白⋯⋯可以通過記憶視覺法，將所學內容快速連貫地記憶在大腦裡。」如此功效，廣大消費者紛紛匯款郵購，可是東西拿到手卻目瞪口呆：原來是一只塑料盒內裹著一條印上幾條公式和英語單詞的紙卷。

總之，品德是衡量一個人的道德規範標準，人品的好壞決定著一個人在這個行業的壽命。行銷策劃人既要有人品，還要有良好的操守。行銷策劃，必須遵循這個行業的職業道德，操守要好。市場經濟是法治經濟和道德經濟，行銷策劃人的道德操守和職業道德是安身立命之本，也是個人的無形資產和品牌，應加以維護，使之增值。

（2）注重策劃的品位。

行銷策劃作為一項智力性的工作，它講究創新、求異，但有些策劃人卻以低級、庸俗的噱頭吸引觀眾的眼球。如湖南某商場在節假日推出「買檳榔送美女香吻」促銷活動等。表面上看起來與眾不同，但這種與眾不同引來的不是消費者的欣賞，而是消費者的厭惡和反感。這類策劃所產生的只能是負面效應。這從一個側面也反應了某些策劃人的思想品位極低。可以肯定，低級、庸俗的策劃是不能贏得消費者認可的。

（3）良好的工作作風。

①雷厲風行、勤奮務實。一切策劃最終都要靠行動來完成，而這

要求我們必須雷厲風行、勤奮務實。如果在工作中拖沓、懶散,工作沒人干或者不實幹勢必會影響活動的進程或者會扼殺一個好的策劃的誕生。②講求民主、集思廣益。策劃是一項充滿挑戰的艱苦勞動,因而必須講求民主,才能碰撞出思想的火花,才能讓我們這個集體枝繁葉茂。我們都知道,拿一個思想與別人交換,那我們得到的就是兩個思想,如此不斷的聚合集體的智慧,才有可能拿出優秀的策劃方案來。同時講求民主、集思廣益也是樹立個人威信的有效途徑,策劃人員具備了這樣的工作作風,才能得心應手地開展工作。

3. 專業素質

專業素質指策劃行銷人員完成策劃工作所需要的專業知識和專業技能,主要包括:

(1) 策劃人的知識結構(參見本章第二節)。
(2) 策劃人的能力結構(參見本章第三節)。

第二節 行銷策劃人的知識結構

策劃是一個綜合性很強的事業，對很多學科的知識都要求很高。不是隨便誰都可以勝任策劃工作的，因此要成為一個優秀的策劃人，必須具有深厚且合理的知識結構。時下大多數策劃，尤其是與企業經營和當代商戰有關聯，幾乎毫無例外地都是綜合性的、複雜的、涉及眾多部門和領域的知識問題。單憑專業知識已無法解決上述問題。這就要求現代策劃人才具有精博兩方面的知識，既精於專業知識，又博於非專業知識；既有理論修養，又有實踐經驗，同時還能夠根據實際需要不斷地更新豐富自己的知識。

現代行銷策劃人所需要的知識主要有以下幾種類型。

一、專業知識層面

從行銷策劃的工作角度看，策劃人應該具備這樣的知識結構：策劃學的基礎；與企業經營密切相關的企業理論；與企業策劃有關的社會科學知識。

策劃學的基礎理論，包括策劃學的基本概念、基本技能、基本原則、工作程序、策劃的基本方法等。

與企業行銷管理有關的企業管理理論，包括管理學、消費者行為學、市場行銷學、廣告學等。企業是一個經營組織，它的最終目的是盈利，即產出價值大於投入價值，否則策劃就無存在的必要性。它要求策劃人不僅要具備企業經營的診斷能力，還要具備市場變化的預測能力。要很好地為企業經營服務，策劃人對市場行銷學、消費者行為學等應有深入的研究。

跨領域的商學專業管理知識：包括經濟學、財務會計、海內外財經、法律法規、社會和科技之環境知識等。這部分專業知識是一般策劃人較為疏忽或認識不足的部分，尤待策劃人員加強。

企劃案的分類很多，層次的範圍皆不盡相同，但是對於真正能夠應付各種企劃案的綜合企劃或經營企劃人員而言，必須擁有比一般企劃人員更豐富的跨領域知識才行，否則沒有辦法做好真正大型或是高難度的企劃大案。為什麼企劃人員除了各行業的專業知識以及自己專業分工部門功能的專業知識外，還必須具備跨領域的專業知識呢？總結一句話，這些跨領域的知識有助於企劃案的撰寫與架構思考，否則企劃案的內涵將會有所不足。

二、文學藝術知識

行銷策劃的涵蓋面十分廣泛，在行銷策劃中，廣告策劃、公關活動策劃等對文學藝術知識的要求十分高。尤其是廣告藝術，它已成為現代藝術領域的一種獨特的形式，廣告藝術幾乎涉及現代所有藝術領域，廣告藝術的表現形式包括繪畫與攝影、語言與文學、音樂與表演等。當然，它與純藝術的不同之處在於，它是為企業商品促銷、品牌形象提升而進行的實用藝術。從這個角度看，廣告藝術的創作難度比純藝術更大。

像廣告策劃中廣告文案寫作、電視廣告腳本等的創意來看，既有「商」，又有「文」，還有「智」。所謂有「商」，就是要懂得商品經濟規律，要有經濟頭腦，對市場競爭有相當的洞察力；所謂有「文」，是指有文化底蘊和文化品位；所謂有「智」，也就是說要體現出妙思和睿智。總之，優秀的廣告策劃是「商」、「文」、「智」的有機結合。

請看黑松飲料廣告策劃：

【愛情靈藥】溫柔心一顆、傾聽兩錢、敬重三分、諒解四味、不生氣五兩，以汽水服送之、不分次數、多多益善。
（口號：用心讓明天更新）
黑松股份有限公司

【工作靈藥】熱心一片、謙虛二錢、努力三分、學習四味、溝通五兩，以汽水服送、遇困境加倍用之。　　（口號：用心讓明天更新）
黑松股份有限公司

【生活靈藥】水一杯、糖二三分、氣泡隨意，以歡喜心喝之、不拘時候、老少皆宜。　　　　　　　　　　（口號：用心讓明天更新）
黑松股份有限公司

這則黑松飲料廣告創意可圈可點，首先，黑松飲料選擇了一個十分有創意的定位——靈藥。並把廣告訴求點鎖定在健康生活上，通過開出愛情、生活、工作這三帖靈藥，顯示出黑松飲料不僅僅是一種飲料，它帶來的更是一種健康清爽的生活理念，從而確立了其「健康飲料」的個性化品牌形象，巧妙迴避了與可樂飲料、營養飲料等諸多品牌正面競爭的鋒芒。其次，廣告文案新奇有趣，充滿濃鬱的文化味道。廣告文案以傳統中醫學的形式，如「愛心一兩、勤奮二錢」這類古色古香的語言，令人耳目一新。從黑松飲料廣告策劃者所提供的文案來看，可以說，沒有深厚的文學藝術功底，要想寫出既優美，又富有哲理的文案顯然是不可能的。文學藝術修養之於策劃的重要性在於它直接影響策劃人的表達能力。

三、現代傳媒、IT 網絡知識

　　行銷策劃的結果是要讓社會認識並接受企業，所以傳媒是必不可少的媒介。行銷策劃人應該對傳播學、新聞學等知識有所掌握。這也是策劃的一個重要環節。
　　值得一提的是，網絡已經成為當代社會不可或缺的內容，對現代經濟發展的作用日益突出。一個策劃人員除了對 IT 理論上的認識，還應當學會運用。互聯網的發展給信息傳播與共享帶來了前所未有的變革，現代策劃人員應當學會運用這一寶貴資源，為策劃活動的成功提供有力保證。
　　善於運用互聯網這一低成本高傳播而取得成功的企業近年來日益增多。如 2010 年曲美家具策劃的網上「曲億團」就引起了家具行業的轟動。曲美家具此次發起的以互聯網為載體的促銷活動命名為「曲億團」，實際上是與淘寶網合作的大型團購活動。顧客只要到淘寶曲美專賣店上，在規定活動期間內下單，團購者可享受 5.5 折優惠。結果不到 30 天時間就獲 1.6 萬張訂單，創下銷售超過 1 億元的紀錄，也大大超過了曲美家具的預期目標。曲美家具的成功，使商家真正認識到網絡凶猛，從此不敢小視這個無形的網絡。

四、有關商品知識

　　行銷策劃的直接對象是某商品，因此策劃人必須對商品有所認識和研究，不僅要研究商品的形式，而且要研究商品的本質。商品具有

使用價值和價值兩種屬性。使用價值是商品的自然屬性,價值是商品的社會屬性。策劃人員不但要對商品的自然屬性有所認識,還要對商品的社會屬性有所研究,只有這樣,才能對商品由感性認識上升到理性認識,準確地達到對商品完整的認識。策劃人員要想真正弄清楚本企業產品的優勢及劣勢,不僅對本企業的商品要有全面的認識,而且對與企業同類的商品也必須全面瞭解,只有如此才能加強行銷策劃的針對性。

對於企業內部的企劃人員,一般都是在各自不同的產業上工作,都會對自己的產業或行業有基本的認識。比較困難的是,有的企劃案會涉及不同行業的分析、評估與規劃,這時,企劃人員必須多請教有關行業的專業人員,才能有效解決自己產品知識上的不足。

所謂「隔行如隔山」,不同的產業,均有一套不同的產業結構、產業知識與產業發展狀況,企劃人員面臨不同產業需求的時候,除了自己必須收集那個產業的基本資料,加強研讀外,還要借助於外部專業機構、外部專業報告與外部專業人員的諮詢、洽談、委託研究等。

總之,要做好市場調查、行業分析、區域行業分析,研究消費模式,洞悉消費心理,注重行銷策略和企業發展策略。做功能定位,企業形象設計,要運用經濟學、社會學、心理學、美學知識;做文本設計,要運用圖文、電腦、多媒體方面的知識;即使寫作策劃方案,也要避免嚴肅、艱澀、機械的文風,用語清新活潑、旁徵博引。因此,行銷策劃除了精通專業之外,還要用各種知識武裝自己,以便融會貫通、靈活應用、揮灑自如。只有豐富的知識結構,才能使行銷策劃人的思維達到交融貫通,讓行銷策劃方案做到邊界滲透、資源融合。

第三節

行銷策劃人的智能結構

智能結構是指策劃人運用知識和技術去解決問題的能力。人的智能是由多種因素組成的多系列、多層次的動態綜合系統，美國心理學家吉爾福特認為構成智能的因素在 120 種以上，目前可知的約有 98 種。比如學習能力、表達能力、創造能力、反應能力、研究能力、適應能力、組織能力、交際能力等。如果上述能力要素沒有一個合理的結構，要形成一個發揮作用的智能結構也是很困難的。因此，人才的智能不能沒有結構。

知識的多少不能完全說明運用知識的能力。弗蘭西斯・培根說過，各種學問，並不把它們本身的用途教我們，如何應用這些學問乃是學問以外的、學問以上的一種智慧。所以，要成為優秀的策劃人才，除了在知識的儲備上下工夫外，還必須在多種能力上有意識地加以培育。

什麼樣的智能結構才是最佳、最合理的結構呢？對這個問題不能一概而論。從事局部的策劃與從事整體的策劃，對策劃人能力的要求肯定不一樣，即便是從事局部的策劃，如市場調研、媒體策劃、文案策劃等，因涉及的方向不同，所需要的知識和能力又有差異。從事市場調研需要較強的觀察能力和研究能力，而從事文案策劃則對想像力和表達能力的要求較高。

下面從高級複合型策劃人的能力要求角度作一些分析。

一、記憶能力

記憶能力是廣告策劃人才學習和創新不可缺少的基本能力，記憶的強弱影響著其他能力的效應。因此，有意識地培養記憶能力，是行

銷策劃人不可缺少的基本訓練。

二、洞察能力

洞察，是策劃人知覺形態中有意識、有計劃的一種活動。魯迅說：「如果創作，第一要觀察。」如果說，記憶是策劃的基礎，那麼，觀察則是策劃的關鍵。行銷策劃人在接受企業的委託之後，對市場產品和消費群體的調查研究，其主渠道是靠行銷策劃者的觀察。生理學專家們的研究成果證明，「人的全身共有 400 萬條神經纖維向大腦中樞傳遞信息，其中雙眼就占去一半──200 多萬條，人們獲得的信息量 80%～90% 依靠視覺。」可見，策劃人的洞察力，是把握行銷策劃進程的重要手段。如果缺乏對市場、商品、消費、競爭等趨勢的觀察能力，策劃者就可能在錯誤的時間、錯誤的地點，進行毫無意義的策劃。

洞察能力就是指策劃人能夠全面、正確、深入地分析認識客觀現象的能力。行銷策劃人的洞察力對於策劃的結果的質量具有直接的影響。

策劃人應該具備統觀全局、全面分析的能力；具有能夠透過現象抓住本質以及著眼發展、科學預見的判斷能力。只有這樣，策劃人才能夠保證策劃的針對性，找到解決問題的關鍵所在，獲得策劃的成功。

「察人之所未察，見人之所未見」是對策劃人洞察力要求的具體描述。策劃人應該善於從過去和現在的文獻資料中，迅速發現可供策劃所用的一切有關資料，並將其轉化為策劃中具有創意策劃的重要素材。

三、想像能力

想像力是行銷策劃人智能結構中最重要的能力之一。想像能力對於廣告策劃而言尤其重要，可以說，凡無想像能力的廣告策劃者，均屬平庸之輩，在廣告策劃中，不可能有多大的作為和壯舉。

想像力既是一種思維能力，又有別於思維能力，廣告策劃者在廣告創意過程中。只有插上想像的翅膀，才能達到藝術廣告的高度。沒有想像力，也就沒有創新之舉，因此，想像力是廣告策劃中不可缺少的智能。

請看「侯爵」牌轎車電視廣告創意：

侯爵牌轎車在電視廣告中，使用了一系列創意，以證明該轎車平

穩、安全、質量好這一主題。

電視廣告一：轎車中懸掛了個盛烈性硫酸的容器，容器下放了一件名貴的皮外套，汽車高速行駛中，硫酸一點也沒有溢出，皮外套完好無損。

電視廣告二：一名理髮師在高速行駛的轎車中為一名著名的美國運動員刮胡子，閃光的刀鋒在運動員臉上不停地移動，理髮師把胡鬚刮得干乾淨淨，但運動員臉上安然無恙。

電視廣告三：在高速行駛的汽車後座上放了一塊安有雷管的炸藥包，汽車有震動顛簸，就有可能引爆。但駕駛員仍沉著地高速行駛，當駕駛員走出「侯爵」轎車之後，為了證明炸藥是真的，用遙控裝置引爆了這輛汽車。

該轎車電視廣告創意的三個版本表現元素均不相同，但毫無例外地都準確而清晰地傳達了「平穩、安全、質量好」這一主題。三個版本的廣告創意都令人耳目一新，記憶深刻，彰顯了策劃人豐富的想像力。

四、創新能力

創新就意味著突破，而策劃就是通過對資料、信息的整理運用，謀求一種突破。創新能力在整個企業策劃方案中起著重要作用。從主意的產生、選擇到構思的精細巧妙，從方案的表現、描述，到向企業建議實施，每一個階段都需要創新能力。

創新能力是行銷策劃人才智能結構中的核心。以創意為中心是行銷策劃的靈魂。沒有創新，何來創意。創新能力是指行銷策劃人才在策劃中具有提出新思想、新意境，想出新形象、新辦法、新點子的能力。行銷策劃的基本目的是創造顧客、創造形象、創造效益、創造未來。

例如，在自然界，有一種「竄至街頭，人人喊打」的動物名曰老鼠，然而，迪斯尼公司的米老鼠，自1928年誕生至今一直為人所愛，而且為該公司創造了上百億美元的產值，並衍生出市場競爭力巨大的產業鏈條。是什麼賦予了米老鼠如此大的市場潛力？是創意智慧也是行銷創意。米老鼠這一頑皮形象，在行銷中被賦予「善意與關照、幽默與自嘲」的美國文化精神，由此打動了不同國籍的人們，從而在商業運作和產業發展中取得極大成功，使人們不得贊嘆創新的魅力。

近年來，不少目光敏銳的商家也看到了中國文化的商機。而把中國元素在行銷創意中運用得最得心應手的，莫過於最貼近人們生活的

家電行業了。祥雲、盛唐紋等古老的中國元素向圖騰一般被大量融入家電產品的行銷創意之中。例如，LG推出的盛唐紋冰箱，BOSCH推出的適合中國家庭廚衛產品，三星推出的印有祥雲圖案的液晶電視，美的推出的「中國風」系列冰箱等。中國元素的大量應用，使得家電行業在創新設計上取得了新的突破，通過各具特色的創意行銷，也使得家電企業獲得了可觀的收益。在家電行業，2008年創意行銷做得最好的當數方正推出的「家居PC」新概念，方正把中國紅和盛世牡丹別具匠心地融入到產品的設計之中，把「家具PC」和「中國風」糅合在一起，這樣的行銷策劃和完美創意，是國產PC以設計尋求出爐的一個轉折點。

五、機會把握能力

對機會的運用和把握是行銷策劃人重要的能力之一。作為行銷策劃人員，要善於分析不同的市場機會，具有敏銳的分析和把握機會的能力，對顯在的市場機會要採用填補法，如差量填補、功能填補、結構填補；前兆型的市場機會要採用追隨法，如梯度追隨、時尚追隨、關聯追隨；誘發型的市場機會要採用誘導法，如開發產品、營造概念、轉變觀念；突發型的市場機會要善於捕捉。這要求策劃人士對基本的分析工具如PEST環境掃描、SWOT分析、產業分析、價值鏈分析、雷達圖等十分瞭解，需要隨時掌握市場信息情報資料，擁有適當的資源整合和團隊競爭實力，具有高度的進取心和敏感性。

1997年7月1日，這是一個讓全世界都矚目的日子。這一天香港要「迴歸」。所以，東南亞及中國許多企業都想做點文章。如果用一個適當的產品，利用「香港迴歸事件」進入市場，這會兒恐怕是「最佳時機」。四川宜賓五糧液酒廠借機推出了「同根液」酒。意為「炎黃子孫同根生」，所以創意「五糧美酒同根液」，其正是在這個時機進入並一炮走紅。

2010年3月，在中國版圖上，一個名不見經傳的小縣城——四川會理縣，便借一次網名「惡搞」的危機事件，開展了一場四兩撥千斤的危機公關策劃，讓地處中國西南一隅的會理縣借機聞名全國。

意外發生在2010年3月某晚8時56分，一位網民在天涯論壇發帖稱，登陸四川省會理縣政府網站時，看到一張領導視察的新聞圖片，裡面的三位當地官員好像是懸浮在一條新修馬路的上方。會理縣委宣傳部事後解釋說，這是一張合成的照片。

這則令人啼笑皆非的新聞很快點燃了網民們「惡搞」的熱情：平

時僅有千餘點擊率的縣政府網站當晚即告癱瘓，網民們找到了原圖，開始「歡樂的 PS 之旅」。一夜之間，縣長、副縣長等三位領導的頭像開始穿梭於阿富汗戰場、侏羅紀公園等各種場景之中。

在一片笑罵聲中，幾乎所有人都以為會理縣從此將與「醜聞」二字相伴，但轉折卻就此發生。會理縣政府不僅沒有採取隱瞞事實真相，也沒有居高臨下地批評，而是採取了一系列與網民的真誠溝通，把這項突發事件轉變成宣傳會理，讓全國公眾認識會理的大好時機。

第二天下午 5 時，會理縣在其官方網站掛出了《向網絡媒體、各位網友致歉信》。20 分鐘後，天涯論壇出現相同的致歉信。晚上 6 時 27 分，會理縣在新浪微博上開通官方微博進行道歉。

幾乎同一時間，一個 ID 為「會理縣孫正東」的微博闖入公眾視野，作為道歉信中「懸浮」的製造者，他在貼出道歉信後，又貼出了一系列會理當地的風景攝影圖片，並風趣地表示：「感謝全國熱心網友，讓會理縣領導有機會在短短的時間內免費『周遊世界』，『旅行』歸來後，領導已回到正常的工作軌道，也希望網友把關注的焦點轉移到會理這座古城上來，看看鏡頭下的美麗的會理吧，絕對沒有 PS 哦。」

這條微博很快便獲得了上萬次的轉發評論，而評論的主流聲音也意外地從嘲笑變成了理解和寬容。同時，美麗的會理也在網民心目中留下了深刻的印象。

六、文字表達能力

一個好的創意或一個優秀的行銷策劃方案，最終要靠語言和文字來表達才能被別人所接受和執行，因此清晰的邏輯思路和良好的文字表達能力尤為重要。

表達能力是指在撰寫行銷策劃方案時，表達自己觀點和意見的能力。表達能力包含著說服能力、解釋能力、辯論能力、文字寫作能力以及語言的感染力等。有些策劃人員想像極為豐富，但在表達時，就發生了困難，這除了缺乏現代化的技術因素之外，人的表達能力不強或許是一個障礙。只有具備較強的語言表達能力，才能為良好的溝通架起橋樑。

七、組織協調能力

組織能力是指策劃人能夠根據策劃本身的要求，將策劃資源進行有機結合的能力。包括對策劃人才的找尋、策劃資料的搜集、策劃方案的制訂等，也就是對人、物、事實行統籌安排。因此策劃人的組織能力是否強，將直接影響企業策劃結果。

具體來講，策劃人的組織能力包括了內部組織的調配和外部組織的協調，以此達到共同策劃、製作、實施的目的。

組織能力除了要求策劃人具有極強的組織紀律性和團隊協作精神之外，還要求策劃人必須具有較強的組織領導能力。在任何一個行銷策劃中，任何個人的能力總是不能夠代替所有，況且，個人能力再強如果沒有團隊的合作，也難以發揮作用，有時甚至會起到相反的作用。可見，企業策劃是一項集體活動，需要策劃團隊中每一個策劃人的通力合作，才能形成策劃效益——有效的策劃結果。因此，在策劃中，組織能力越強，內部合力就會越大，就越能夠一致。

八、執行能力

執行能力就是策劃人將行銷創意整理成為可實行方案，並指導操作者予以有效實施的能力。

任何一種好的創意，不實施的話，就不可能自動產生效益，企業策劃創意亦如此。策劃人要盡可能地使企劃創意及其策劃方案付諸實踐。一位出色的策劃人不僅要善於創意，更要將其付諸實踐，並在實踐後能得到良好的效益。比如，企業在實施策劃案之後，能夠提高營業額、增加收益、降低成本、提高職工士氣、經銷商共識增加以及企業品牌和形象蓄勢增值等。

傑出的策劃人應該具備較強的執行能力，他應該善於把自己的獨特創意、構思予以整理、修正，並能巧妙地融入企業策劃中，讓企業中的每一位具體操作者都能夠準確地理解、領悟並支持策劃案的實施，這樣才使策劃人的執行能力真正得以實現。

第四節

行銷策劃人企劃能力的培育

每個人都可能成為傑出的策劃人,每個人身上都蘊藏著策劃的潛能,只是有些人注意到了,有些人沒有注意到而已。成功的策劃人都是善於開發、利用並不斷提高、豐富這些能力的人。因此,有志於策劃的人,只要掌握科學的方法並利用這些方法對自己進行有意識的訓練,發揮出自己潛在的能力,就能夠成為一個傑出的策劃人。

一、廣泛閱讀,累積豐富的知識

知識源於創造,創造需要知識。一個知識淺薄的人是不可能成為優秀策劃人才的,所以,要立志成為優秀的策劃人,必須博覽群書,善於閱讀。

古語說得好:「日日走,行萬里路;時時學,破萬卷書。」偉大的科學家牛頓曾把書比作「巨人的肩膀」,並說他的許多成就就是站在「巨人的肩膀」上才得到的。

第一,要有濃厚的閱讀興趣。中國唐代詩人杜甫,被人尊崇為「詩聖」,他是怎樣寫出那麼多好詩的呢?毫無疑問,原因是多方面的,但「讀書破萬卷,下筆如有神」,無疑是他寫好詩文的「秘訣」。一個胸中沒有多少篇好文章的人,拿起筆來是不會「有神」的,文章的內容也不會豐富多彩。行銷策劃是直接為企業和消費者服務的,企業的意圖是否能夠貫徹,行銷的主題是否明確,內容是否完美,都與策劃人的水準有直接關係。如果我們不善於閱讀,對閱讀不感興趣,怎麼能做到「胸有成竹」呢?

第二,閱讀還要有刻苦的精神。要知道,興趣往往是從開動腦筋、

刻苦鑽研中得來的。如果對所讀的文章只是走馬觀花地看一看，不肯花力氣，那是很難對它產生興趣的。可以說，認真閱讀的過程也就是獲得興趣的過程。攀登知識之峰，猶如登上珠穆朗瑪峰一樣，沒有什麼捷徑可走，必須是一步一個腳印，一步一滴汗水，付出了艱苦的勞動代價，才能澆灌出豐碩的成果，須知「寶劍鋒從磨礪出」。

二、培養豐富的想像力

企劃人最重要的人格特質，就是要具備豐富的想像力。想像力包括夢想、聯想甚至幻想等，它是人類思想的原動力，也是一切發明的源泉。人類為了加強手指的力量，發明了老虎鉗子；為了加強手臂的力量，發明了鐵錘和千斤頂，這些都是想像力的杰作。想像是一所偉大的工廠，在這所工廠裡可以塑造出人類所能創造的所有計劃。在想像力的幫助下，人類最抽象的思想和慾望構成的概念被賦予生動的形式，一個具備衝擊力的主題正是在想像力的刺激下從概念中催生出來的。

愛因斯坦有句名言：想像力比知識更重要。因為知識是有限的，而想像力概括著世界上的一切，推動著進步，並且是知識進化的源泉。想像力要以敏銳的觀察力和堅強的記憶力為基礎，而原有的表象信息的改組與新表象信息的組合又需要較強的分析力、綜合力、判斷力、推測力以及注意力、選擇力等。

如何培育想像力？這個沒有固定模式，以下幾種方法值得我們借鑑：

1. 打破常規的思維方法

如人們常說的「如果」，便是培育想像力一種較為有效的方法。當一個人有了「如果」的假設空間，那麼他的想像力就會掙脫社會與傳統習慣的種種束縛，自由地縱橫馳騁，許多新創意就會由此產生。例如，免削鉛筆是來自「如果鉛筆不用削還能繼續寫」的想像。電爐，是來自「如果爐不用火也能煮東西」的想像。「如果」思考法是培養提高想像力的良策，建議不妨多加運用。

2. 不斷豐富感性形象

想像是在舊有的感性材料和知識的基礎上形成的，是在人們的實踐中發展起來的。知識修養既是發展想像的依據，又是理解想像的基礎。所以增加感性形象的辦法，是靠瞭解商品和企業，深入到市場和消費者之中，還要博學多識，開闊視野，把「觸角」伸向與專業知識相關的所有方面，達到舉一反三，觸類旁通。有了豐富的知識，就能

夠使思想獲得較多的想像材料。

3. 要善於聯想和通感

聯想是一種心理活動，是由某一事物想到另一事物，但二者間必須有其內在的聯繫。艾青說：「聯想是由事情喚起的類似記憶；聯想是經驗與經驗的呼應。」可以這樣說，聯想是想像的初級形態。所謂「通感」，它是由人的感覺器官的聯繫運用而形成，是一種特殊形式與意義的聯想。例如，四通打字機的一則廣告：上半部是一幅剪影式的畫面，一只男人的手正在給一只女人的手戴結婚戒指；下面有一句廣告詞：「正確的選擇可使您終生無悔。」然後對產品性能加以介紹。廣告畫面使人產生許多聯想，將四通打字機與愛情和婚姻聯想在一起，給廣告內容增添了許多生活情趣，其中寓含著誠摯的勸告，極易打動消費者。

幻想能給人一種特殊的美感，滿足人們喜好奇異多變的審美情趣。幻想在廣告策劃中有很大的益處，可是往往有些人對此不屑一顧。其實富於幻想是有價值意義的。按照心理學的解釋，這是一種受願望支配的想像。有一則《日本啤酒》廣告，設計製作就很富於幻想。一幅巨大的畫面，下面是浪濤翻滾的蔚藍色海面，上面是直升機群在霞光萬道的天際翱翔，碩大的啤酒罐懸於天際和海浪之間，頗為壯觀，展示出一個科學幻想般的景象，極富有浪漫主義色彩，令人回味無窮。

三、學習策劃的技術

與策劃相關的一些專門技術已經分化到許多獨立的行業中。這些相關的技術，可與策劃工作相配合，所以策劃人雖然不必將這些技術全部都學會，也應有一個較全面的認識，只有這樣才能在需要幫助時，知道應該去找怎樣的人或機構。

與策劃相關的專門技術到底有多少呢？日本的策劃專家星野匡先生認為，它大致可以歸納為以下三種：

（1）信息收集、分析技術。例如，用電腦終端機來檢索資料的技術，近年來已確立了其專門地位。又如，調查的專門技術，從設計調查表到採訪調查，都需要高度的專業知識。

（2）構思建設的技術。策劃人應訓練自己的構思能力，這也是一種可學習的技術。

（3）展現策劃案的技術。要想學會執筆寫策劃書，並不是一件容易的事。不過，對於策劃人來說，經常需要把策劃案做成策劃書。而策劃書的文字表現不同於一般的書信或小說，有其專門性的展現的技

術。現在，說話的技巧已被視為一種專業，世界各地都經常有關於表達藝術的講座，美國的大學甚至開了這方面的科系，而策劃展現也與說話技巧一樣，漸漸成為一門專業技術。

四、多與同事以外的人交往

每個人都有自己的生活圈子，而有些人的生活圈子過於狹窄。在工作上，除了同事以外，似乎很少與從事其他工作的人交往。長期處在這種環境下，難免會形成一定的思維定勢，提出的想法也僅限於組織裡那些大同小異的想法。

而策劃人則需要多交同事以外的朋友，與其他行業的人保持聯絡，除了可以交換情報之外，更重要的是能夠接觸到不同的想法，擴大思考的範圍。在做策劃時，別出心裁的點子是不可缺少的，只有經常與不同的人來往，才能拓展眼界。

五、參與社會實踐

任何事情都需要親身去體驗，才有可能真正地瞭解它。如別人公開舉辦的活動，唯有實際到現場去看，才能知道那個活動成功與否，其成功的原因何在，其失敗的問題又在哪裡。因此，行銷策劃人應注意多親身地去體驗那種「臨場感」。

親身體驗整個活動的過程，可以得知其企劃的概要、主題及目的，此外，還可以觀察來賓人數，來賓屬何種階層、活動反應如何等。你可以研究它受歡迎的主要原因，也可以針對它的缺點，思考解決問題之道。大家甚至還可能學到別人幕後的營運方法。總之，到現場參與活動，不但可以對整個宣傳效果作一評估，還能使我們得到很多新的知識。

在實際生活中，參加這類活動的機會是很多的。例如，大型的文藝晚會、新聞發布會、企業的慶典活動等。多參觀這些活動，能增長自己的見識，這對於策劃人員是很有益的。

國家圖書館出版品預行編目（CIP）資料

行銷策劃實務 / 孫在國 著. -- 第一版.
-- 臺北市：財經錢線文化發行：崧博，2019.12
　　面；　公分
POD版

ISBN 978-957-735-946-9(平裝)

1.行銷策略 2.策略規劃

496　　　　　　　　　　　　　　108018079

書　　名：行銷策劃實務
作　　者：孫在國 著
發 行 人：黃振庭
出 版 者：崧博出版事業有限公司
發 行 者：財經錢線文化事業有限公司
E - m a i l：sonbookservice@gmail.com
粉絲頁：　　　　　　網址：
地　　址：台北市中正區重慶南路一段六十一號八樓815室
8F.-815, No.61, Sec. 1, Chongqing S. Rd., Zhongzheng
Dist., Taipei City 100, Taiwan (R.O.C.)
電　　話：(02)2370-3310　傳　真：(02) 2388-1990
總 經 銷：紅螞蟻圖書有限公司
地　　址：台北市內湖區舊宗路二段121巷19號
電　　話:02-2795-3656 傳真:02-2795-4100　網址：
印　　刷：京峯彩色印刷有限公司（京峰數位）

　本書版權為西南財經大學出版社所有授權崧博出版事業股份有限公司獨家發行電子書及繁體書繁體字版。若有其他相關權利及授權需求請與本公司聯繫。

定　　價：380元
發行日期：2019年12月第一版
◎ 本書以POD印製發行